用户体验至上

移动UI完美视觉设计法则

张颖 著

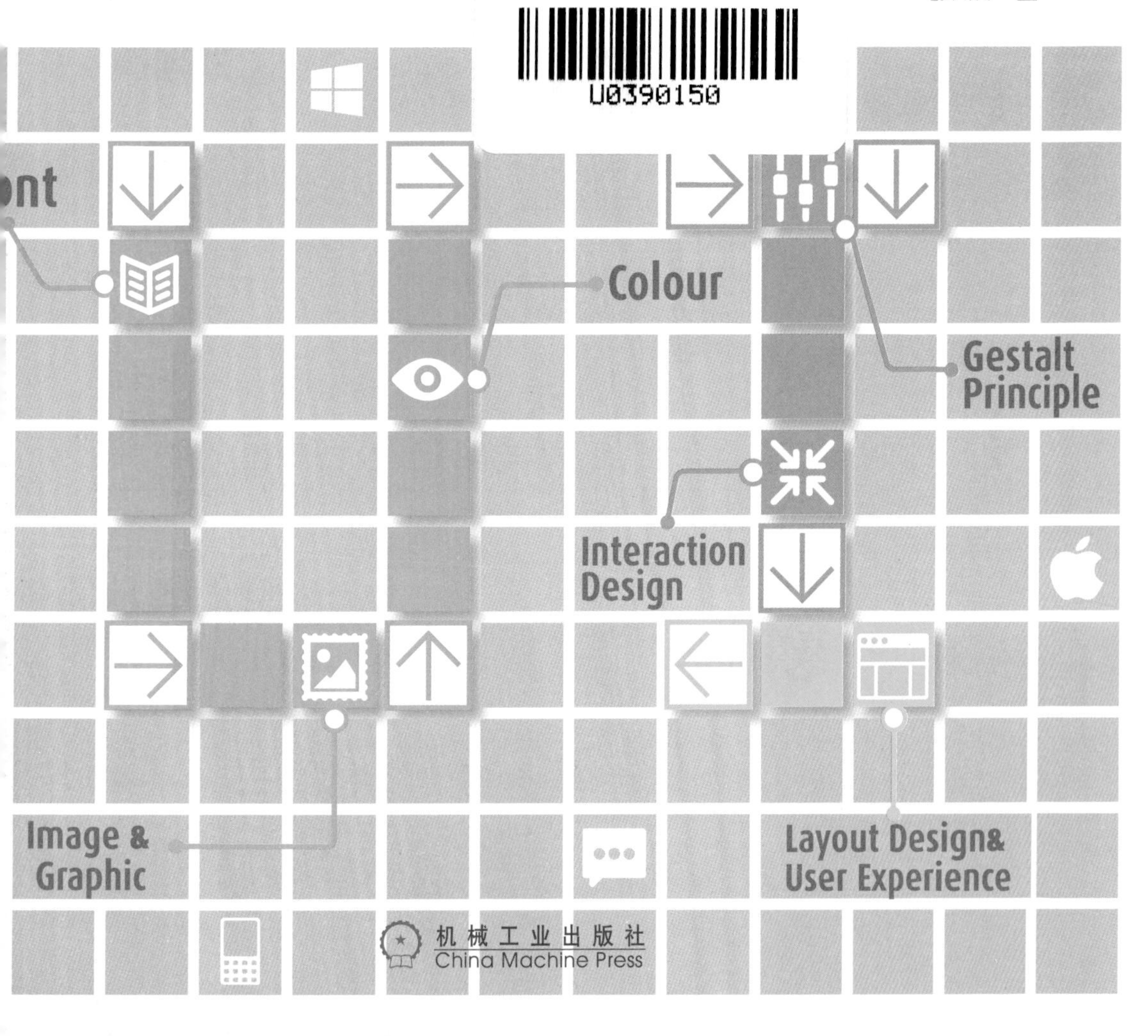

机械工业出版社
China Machine Press

图书在版编目（CIP）数据

用户体验至上：移动 UI 完美视觉设计法则 / 张颖著．—北京：机械工业出版社，2015.8

ISBN 978-7-111-51016-1

I. 用…　II. 张…　III. 人机界面－图形－视觉设计　IV. TP391.41

中国版本图书馆 CIP 数据核字（2015）第 175996 号

随着智能手机、平板电脑等移动设备的风靡，可以说移动 UI 成了一个热门行业，其中移动 UI 视觉设计也成为热门词汇。本书便围绕移动 UI 视觉设计这一热点展开，并试着将一些设计的要点与注意事项总结为朗朗上口的设计法则，通过法则的总结让读者能够较为全面与更为细节化地了解到什么是移动 UI 视觉设计以及如何进行移动 UI 视觉的设计与优化。

全书共分为 8 章，我们又可以将其分为四大部分，第一部分为第 1 章，为全书的基础部分，从宏观的角度讲解与分析了移动 UI 视觉设计的关键点以及设计流程与总则，尝试使读者在阅读后能够形成对移动 UI 视觉设计的基本认知，为后面具体设计法则的学习打下知识基础。第二部分为第 2~6 章，这 5 章从微观的角度结合具体的视觉设计元素——文字、色彩、图形符号等，向读者逐一展示与解析了与之对应的移动 UI 视觉设计法则。第三部分为第 7 章，总结了视觉元素的布局方法，介绍了界面整体布局的相关法则。第四部分则为第 8 章，主要从交互设计的角度出发，但其本质也离不开本书的重点——移动 UI 视觉设计，其主要目的在于找到交互设计与视觉设计之间的联系，并希望通过让读者对交互知识的了解来进一步优化移动 UI 的视觉设计。

本书将移动 UI 视觉设计的注意事项罗列为呈点状分布的法则形式，并且在对每条法则进行解析的同时也都列举了大量与之相关的移动 UI 的设计案例，让读者能更为直观地理解法则内容。虽然本书采用了散点的叙述方式，但这些“点”根据性质的不同，都被有序地归纳在了不同的章节之中，这使得读者在阅读时不会显得繁乱，并且可以如同查阅工具书一般，在需要找寻设计灵感或在设计遇到瓶颈时，通过对本书进行对应的翻看而获取设计的思路与创作的方法，这也是编者期望通过本书所要达到的目的。

用户体验至上：移动 UI 完美视觉设计法则

出版发行：机械工业出版社（北京市西城区百万庄大街 22 号　邮政编码：100037）

责任编辑：杨　倩

印　　刷：北京天颖印刷有限公司　　　版　　次：2015 年 8 月第 1 版第 1 次印刷

开　　本：170mm×230mm　1/16　　　印　　张：14.5

书　　号：ISBN 978-7-111-51016-1　　　定　　价：59.00 元

凡购本书，如有缺页、倒页、脱页，由本社发行部调换

客服热线：（010）68995261　88361066　　　投稿热线：（010）88379007

购书热线：（010）68326294　88379649　68995259　　　读者信箱：hzit@hzbook.com

Preface 前言

如今越来越多的人已经离不开移动互联网以及移动设备，它们的到来改变了人们的生活方式，也给人们带来了极大的便利。随之而来的是，移动UI设计等新兴设计门类的出现，同时越来越多的人加入到这个设计的队伍之中。因此，本书旨在抓住这一热点信息，并以移动UI设计中视觉设计为主线，通过法则的形式，向读者展示移动UI视觉设计的一片天地，给读者一把开启新兴设计大门的钥匙。

本书共分为8章，采用了总分结合散点的叙述方式，在总述了移动UI视觉设计的相关知识后，又分别以法则的形式，分“点”讲解视觉设计的法则，使读者建立对移动UI视觉设计的认知后，又进一步了解到更为具体与实用的设计法则，并在了解的基础上能将这些法则运用到实际的设计之中。

首先，在本书的第1章中，编者试图从整体上给读者描绘一个与移动UI视觉设计有关的形象，让读者能够了解“什么是移动UI视觉设计”并开启进入法则学习的大门，而该章也成为本书的总述部分。

其次，第2~8章为法则分述部分，而分述部分也可以分为三个部分。第2~6章为一个部分，以视觉设计元素为阐释对象，细节化地讲解了移动UI视觉设计的法则：第2章主要从视觉元素“文字”的角度出发，讲解了在设计时，对界面中文字可读性的把握的重要性以及具体的设计方法与注意事项；第3章以“图”为出发点，讲解了界面中图片的布局形式与尺寸比例的相关设计法则，还展示了一些设计界面中图形图案与图标的方法；第4章以“色彩”为主线，解析了界面中色彩搭配的秘诀；第5章借鉴了格式塔理论，并结合具体界面设计对其进行了相应的解析，以此来扩展与武装读者的设计思维；第6章则讲述了界面中的“图表”表现形式，让读者了解界面设计时更多的表现形式与装饰元素。

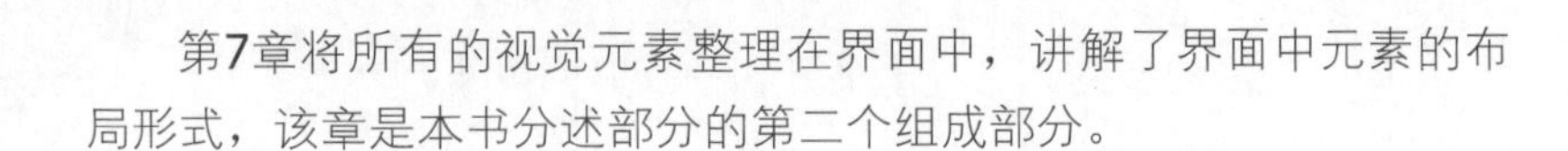

第7章将所有的视觉元素整理在界面中，讲解了界面中元素的布局形式，该章是本书分述部分的第二个组成部分。

除了直观的视觉设计元素以外，界面还有一个最重要的功能，那便是交互，用户需要通过与界面形成交互才能产生操控感，然后对所需的功能进行使用。因此，第8章便从“交互”的角度出发，讲解了如何在考虑用户交互体验的同时进行视觉设计的优化，而它形成了分述的最后一个部分。

在本书的编写过程中，编者采用了图文并茂的编排方法，并通过穿插图表式的说明方法，使读者能够更加轻松地理解并运用理论知识。在对每条法则进行讲解时，会引用大量的移动UI视觉设计案例，对法则进行直观的解释，而在讲解结束时，增添了“界面解析”板块，对所述法则进行总结与提炼，以方便读者对知识点的整理，这也形成了本书的特色之一。

总之，本书主构架为总分的形式，在此基础上从法则，也就是设计点的角度出发，向读者细致、全面而较为生动地展示了移动UI视觉设计的方法，旨在使读者能从中获取一些设计的思路与灵感。

本书由河南工业大学设计艺术学院张颖老师编写。尽管作者在编写过程中力求准确、完善，但是书中难免会存在疏漏之处，恳请广大读者批评指正。让我们共同对书中的内容进行探讨，实现共同进步。

编者

2015年6月

如何获取云空间资料

一、加入微信公众平台

在微信的“发现”页面中单击“扫一扫”功能，如图1所示，页面立即切换至“二维码/条码”界面，将手机对准图2中的二维码，即可扫描加入我们的微信公众平台。

图1

图2

二、获取资料地址

关注微信号后，回复本书书号的后6位数字（510161），如图3所示，我们的公众账号就会自动将该书的链接发送给你。在链接中可看到该书的实例文件与教学视频的下载地址和相应密码（注意区分大小写），如图4所示。每本书的书号是不一样的，读者只需要输入所购图书的书号即可。

图3

图4

三、下载资料

将获取的地址输入到浏览器的地址栏中进行搜索，搜索后跳转至图5所示的界面中，在文本框中输入获取的下载地址中附带的密码，并单击“提取文件”按钮即可进入资源下载界面，如图6所示，即可将云端资料下载到你的计算机中。

提示：下载的资料大部分是压缩包，读者可以通过解压软件（类似WinRAR）进行解压。

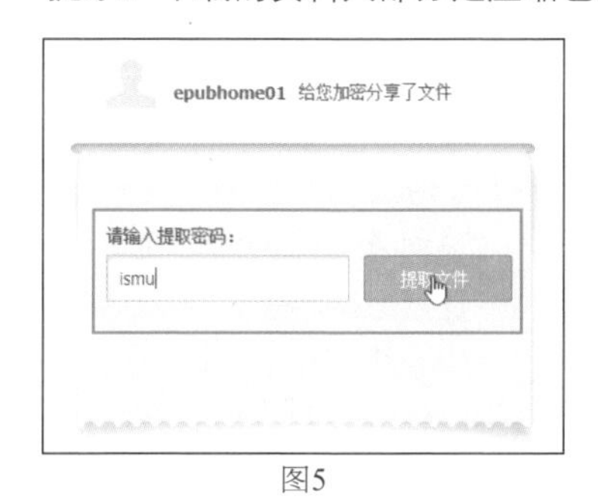

图5

图6

Contents
目录

第1章

你需要了解的移动UI视觉设计

- **认识什么是移动UI视觉设计以及其设计的关键点**
- **理解移动UI视觉设计与用户体验的关系**
- **了解移动UI视觉设计的重要性、设计流程以及设计总则**

1.1 移动UI视觉设计原则

在了解移动UI视觉设计的相关理论与设计思路及法则之前，我们有必要先来了解一下什么是移动UI视觉设计，以及移动UI视觉设计的关键点，从而为学习后面的章节建立最基础的知识框架。

1.1.1 移动UI的相关概念

UI是英文"User Interface"的缩写直译为用户界面

UI的字面意思

界面视觉设计

交互设计

UI设计所包含的两个方面

从传统意义而言，UI设计就是指对界面的美化设计，鉴于UI其本身具有视觉感受与操作体验两个特点，因此UI设计也包含了交互设计与界面视觉设计两个方面

由于UI设计的服务对象为用户，因此对于用户的研究成为UI设计的重点与依据所在

用户研究

UI设计的重点

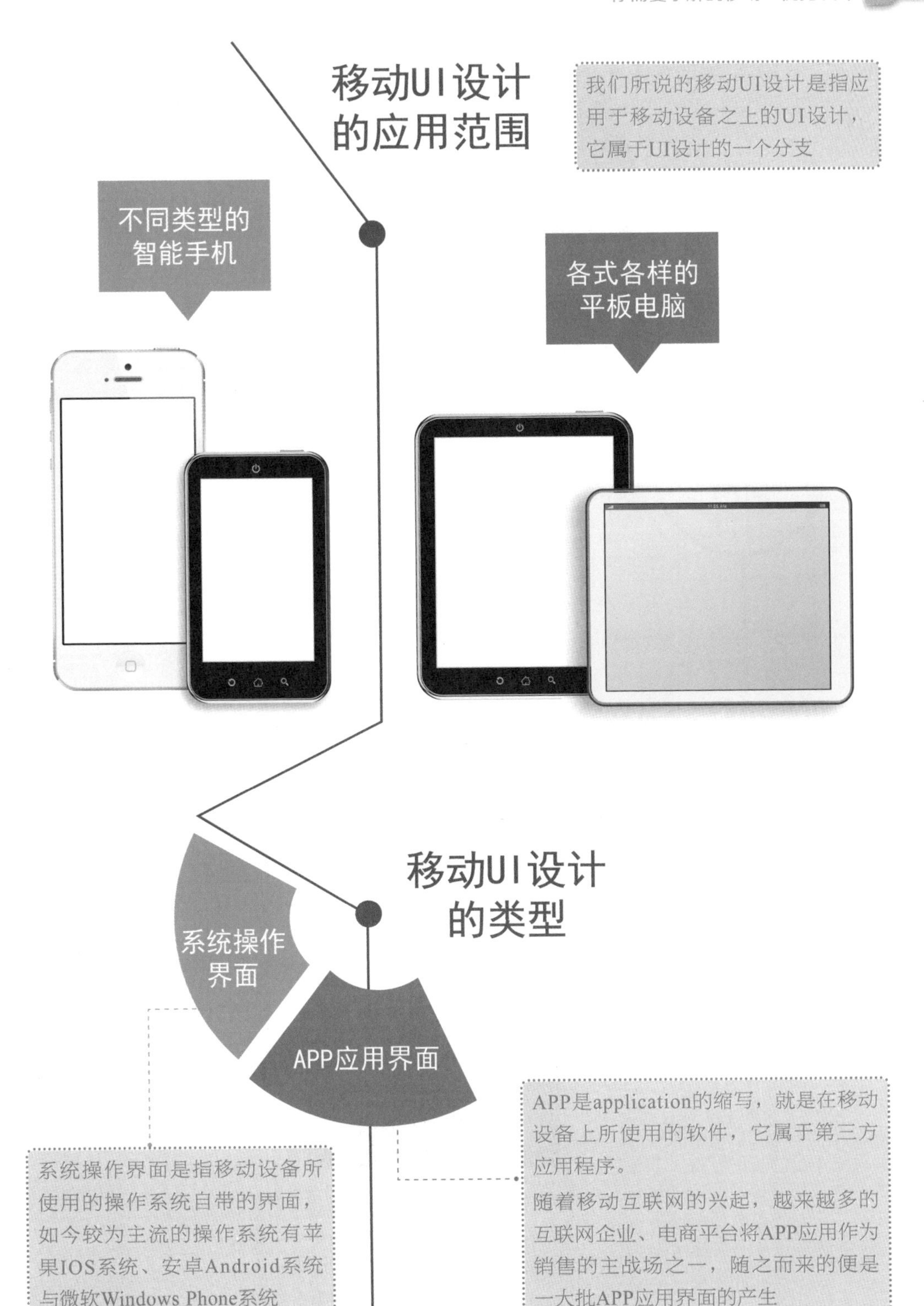
移动UI设计
的应用范围
我们所说的移动UI设计是指应用于移动设备之上的UI设计，它属于UI设计的一个分支
不同类型的
智能手机
各式各样的
平板电脑
移动UI设计
的类型
系统操作
界面
APP应用界面
系统操作界面是指移动设备所使用的操作系统自带的界面，如今较为主流的操作系统有苹果IOS系统、安卓Android系统与微软Windows Phone系统
APP是application的缩写，就是在移动设备上所使用的软件，它属于第三方应用程序。
随着移动互联网的兴起，越来越多的互联网企业、电商平台将APP应用作为销售的主战场之一，随之而来的便是一大批APP应用界面的产生

上图为IOS 7版本中的设置界面，不难发现，整个界面元素扁平化趋势明显，用色简洁而干脆，且界面无边界感

上图为Android系统界面，Android系统的移动UI具有很强的开放性与极高的设计自由度

上图为Windows Phone 8中的系统界面，使用极简的单色色块是该系统移动UI设计的最大特色

IOS 7系统操作界面的特点

扁平化与简洁是IOS 7系统界面的总体特点所在，除此之外，它还具备以下特点。

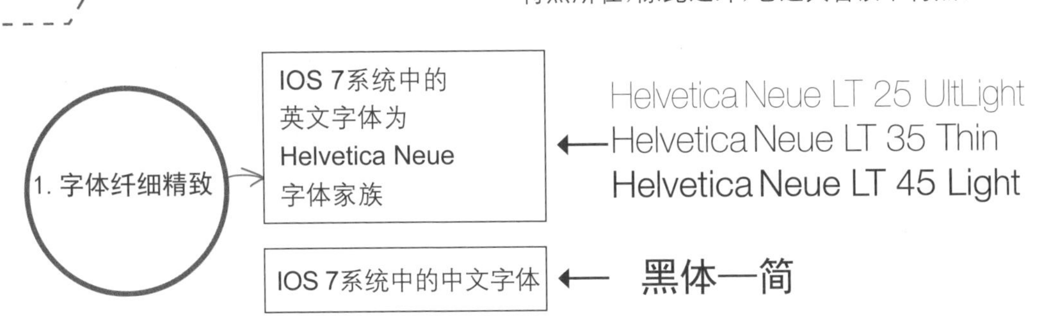

IOS 7系统中所使用的中英文字体都为无衬线字体，它们拥有简单与纤细的外形，这样的外形不仅迎合了IOS 7系统简洁的风格特点，同时在简单中不失精致。

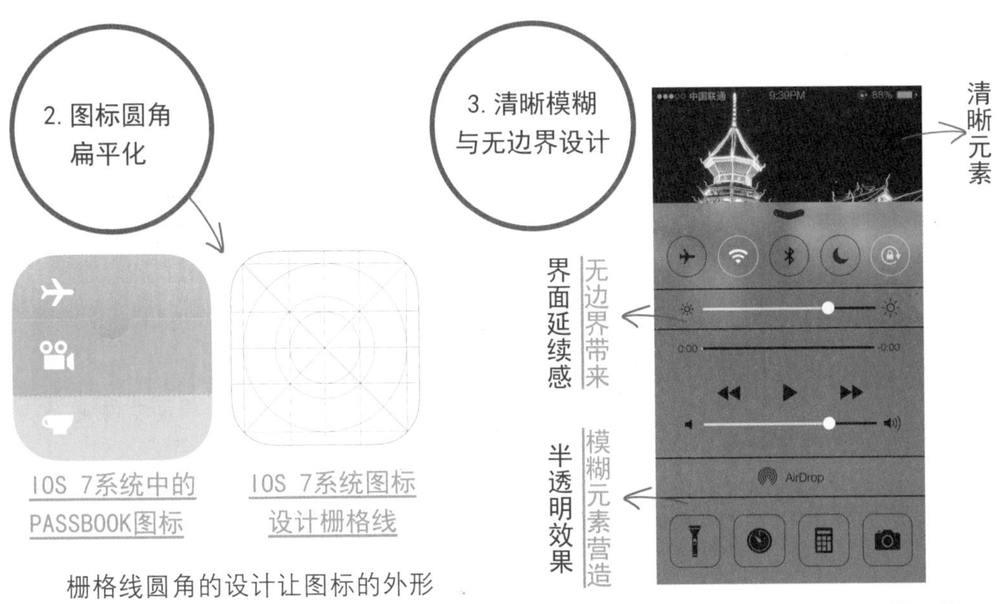

栅格线圆角的设计让图标的外形具备一定的形式美感。

同时IOS 7系统的图标去掉了复杂的过渡与阴影设计，通过扁平化的表现来减轻用户的视觉负担，其用色明亮的特点也为图标赢取了关注度。

清晰与模糊之间的反差搭配带来了如上图所示的界面半透明效果，起到了暗示界面内容的效果；延续到界面之外的无边界设计，使界面在饱满中带来了扩展的视觉感受。

Android系统操作界面的特点

1. 灵活与开放的设计空间

在对Android系统中的界面元素进行设计时，总是会添加投影、透视变化、渐变、材质等特效，这是Android系统的界面特色，而这些特效的添加没有绝对的规范，显得灵活与开放。

2. 桌面小部件带来DIY乐趣

可根据需求进行编辑的桌面小挂件，方便了用户对界面的掌握，也增添了界面DIY的乐趣。

3. 桌面文件夹的可定义性

Android系统的桌面可以建立相应的二级菜单文件夹，以方便对应用图标进行分类，这一点同样适用于IOS 7系统。

文件夹打开后

Windows Phone 8系统操作界面的特点

1. Metro区块化界面

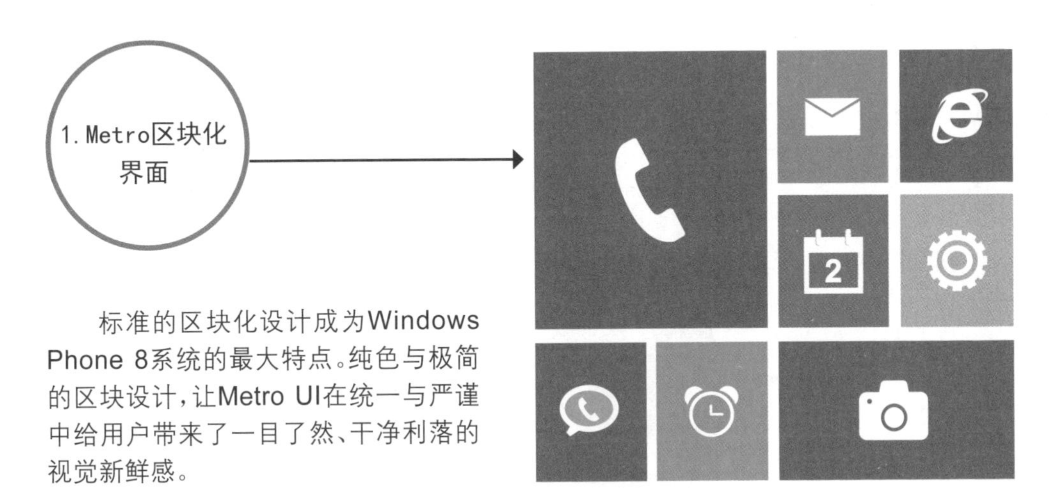

标准的区块化设计成为Windows Phone 8系统的最大特点。纯色与极简的区块设计，让Metro UI在统一与严谨中给用户带来了一目了然、干净利落的视觉新鲜感。

2. 全景视图与流畅体验

Windows Phone 8的另外一个特色便是Panorama 全景视图，如下图所示。这样用户可以通过这样如画卷一般的横向全景视图获得无门槛与流畅的滑动手势操作。

同时，界面搭配大量去边缘化设计，从视知觉角度为用户提供滑动手势的心理暗示基础，也在一定程度上预告了即将出现的界面信息。

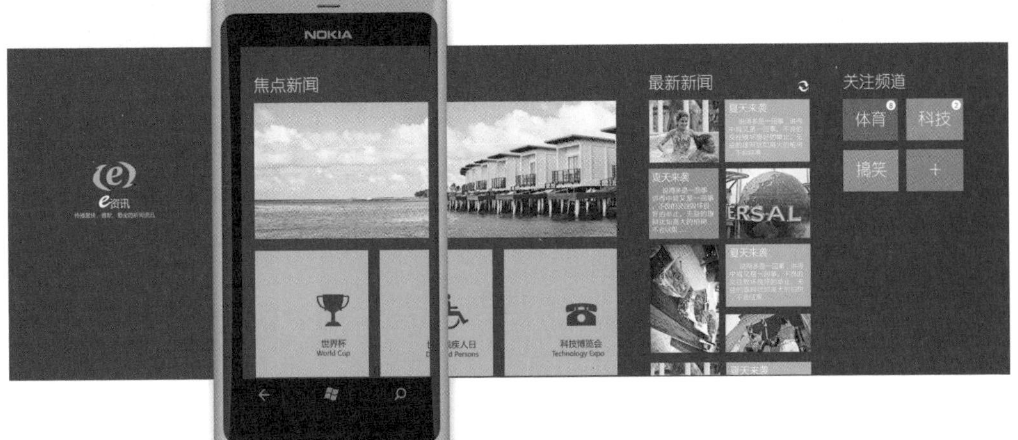

APP应用与移动UI视觉设计的关系

APP应用其特点在于，当在移动设备上安装了APP应用程序后，便会生成与之相对应的图标，该图标作为启动APP应用的入口与媒介，也属于移动UI视觉设计的一部分。除此之外，一个APP应用中也会存在包括功能展示、程序操作等在内的诸多界面，这些界面设计除了属于移动设备操作系统界面设计以外，也是移动UI视觉设计的另外一个重要设计组成。

需要注意的是，系统的不同，也会形成不同的APP界面风格，微信APP中的设置界面如下图所示。

安卓Android系统中APP应用的界面类型

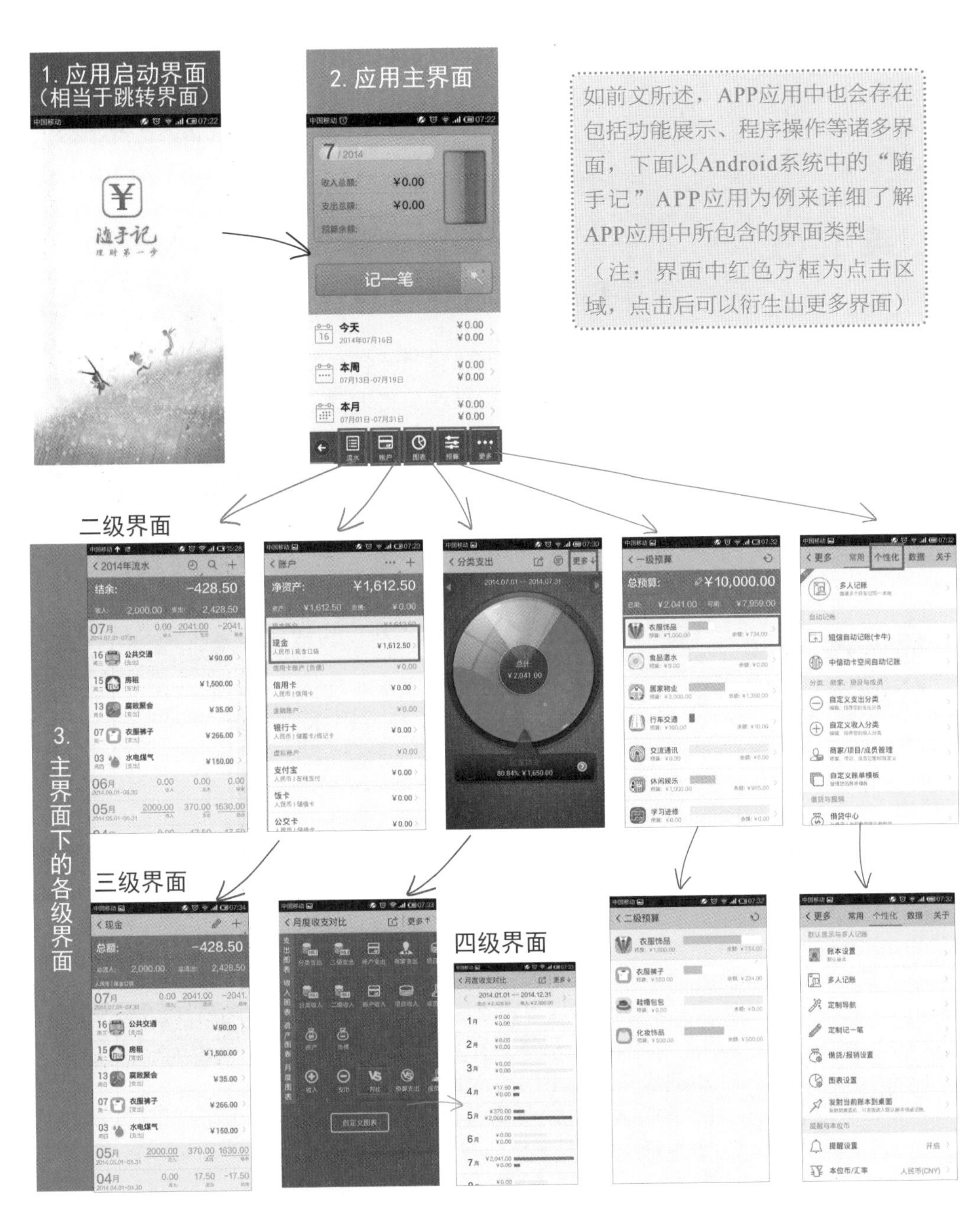

移动UI设计须知的尺寸知识

为了避免移动UI设计在使用阶段出现由于设计的文件尺寸错误而导致显示不正常的情况发生，掌握移动UI设计相关的尺寸也是很有必要的。

英寸

1英寸=2.54厘米

该单位常常运用于表示移动设备屏幕的大小，如右图所示。

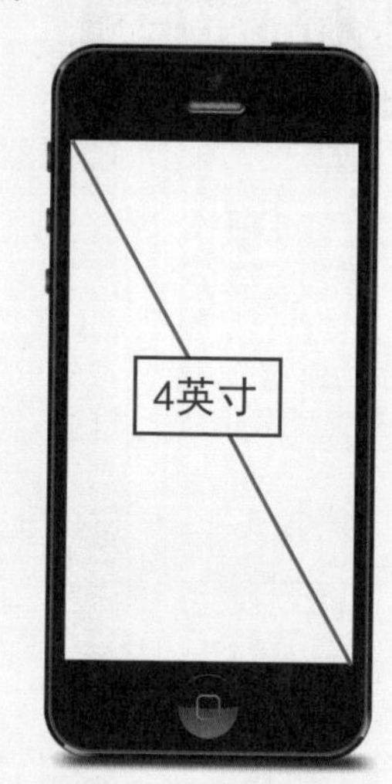

4英寸手机=屏幕对角线的长度

需要注意的是，即使移动设备屏幕尺寸相同，但也有可能出现长宽比不同的情况，这也会使人们对于屏幕大小产生不同的视觉感受。

显示器分辨率

单位长度内包含像素(Pixel)的数量

分辨率为1136×640表示

每一行即水平方向显示640个像素

每一列即垂直方向显示1136个像素

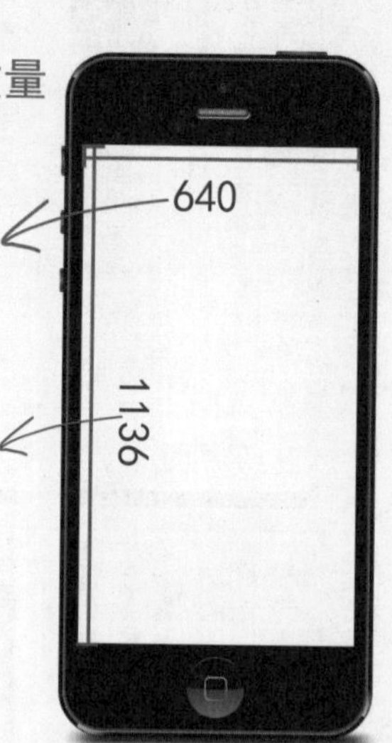

需要注意的是，在相同大小的屏幕上，分辨率越高，显示就越小。

相同的分辨率对不同的显示器显示的效果也是不同的，如1136×640的分辨率，4英寸的显示器比以相同分辨率显示的5.5英寸显示器的显示精度要更高。

PPI

PPI也称像素密度
是指每英寸所拥有的像素数目
计算公式如下。

$$PPI=\sqrt{X^2+Y^2}/Z$$

X:每列像素数;Y:每行像素数;Z:屏幕大小

如以上文所提到的手机为例,其PPI为

$$\sqrt{1136^2+640^2}/4\approx326$$

需要注意的是,相同的显示分辨率,屏幕越大,像素点之间的距离越大,屏幕显示就越粗糙,因此我们说并不是移动设备的屏幕越大就越能带来良好的视觉感受,这还与屏幕的显示像素密度、显示器分辨率有关。

显示器分辨率与图像分辨率

在进行移动UI视觉设计时,需要注意,显示器分辨率是指显示器的屏幕的像素组成的数量,图像分辨率是一幅图片中像素的组成数量,两者是两个不同的概念

图像分辨率

图像宽度尺寸×图像分辨率=宽度像素

图像高度尺寸×图像分辨率=高度像素

宽度像素×高度像素=图像总像素

(需要注意单位英寸/厘米的统一与匹配)

通过以上公式可以知道,图像的高宽尺寸与图像分辨率共同决定了图像总像素。而同时,图像分辨率和尺寸值共同决定了文件的大小和输出质量,这便意味着同一尺寸下,分辨率越高,图像总像素便越高,图像也就越清晰,其品质便越高。

❶ 宽:10英寸
高:5英寸
图像分辨率:200PPI

图像总像素为
(10×200)×(5×200)=2000000

❷ 现假设图像总像素不变，分辨率降低时：

图像分辨率:100PPI
图像总像素:2000000

图像总像素：

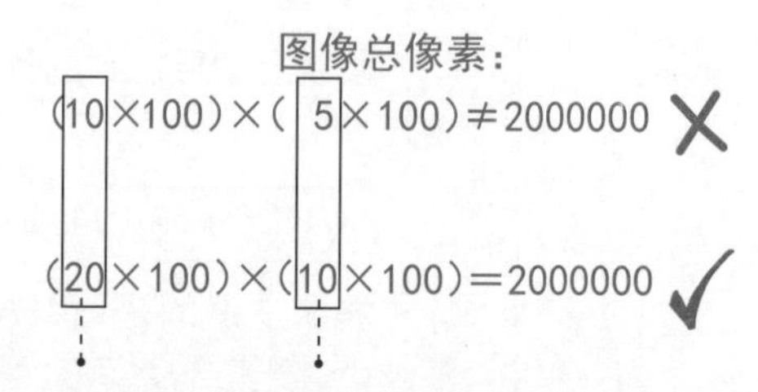

不难发现，当图像总像素不变，分辨率降低时，图像的宽高尺寸必定发生变化。

图像分辨率与显示器分辨率之间的关系

❶ 图像总像素：
(10×200)×(5×200)=2000000

❷ 图像总像素：
(20×100)×(10×100)＝2000000

现象：若将这两幅图像总像素相同、分辨率与高宽不同的图像打印输出，则会出现后者的幅面是前者的4倍，并且画面质量会下降的现象。

原因：这是因为分辨率降低后，虽然总像素不变，但图像尺寸增大，导致单位英寸所含像素量降低，画面质量也降低。

现象：如果将这两幅图片输入显示模式为2000×1000显示器中，会发现它们的画面尺寸是一样的，画面质量也没有太大区别。

原因：对于显示系统而言，图像分辨率值是没有太大作用的，关键在于这幅图像所包含的总像素数。两幅图像所含的总像素数都为2000×1000，因此在显示器中显示时便会成为分辨率相同、幅面相同的两张图像。

通过对现象的分析可以得知，图像分辨率与显示器分辨率是两个不同的概念，而它们之间也是存在着关联的。比如，当图像总像素大于显示器分辨率时会有以下两种显示方式。

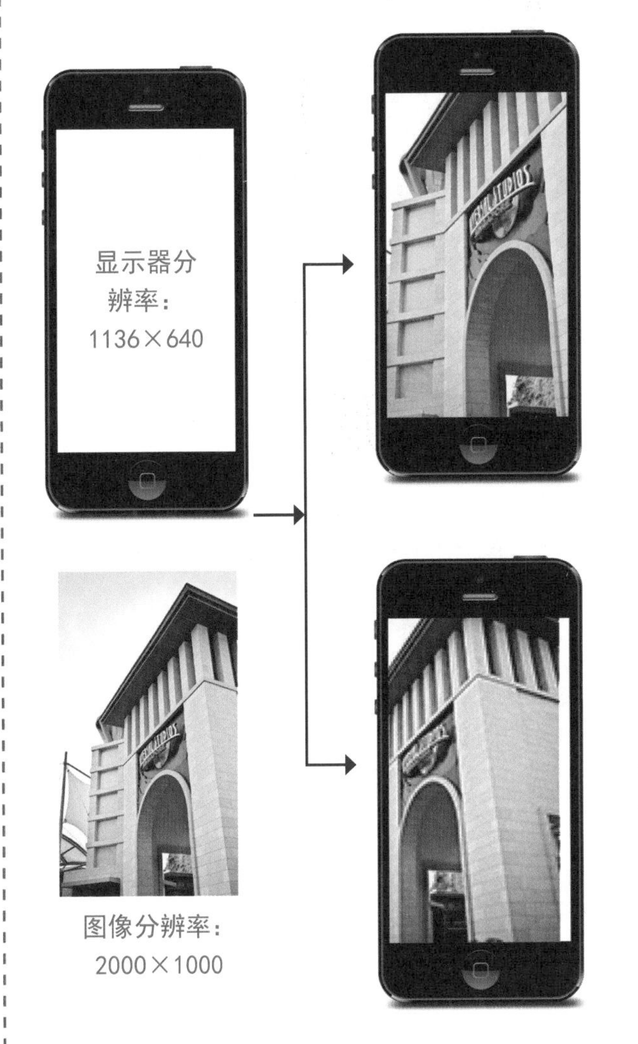

一种是局部显示，即屏幕的像素有多少就显示多少像素，这时只能看到图像的某一部分。

另一种是在屏幕内显示完整的图像，但此时图像分辨率会被压缩。

因此，当我们在进行移动UI视觉设计时，一定要以移动设备的显示器分辨率来对界面元素进行大小定义，才能正确完整地将界面显示出来，而这也是在进行移动UI视觉设计时，我们通常使用像素作为单位的原因。

针对不同的平台会演变出不同类型、型号、屏幕尺寸的移动设备，我们在进行移动UI视觉设计时，便需要了解设计所针对的系统与屏幕尺寸，然后根据行业内的设计规范去设定尺寸，如下页iPhone 5界面设计的尺寸标准规范所示。

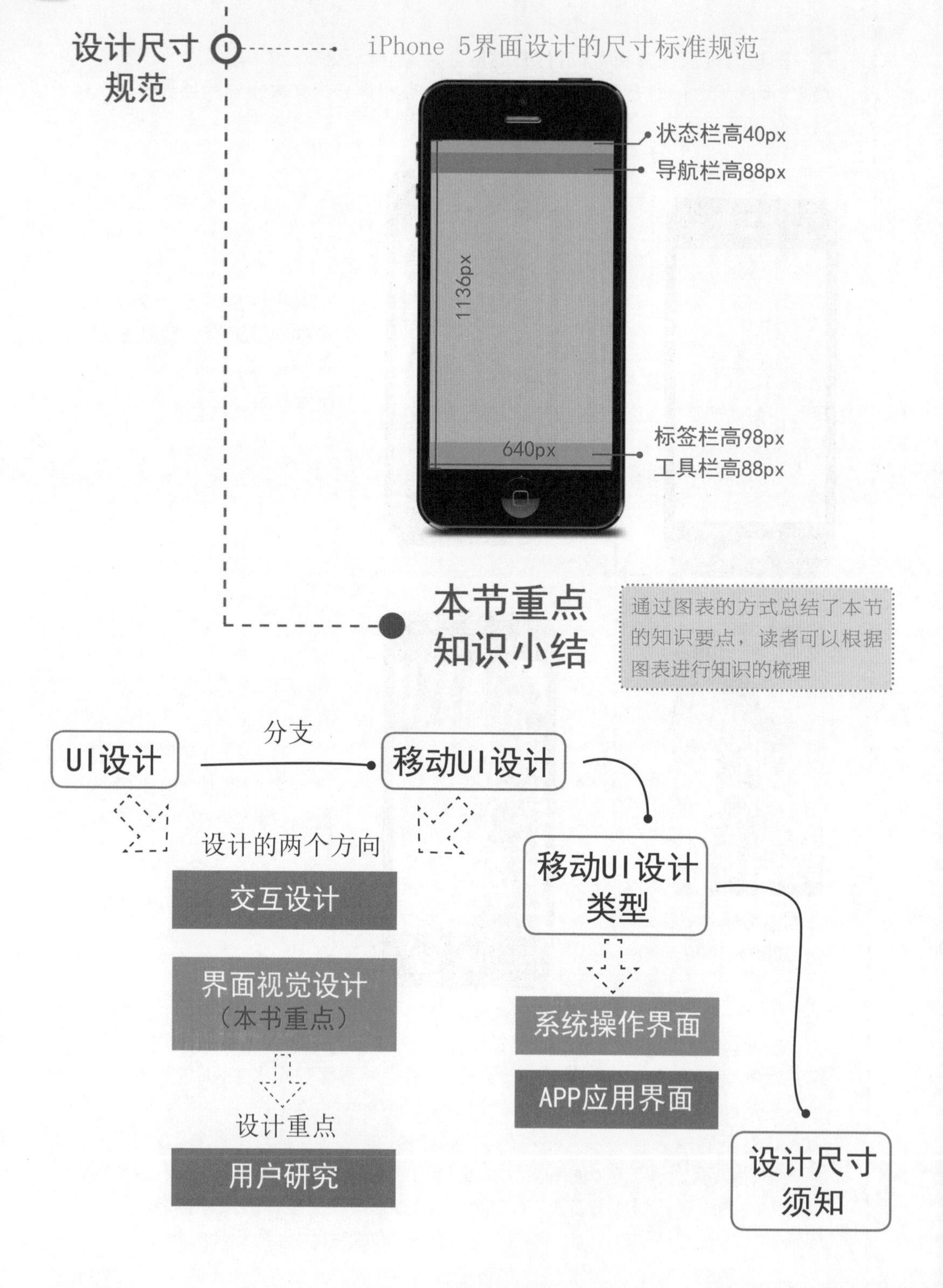

设计尺寸规范
iPhone 5界面设计的尺寸标准规范
状态栏高40px
导航栏高88px
1136px
640px
标签栏高98px
工具栏高88px
本节重点知识小结
通过图表的方式总结了本节的知识要点，读者可以根据图表进行知识的梳理
UI设计
分支
移动UI设计
设计的两个方向
交互设计
界面视觉设计（本书重点）
设计重点
用户研究
移动UI设计类型
系统操作界面
APP应用界面
设计尺寸须知

1.1.2 移动UI视觉设计与用户体验

在1.1.1节中讲解了与移动UI相关的概念，通过了解什么是移动UI以及移动UI设计的类型、尺寸等知识点，有助于让我们在进行移动UI视觉设计时获取相应的规范。

而本小节我们则来了解一下移动UI视觉设计的另一个关键点——用户研究中的用户体验对移动UI视觉设计的重要性。

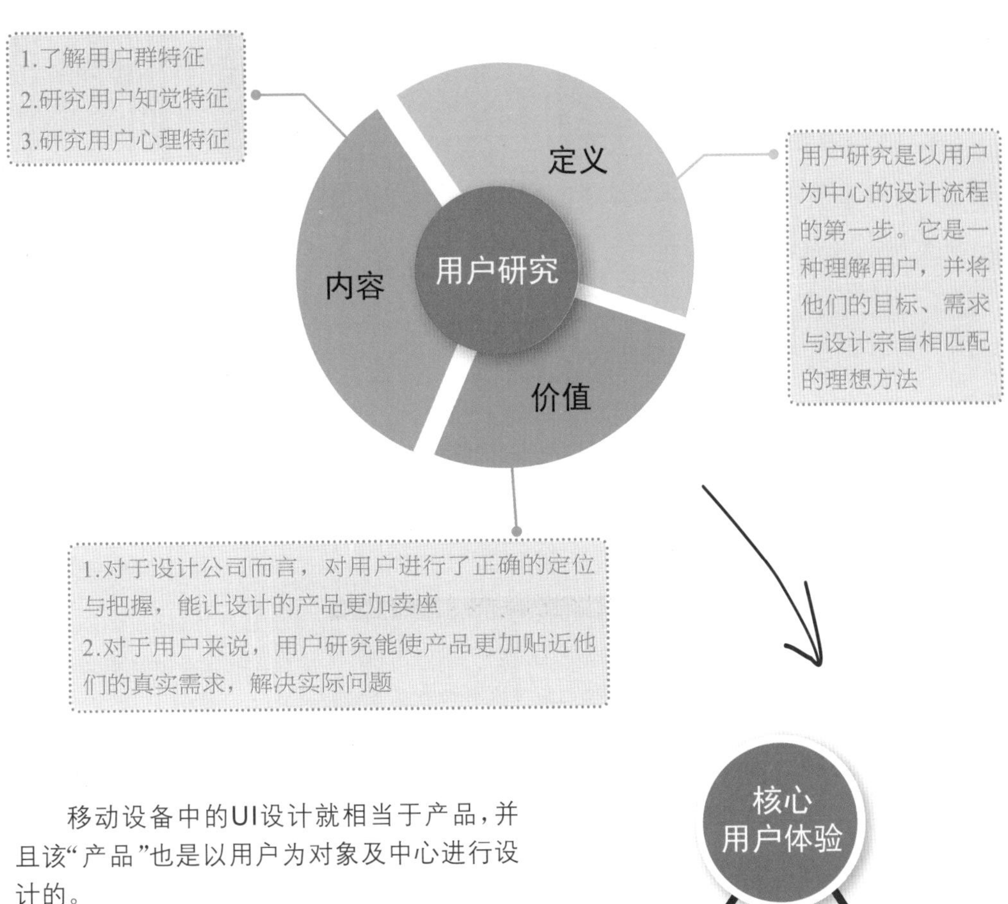

移动设备中的UI设计就相当于产品，并且该“产品”也是以用户为对象及中心进行设计的。

因此，在设计时，也需要进行用户研究，其目的与价值也在于优化产品获取更多的用户支持。而其中用户对于移动UI的整体体验成为设计时需要把握与研究的核心，其主要包括两个方面，如右图所示。

核心
用户体验

美观性

实用性

美观性是指在进行移动UI视觉设计时，合理地利用图形组合、色彩搭配等设计手法，使得UI设计更具美观与观赏性，从而获取用户视觉上更好地享受与体验，如下图所示。

不美观

注：本书第5章中会对该案例进行相应的讲解

左图为手机中的收音机界面，其中图形的设计显得过于简单，缺乏设计感，其实它可以变得更具美观性

步骤 1：
借鉴收音机的一部分

步骤 2：
演变为小圆点
排列组合

相对于上图而言，右图通过借鉴与图形间的排列组合，让整个界面更富有了形式美感，同时也突显了收音机的形象

实用性包括的方面较多，移动UI视觉设计是否拥有较好的操控体验，用户能否通过设计直观地看到重要信息，功能的设定是否简单明了等，这都属于用户的实用性体验。在进行移动UI视觉的设计时，把握好实用性设计能避免华而不实的情况出现，如下图所示。

注：本书第4章中会对该案例进行相应的讲解

左图为手机中的通讯录界面。界面采用了丰富而鲜艳的色彩，用色丰富而活泼，但却不能很好地突出界面信息，稍显花哨与不实用

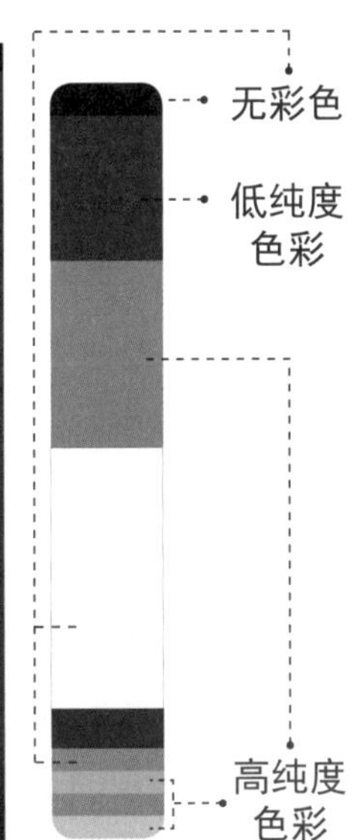

相对于上图而言，右图采用了无彩色、低纯度色彩与高纯度色彩的搭配。调和了全是鲜艳色彩带来的花哨感，更加清晰与明了地突出了界面信息与内容

上文中所举的例子可以归结为实用性中的可视性体现，也就是说所设计的移动UI需要具有良好的可视化视觉体验，这样用户才能更好地对移动UI进行整体的把握与使用。除此之外，实用性还体现在可操控性与功能优化上。

可操控性是指所设计的移动UI具有较好地交互感，能更加方便用户的触碰与操作，如下图所示。

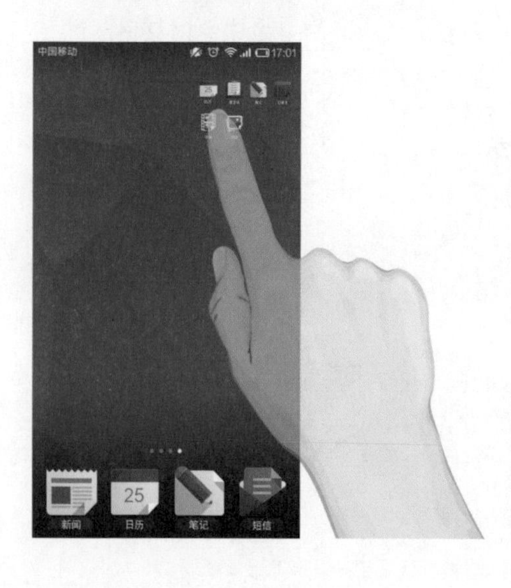

不实用

注：本书第8章中会对可操控性进行相应的讲解

左图为手机中的主界面，界面中过小的图标不仅在视觉上无法让用户产生清晰的辨认度，在触控方面过小的面积也不方便用户的操作，显得不实用

实用

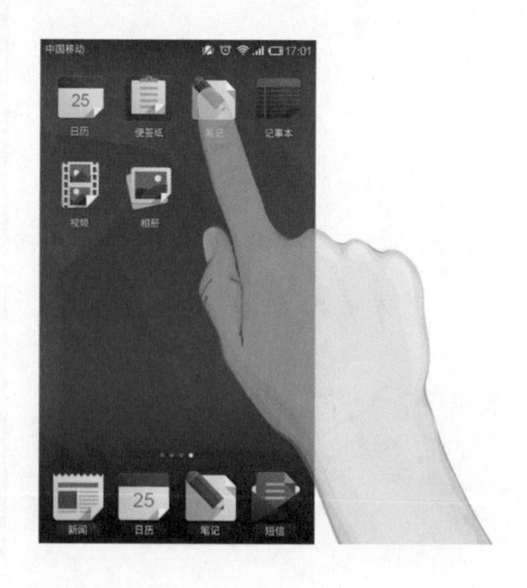

相对于上图而言，右图适中的图标便于用户进行视觉的识别，也给了用户一个很好的触控范围，让用户能对界面进行流畅的操作，显得实用且方便，用户可从中获得较好的可操控性体验

移动产品的功能优化也能让用户获得实用且良好的操作体验，通过移动设备中的Instagram应用与Photoshop软件中的照片处理功能的对比，可以看到功能是如何进行优化的，以及优化给用户带来了怎样的便利，如下图所示。

Ps中

Instagram

Ins中

Ps软件中要将照片处理成预期效果需要如上图所示的诸多步骤，对于非专业的设计人员而言，这样的操作显得繁复、不实用

相比之下，在Ins应用中，只需要大致三步就能达到效果，极大地方便了用户的操作与使用，而这与功能优化相关

Ps中的诸多功能选项与可调节操作

调节色相/饱和度

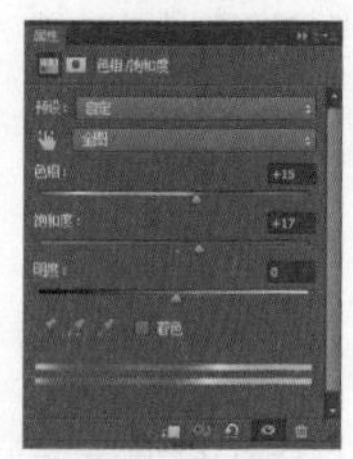

调节可选颜色

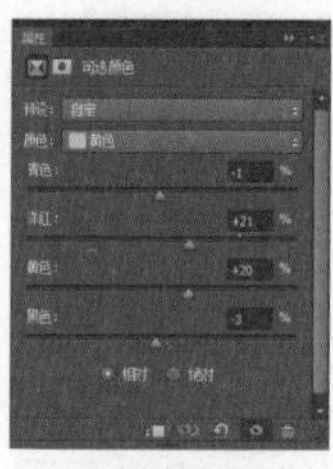

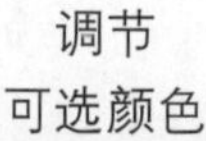

被打包与浓缩

Ins中的"滤镜功能"

如上图所示，Ins将复杂的照片调色处理浓缩与打包成了可视化的滤镜样板，使用户能更为直观地选择所需的效果，快捷方便。除此之外，功能的优化还体现在操作的乐趣上，如下图所示。

很好地结合了移动设备触屏的操控特点，移动产品中的功能通过简洁易懂的手势体现出来，这样的设计更容易让用户进行操作。

步骤 1：
选择模糊功能按钮

步骤 2：
通过点击屏幕选择非模糊区域

看到这里或许有人要问了，本书所提及的移动UI视觉设计到底包括了什么？毋庸置疑，用户体验中的美观性肯定属于移动UI视觉设计的范畴，那么实用性呢？

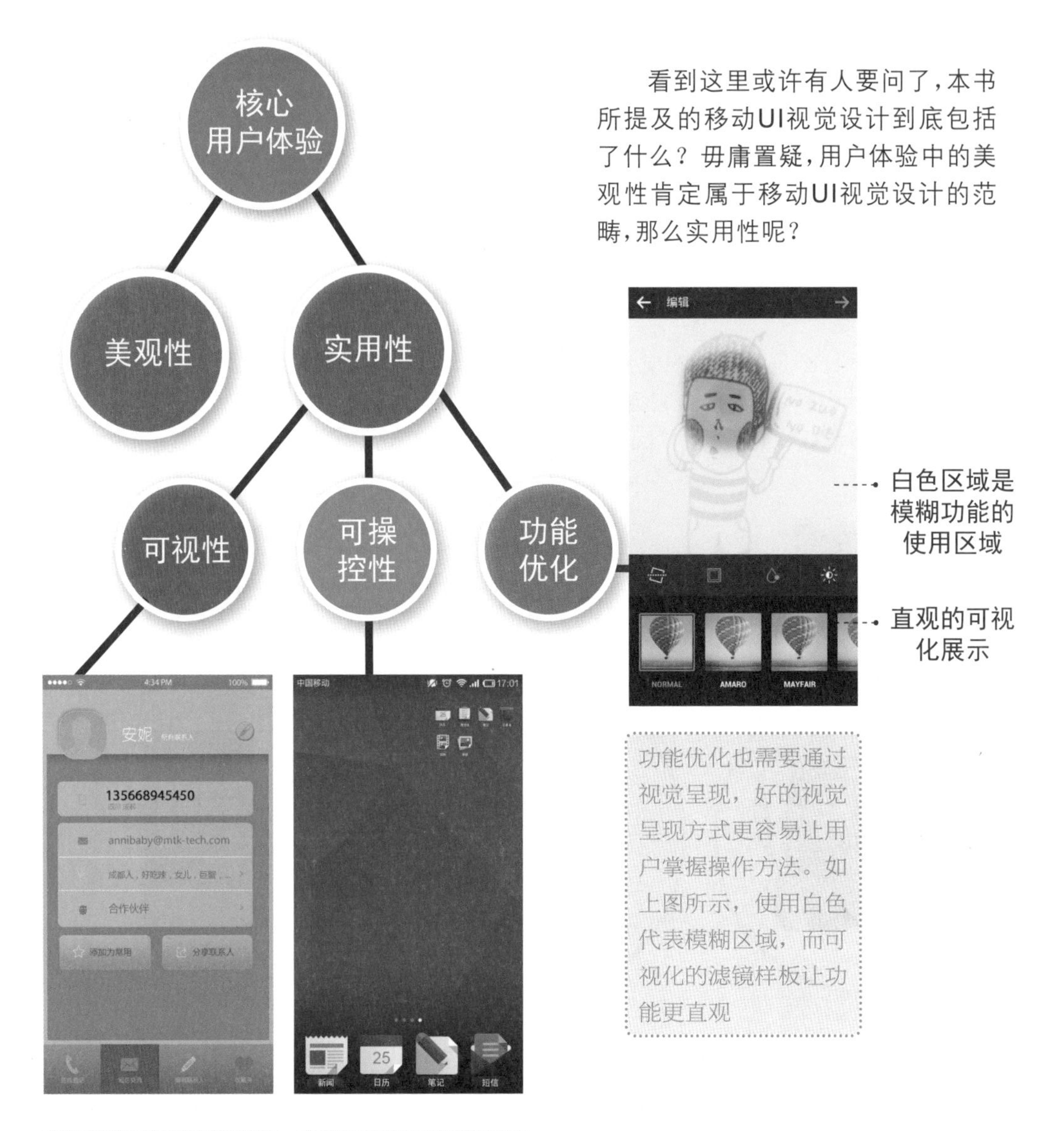

功能优化也需要通过视觉呈现，好的视觉呈现方式更容易让用户掌握操作方法。如上图所示，使用白色代表模糊区域，而可视化的滤镜样板让功能更直观

可视性包括通过色彩的搭配、元素大小的组合等，让界面中的信息能更清晰地展现在用户面前，就这点而言它包含了移动UI视觉设计

可操控性也在一定程度上体现了移动UI视觉设计，如上图所示，过小的图标不能在视觉上给用户带去清楚的辨识度，也不方便用户操作

通过上面的分析可以得知，实用性也涉及移动UI视觉设计，因为只有将移动UI中的功能信息等，通过直观或引导的方式呈现在用户的视野中，让用户看见后，功能才会被使用，才会形成操控体验，这一可视化的过程便与移动UI视觉设计发生了联系。

1.2 宏观认知移动UI视觉设计

在1.1节中，讲解了与移动UI视觉设计相关的一些知识点，它们属于移动UI视觉设计的关键点，相当于从微观的角度认识了移动UI视觉设计。在本节中，将从宏观的角度出发，从总体上了解移动UI视觉设计的重要性、流程及设计总则等知识，从而更全面地认识移动UI视觉设计。

1.2.1 移动UI视觉设计的重要性

我们认识了什么是移动UI视觉设计，而为什么要去学习它呢？不难发现，如今它已经成为热门的设计学科，而为什么它会成为热门学科？整理清楚这些问题，能让我们从整体上进一步了解移动UI视觉设计。

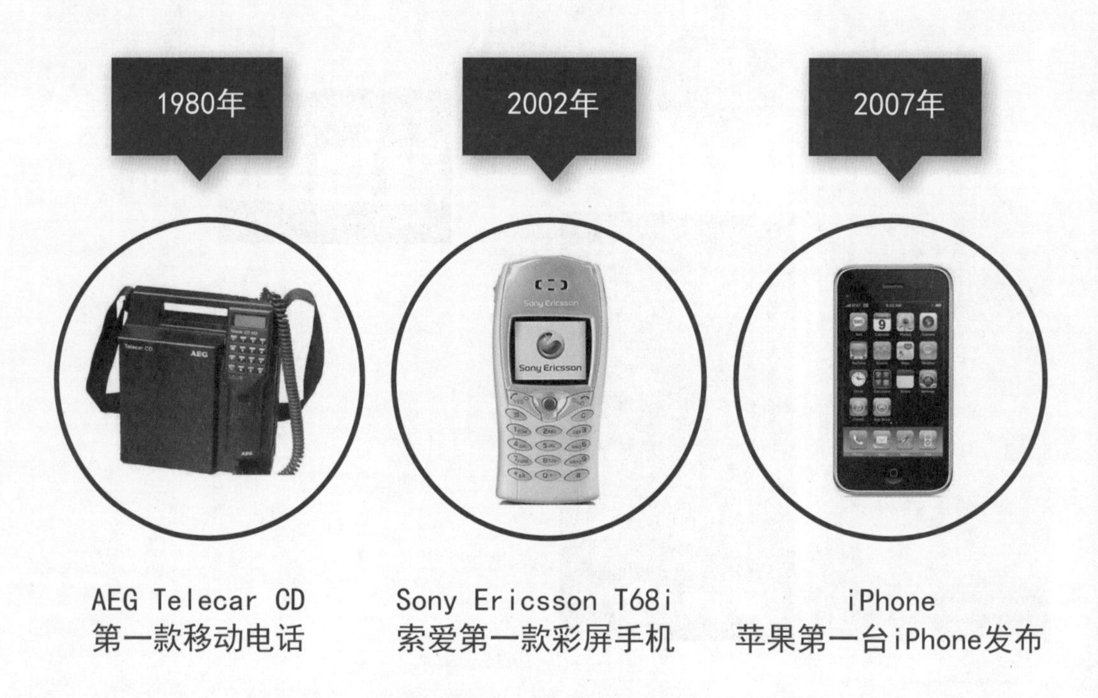

从20世纪80年代第一款移动电话的上市，到2002年索爱第一款彩屏手机，再到2007年第一台iPhone的发布，时代在变化，移动设备也在发生着翻天覆地的变化，在这一过程中，为了适应移动设备的发展，移动UI视觉设计逐步登上了历史的舞台。

移动UI的发展离不开一个人，那便是乔布斯，可以说乔布斯发明了一种全新的人机交互方式——用手指代替了触控笔和专用按钮，这便是“触屏”的产生，而这也直接导致了移动UI产业的蓬勃发展。

触屏是触控式屏幕的简称，是一种可以接受触头或手指等输入信号的感应式液晶显示设备。不论是手机还是平板电脑等移动设备，越来越离不开“触屏”这两个字，人们不需要通过鼠标或是键盘等辅助工具，直接通过“手”便可以对移动设备进行操作。

黑莓全键盘手机

键盘让手机外形显得繁复

iPhone 5S触屏手机

非触屏

需要控制键盘一步步进行选择

触屏

点击

只需触屏点击一步到位

就移动设备而言

“触屏”这一项技术的革新让人与机器有了更为直接的接触，这样的变化也让移动设备的外形更为简洁与轻巧，如上图所示。

就操控体验而言

“触屏”这一项技术的革新去掉了人机交互中不必要的累赘，拉近了人与机器的距离，让人们能更加轻松地驾驭移动设备，在操控方面也显得更为直接与快捷，如左图所示。

传统手机信息界面

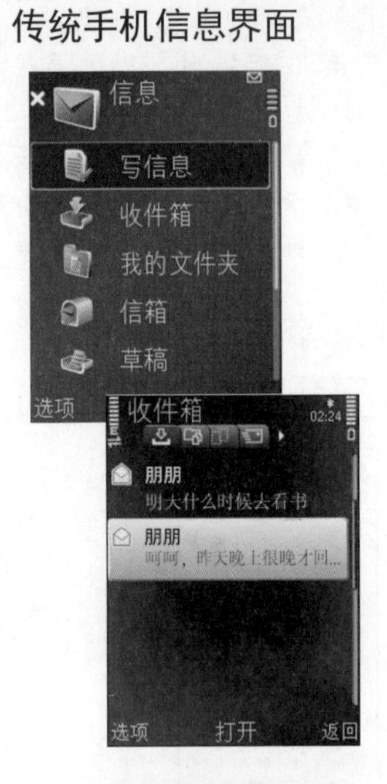

显得死板，不便于用户对信息的浏览

智能手机信息界面

楼层式对话界面方便的浏览方式

就界面而言

对于传统手机而言，或许并没有过多地重视移动UI设计，因此界面的视觉和交互层面都显得死板。

而触屏智能手机的出现，让移动UI视觉设计备受关注，“以人为本”的原则也备受追捧，如今的移动UI视觉设计也在美观的基础上越来越人性化，如上图与右图所示。

相当于传统手机中的“收件箱”

相当于传统手机中的“发件箱”

❶ 会话气泡的表现形式

❷ 颜色与左右布局区分了对话人的差别

美观+浏览的流畅感

“触屏”技术的革新带来了移动UI产业的蓬勃发展，在这一过程中，移动设备越来越受到人们的追捧，为了方便用户，许多互联网产品也逐步将阵地扩展到了移动平台之上。

因此，移动应用产品层出不穷，越来越多的商家单独创建了属于自己企业或品牌的移动设备客户端，方便与迎合了用户生活消费等习惯的改变，以此来开拓商机。如下图所示为Android版应用产品——淘宝手机客户端的移动UI展示。

如上图所示，移动UI视觉设计就像是移动互联网产品的外衣，有了它的包装，产品才会更为美观与卖座，我们可以将移动产品UI视觉设计的作用总结为以下三点。

（1）**让产品表达更加生动，有自己的个性**。正如微软和苹果一样，各自都有自己鲜明的风格。

（2）**让用户操作更为便捷，易上手**。设计良好的界面能够引导用户自己完成相应的操作，起到向导的作用。

（3）**延长产品的使用寿命**。让产品深入人心，提升产品市场竞争力。

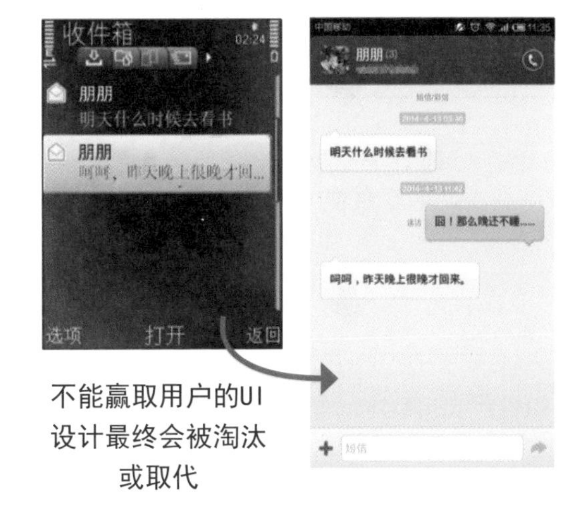

因此，我们说友好与美观的移动UI视觉设计不仅会给人带来舒适的视觉享受，也能带来便捷的操控体验，这样的设计能在吸引用户的同时留住用户，从而延长产品的使用寿命，商家也可以从中获利，这便是移动UI视觉设计的重要性体现。

1.2.2 移动UI视觉设计的设计流程

了解移动UI视觉设计的设计流程，可以帮助我们整理设计的思路，从而更好地把握设计的核心，在完善设计作品的同时，也让作品更具操作性。移动UI视觉的设计流程大致可以分为前期分析、设计阶段与验证调整三大部分，如下所示。

1 前期分析

在进行移动UI视觉设计之前，首先需要进行一些前期分析工作，第一步便是对产品进行定位与分析，这个步骤相当于给产品确定设计的方向与主题。

产品定位与分析
第一步

确定产品设计
方向

产品类型　针对群体

产品的目的与好处

确定产品的设计方向后，我们知道产品的最终服务对象是“用户”，是“人”。因此，我们需要对产品所针对的受众群体进行进一步的分析以确定产品的设计主题风格。

产品定位与分析
第二步

确定产品设计
主题风格

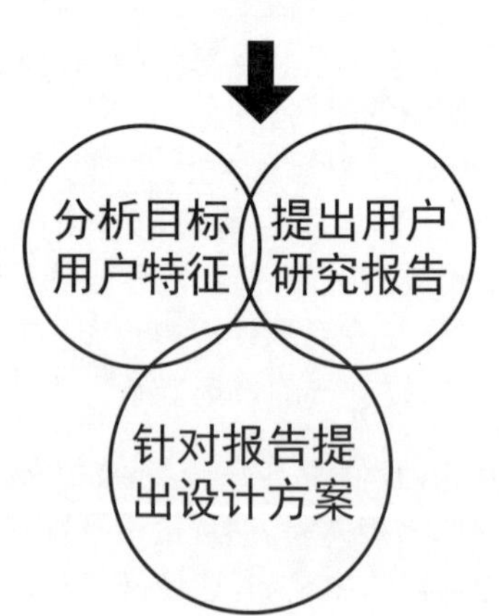

现在假设接到一个移动UI视觉设计任务，根据前文所述步骤，来看看如何进行设计的前期分析，如下所示。

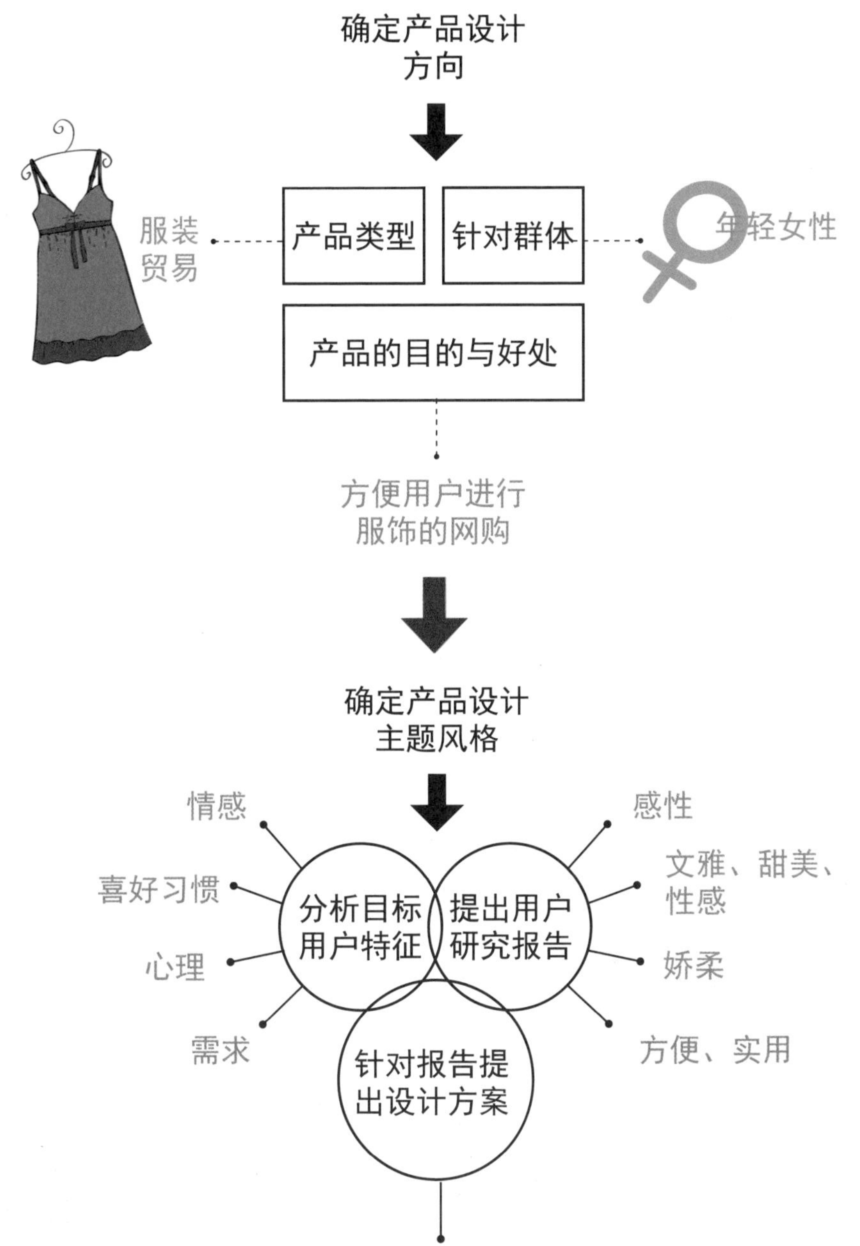

❷ 设计阶段

在完成前期分析的铺垫与准备工作后，便进入了移动UI视觉设计的设计阶段。对于移动UI视觉设计而言，这个阶段偏重于移动UI视觉层面的设计，如界面布局、色彩搭配、风格把握等，同时也需要考虑所设计的界面是否突出了产品的功能与要点，可以大致将其分为如下所示的几个步骤。

起草产品界面布局

这个步骤相当于确定产品移动UI视觉设计的总体框架，可以通过草图的形式，拟定产品所需要的界面，如产品的启动界面、登录界面、导购界面等。

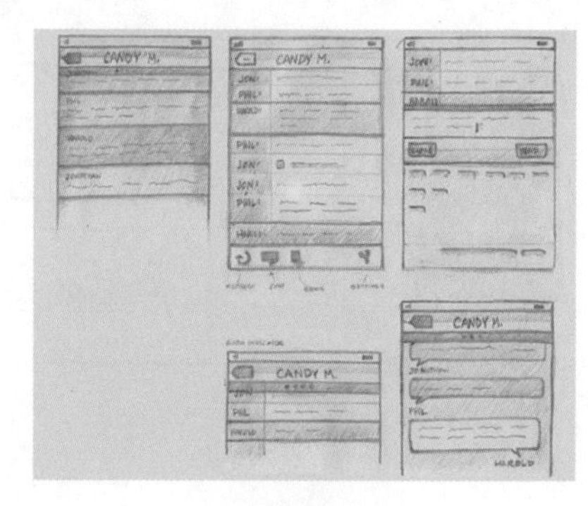

确定配色方案

根据前期分析的数据与结果，确定界面的配色方案与配色风格。

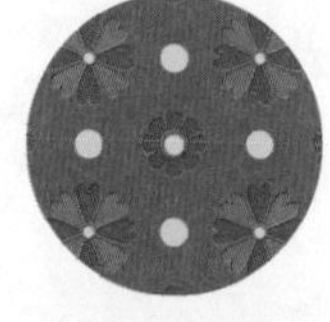
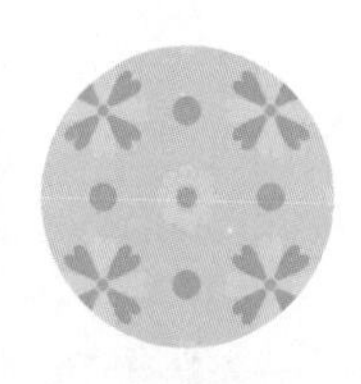

甜美淡雅　强烈个性　纯净舒适

确定与美化单独界面框架

根据产品总体的界面布局，利用Photoshop等设计软件确定和美化单个界面框架与结构。

如右图所示，右图为产品的启动界面，其采用了居中构图，突显了产品的Logo与口号。

3 验证调整

在完成界面设计稿件之后，便进入了验证调整阶段，该阶段大致可以分为以下三个步骤。

界面输出

在该阶段首先需要开发人员与相关技术部门配合完成界面的输出。也就是使所设计的界面与交互相融合，使其能够在移动设备上被使用。

可用性测试

可用性测试阶段，通过具有代表性的用户对产品进行典型操作，来测试产品的性能，验证产品界面元素与交互及功能等是否对应。

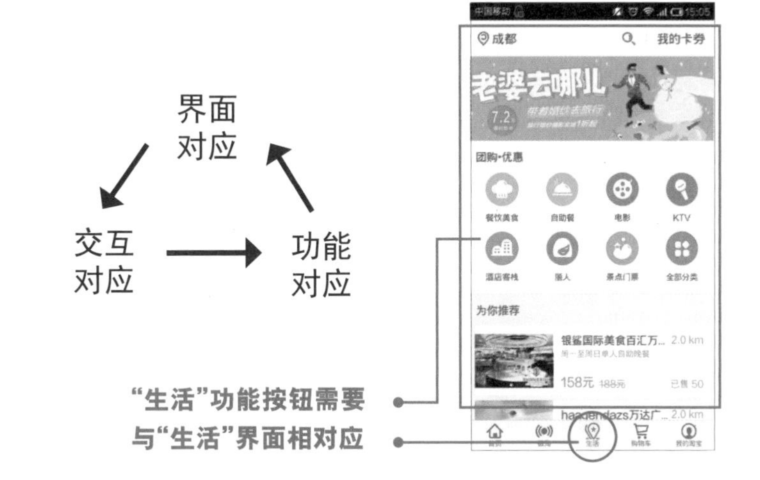

调整阶段

最后通过用户体验回馈、测试回馈等报告与意见对移动UI视觉设计进行相应的调整。比如，更改一些无法实现与输出或者输出后效果不佳的设计元素，以及对用户体验不佳的界面元素进行调整与修改。

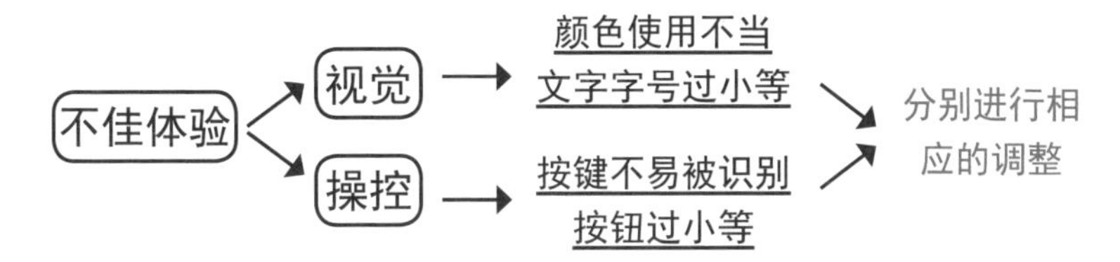

1.2.3 移动UI视觉设计的设计总则

了解移动UI视觉设计的设计流程后，可以帮助我们更加规范与有效地进行移动UI视觉设计，而掌握移动UI视觉设计的设计总则，则能让我们从整体上把握并找到移动UI视觉设计的立足方向，如下图所示。

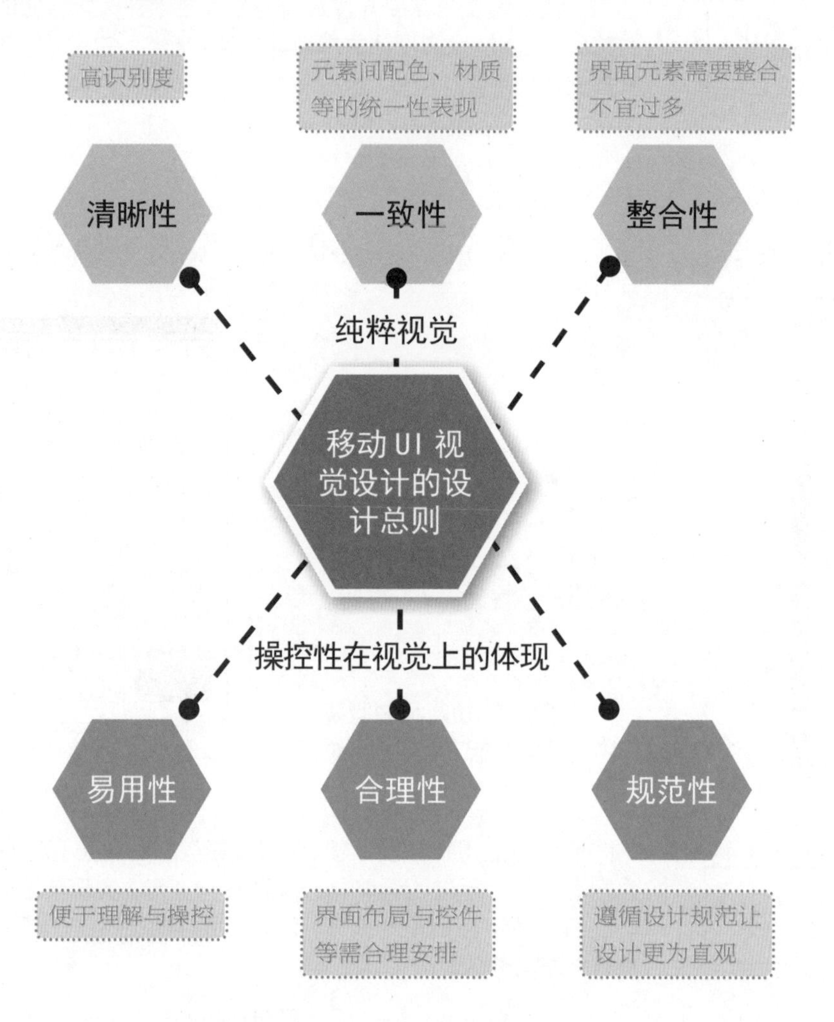

移动UI视觉设计的设计总则相当于视觉设计的宏观法则，它是设计时需要遵循的最为基础的原则以及设计依据。在设计总则的基础上会演变出许多有针对性的法则，我们在本书后面的章节将会陆续提到这些法则，而在这之前我们需要了解一些具有共性的设计准则，也就是我们所说的设计总则，以便我们从大体上把握移动UI视觉设计，下面便通过案例来分别对这些总则进行更为具体的了解。

清晰性

保持界面中元素的清晰度是移动UI视觉设计的关键，它不仅能让用户拥有良好视觉体验及感受，最重要的是它能让用户清楚地明白界面所表达的内容，从而进行相应的交互操作，如下图所示。

图标不清晰
不方便操作

图标清晰
方便操作

一致性

一个产品中往往由多个界面组成，保持这些界面以及界面中设计元素色彩、大小比例、风格、材质等方面的一致性，是让产品显得和谐的关键所在。

同属手绘风
风格一致 界面显得协调

手绘风与写实风
风格不一致 界面不协调

整合性

对于界面信息的整合有助于更好地进行界面的视觉设计。如右图所示，有效的信息整合与归纳，能够避免界面信息传达歧义以及产生视觉上的混乱感。

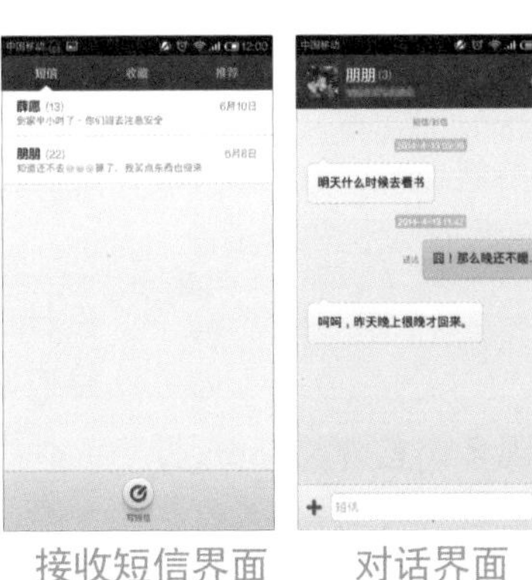

接收短信界面　对话界面

具有整合感的界面

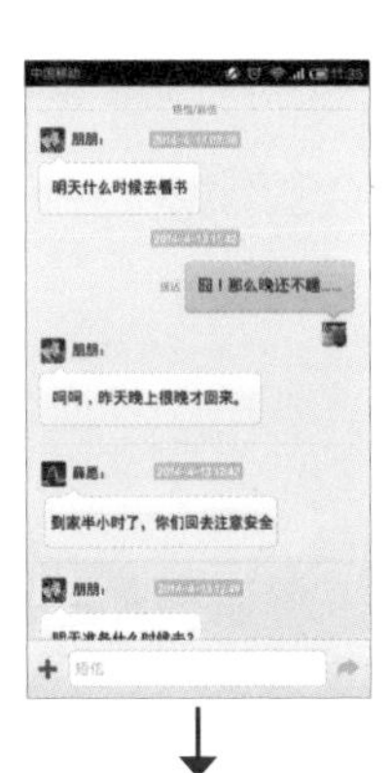

杂乱的对话
让人摸不着头脑

易用性包括在设计界面时，按钮名称的易懂、准确，以及按钮触控面积适当等方面，总之，易用性是指界面需要具有合理的功能分区和指示，使界面清晰明了，让用户更加易于操作。

该控件按钮的出现便体现了界面设计的合理性。

在进行车辆级别与价格的筛选后出现该按钮，点击后又会出现所需了解车型信息，这样的设计既合理又符合逻辑顺序，同时也节约了空间，更方便用户的操作

左图界面中按钮控件图标设计风格、大小、色彩一致，体现了规范性。

同时工具栏、界面说明栏、功能说明栏等也有着对应规范与统一的尺寸大小及颜色的设定，界面显得统一而规整

界面中通常会出现多个控件与部分，此时便需要对它们进行合理安排，有效的安排与布局，不仅能够节省界面空间，同时也更加方便用户对于界面的理解与操控。

如前文所提到的，在进行移动UI视觉设计时是存在一定的设计规范的，如尺寸等方面的规定。

除此之外，规范性还指在一个产品中需要注意让界面与界面之间存在一定规范和规矩可循，这样的设计不仅体现了一致性，同时在规范中，也能够减少用户思考的时间，方便用户对界面的理解与操作。

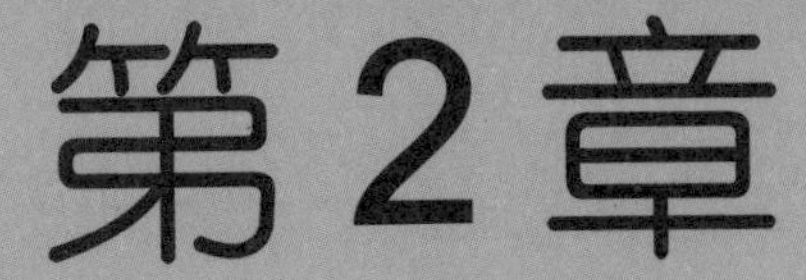

彰显界面中文字的可读性

- 学会设计出让用户能够快而准地进行识别的界面文字信息
- 学会调节字母的大小写，让文字信息更具可读性
- 学会把握界面中文字信息的字体与字体尺寸、间距的调节以及色彩的对比设置

2.1 让用户能够更快更准地辨识文字

随着移动设备应用的崛起，人们在移动设备上进行操作、阅读与信息浏览的时间越来越多，也促使用户的阅读体验变得越来越重要，其中文字又是决定阅读体验的关键所在，如何能让用户获得更良好的阅读体验呢？首先便是要让文字有准确的识别度，下面通过具体的法则来进行相应的了解。

法则一 避免使用易产生歧义的字体

首先来看看下面几组文字，思考一下它们分别给你的阅读带去什么样的感受，然后再比较一下它们在识别度上的差异。

大写字母I　小写字母l　阿拉伯数字1　阿拉伯数字0　小写字母o　大写字母O

Il10oO　Il10oO　Il10oO　Il10oO

Arial

Arial字体中，大写字母I与小写字母l几乎没有区别，缺乏识别度

Script MT Bold

Script MT Bold字体中大写字母I与大写字母J相似，缺乏识别度

Georgia

Georgia字体中阿拉伯数字0与大、小写字母O只存在大小差异，没有宽窄与装饰的变化，缺乏识别度

Consolas

相对而言，Consolas字体则显得具有识别度。它对原本相似的字符进行了一些细微的区别，以便让这些字符得以区分

上面的例子告诉我们，当造型相似的字母或文字罗列在一起，又没有环境因素与条件足以让我们区分这些字母文字时，为了提高字母或文字的识别度，我们需要：

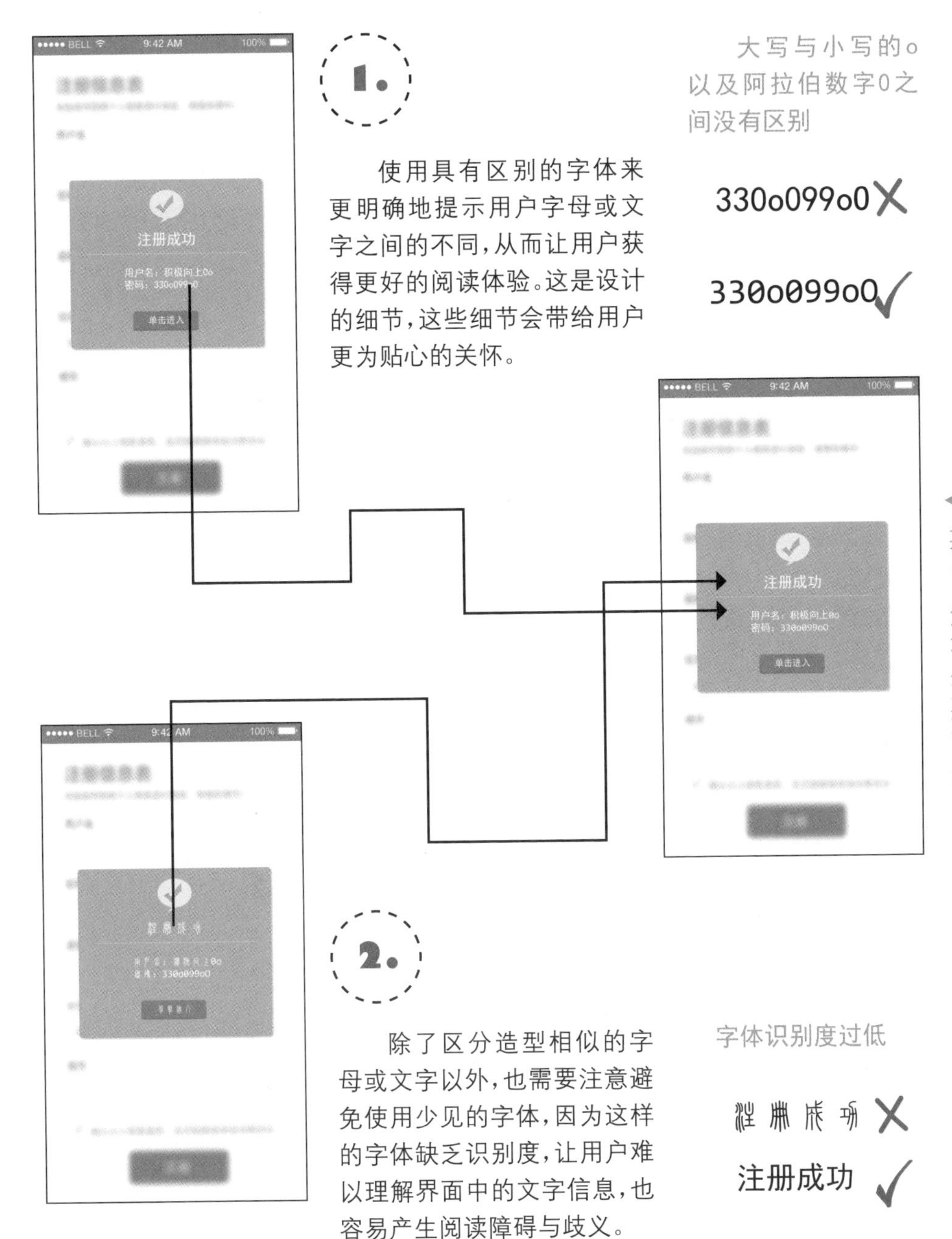

某APP注册成功提醒界面

使用具有区别的字体来更明确地提示用户字母或文字之间的不同，从而让用户获得更好的阅读体验。这是设计的细节，这些细节会带给用户更为贴心的关怀。

除了区分造型相似的字母或文字以外，也需要注意避免使用少见的字体，因为这样的字体缺乏识别度，让用户难以理解界面中的文字信息，也容易产生阅读障碍与歧义。

界面解析

综上所述，为了避免因字体相似而带来的阅读或信息采集的歧义，有时需要使用有装饰区别性的字体来展示相似文字之间的差别，从而提高文字识别度，使用户明确文字意义。

而减少歧义、提高文字识别度的另一个方法便是使用常见字体，这样也能避免用户阅读障碍的产生。

法则二 尽量使用熟悉的词汇与搭配

通过上面的案例分析不难发现，文字缺少了可读性便会形成阅读障碍，而阅读障碍的产生除了因字体使用不合适，从而使相似文字之间没有区别以外，还在于用户对字体产生的陌生感。对于常见的字体，用户会感到熟悉与容易识别，而不常见的字体用户则会感到困扰与难以辨别。

同样的道理也体现在界面中某些文字信息的搭配之中。比如界面中按钮的名称，使用用户熟悉易懂的文字说明与搭配，能够更加方便用户对于界面的理解与操作，这其实也与用户的经验习惯相关，如下图所示。

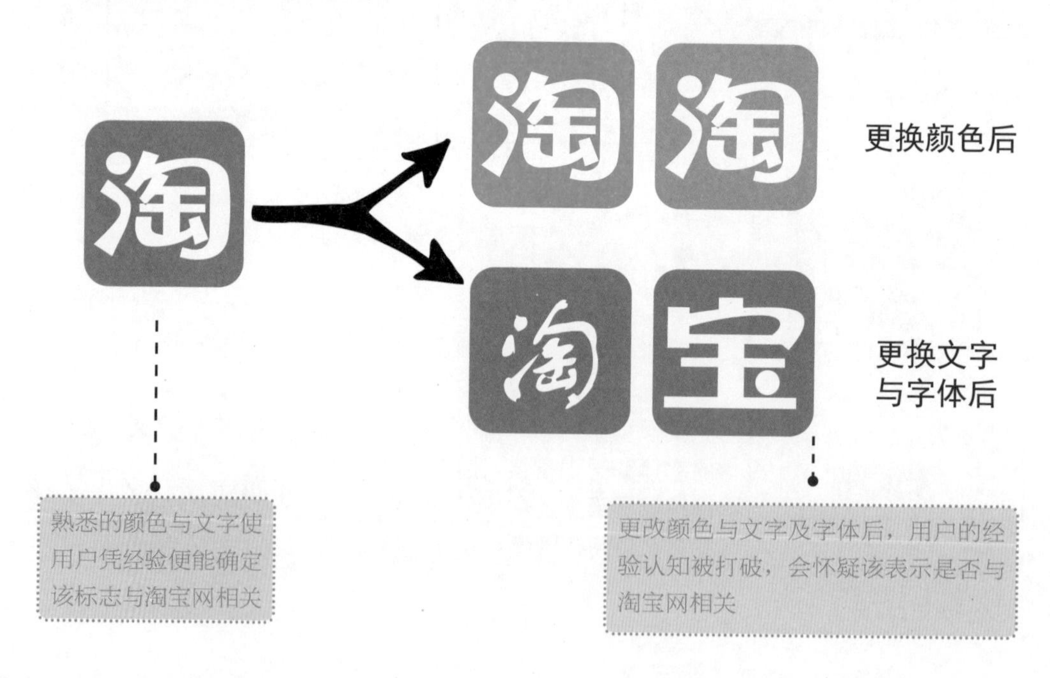

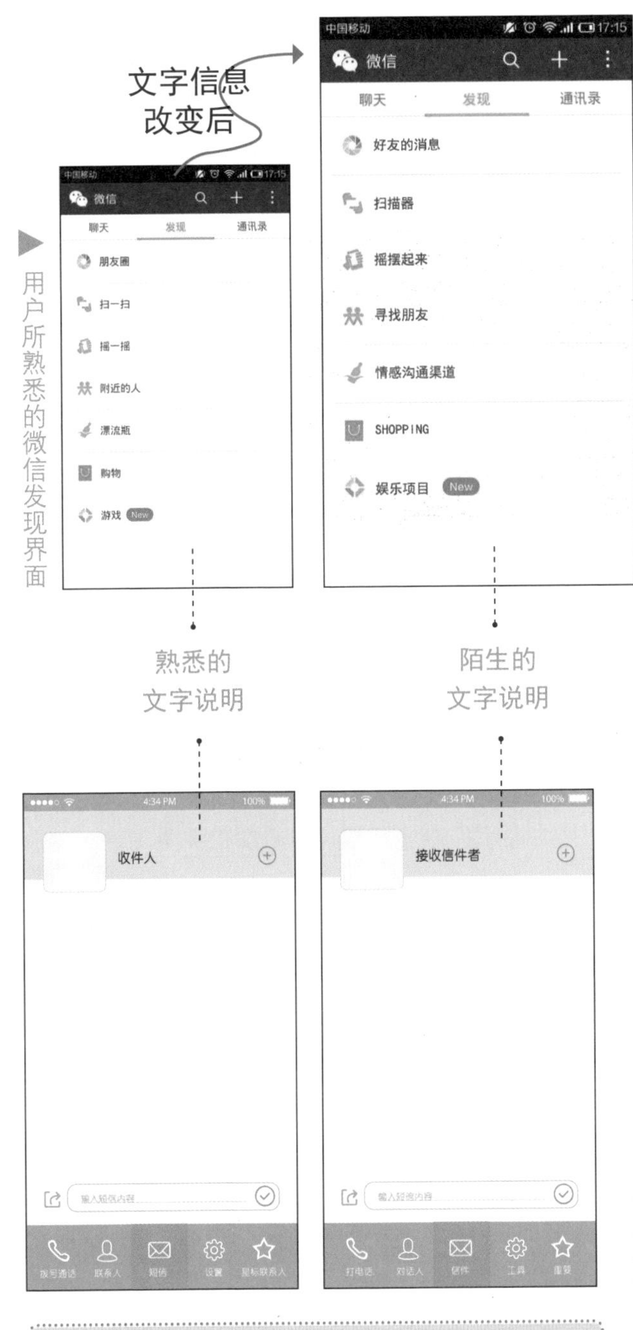

比如，在设计收件人界面时，使用熟悉的文字说明，能让用户更加明了界面内容并作出快速反应，节约用户时间，让用户获得轻松的操作体验

如果当微信发现界面中的文字信息更改为如左图所示的情况时，你会对该界面产生什么样的感受？

当看到“好友的消息”这几个字眼时，你是否会多了这样一个思考过程——这个“好友的消息”是之前的“朋友圈”吗？

其实这就是熟悉与陌生的差别。陌生的词汇会让用户产生怀疑，也会让用户花费更多的思考时间，从而耽误用户对于界面的操作与使用。

界面解析

因此，我们在进行界面的设计与文字的安排时，应尽量使用一些用户所熟知的词汇及搭配，这样可以节约用户的思考时间，避免用户产生疑虑，在减轻用户负担的同时，让用户更加轻松地对界面进行使用，如左图所示。

法则三 把握字体粗细避免含糊视觉效果

在一些编辑软件中的字体选择处，选中一款Opentype字体后，通常都可以对其进行字体类型的变化与选择，其中便包括了对字体粗细的不同选择，如下图所示。在Photoshop中，Arial字体便包括了常规、斜体、加粗等类型，不同类型的字体会带来不同的视觉效果与感受。

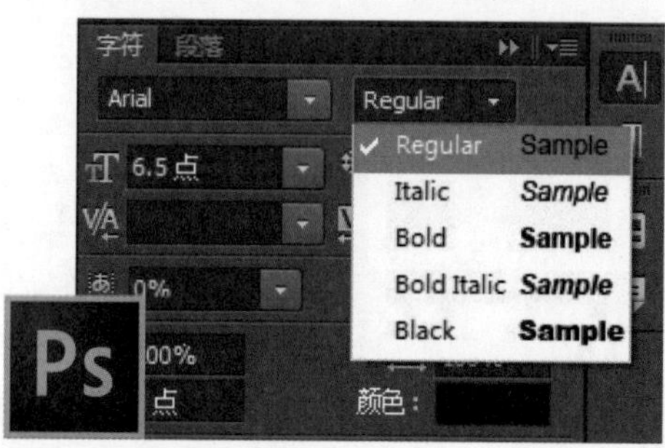

常规
斜体
加粗
加粗倾斜
加黑

Arial

Arial字体

字体外形显得工整整齐

Arial

Arial加粗字体

加粗后，显得更加引人注目，带来更强烈的视觉感受

相对而言，加粗后的字体显得更加醒目，如右上图所示，因此在进行移动UI视觉设计时，可以根据界面所需对字体进行加粗处理。除了软件系统自带的加粗字体以外，还可以使用描边对字体进行加粗处理，如右图所示。

Arial

Arial加粗添加描边后

显得更加粗壮有力，更引人注目

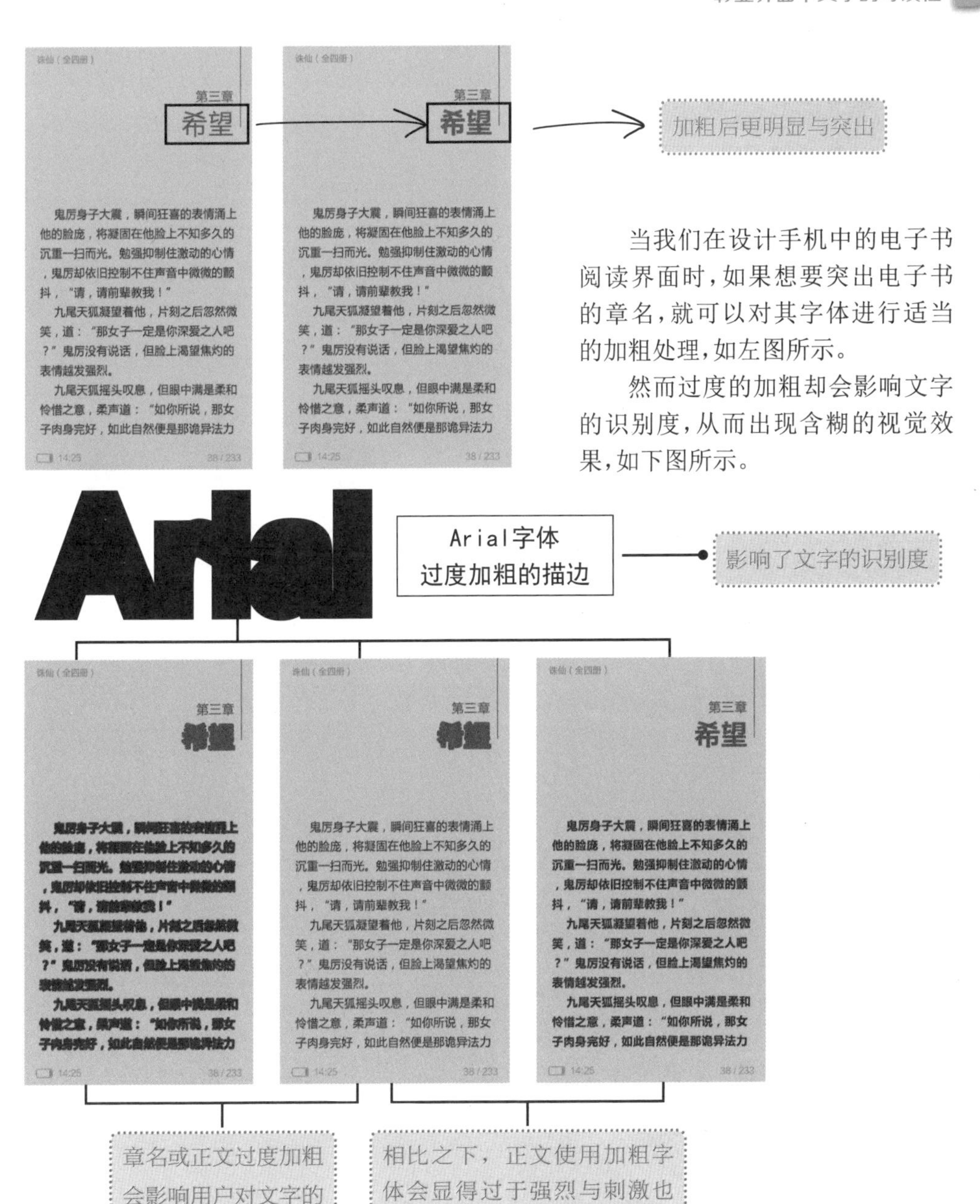

当我们在设计手机中的电子书阅读界面时，如果想要突出电子书的章名，就可以对其字体进行适当的加粗处理，如左图所示。

然而过度的加粗却会影响文字的识别度，从而出现含糊的视觉效果，如下图所示。

界面解析

综上所述，在对界面中的文字进行设计时，可以对文字进行适当的加粗以突显该文字内容，但需要注意避免过粗而导致含糊不清的情况，同时由于加粗字体带来的瞩目感容易让用户感到视觉疲劳，因此大面积的正文字体也不适宜进行加粗处理。

2.2 巧用大小写让界面富有视觉变化的乐趣

在设计一些以拉丁字母为主的移动UI界面时，如一些以英文为主的界面，巧用字母大小写的变化不仅能让界面中的文字信息在造型上富有乐趣感，同时在视觉上也能给用户带来一定的舒适度，从而让用户更加快速与方便地接收界面中的文字信息。

大小写的穿插使用还能成为突出重点的方法之一，也是增强文字易读性的手段之一，而改变字母大小写也并不复杂，只不过是按一下Shift或者Caps Lock键的工夫，下面便来看看如何适当地利用这项技巧。

法则一 大小写的穿插带来活力感

在了解这条法则之前，首先来了解一下什么是拉丁字母的大写与小写，并感受一下，它们所带来的不同的视觉感受，如下图所示。

news　小写字体 —— 小写字体显得秀气与娇小，适用于正文文字

News　大小写穿插 传统的首字大写 —— 以词汇首字母大写的大小写有序穿插形式，让文字造型有了大小写转换的活力感

NEWS　大写字体 —— 大写字体显得醒目而霸气，适用于标题文字

NeWs　不规则大小写穿插 反而显得杂乱 —— 大小写的随意穿插打破了人们的认知习惯，显得不合适

通过前文的分析可以感受到，就视觉而言，字母大小写的穿插搭配使用，因其大小的转变，带来了较为丰富且具有活力的表现形式。

但需要注意的是，大小写也不能毫无依据地进行穿插，通常情况下都采用词汇首字母大写、其他部分小写的形式进行穿插使用，这样的形式更加符合人们的阅读与经验习惯，也更能给人们带去感官上的平衡感，当我们设计以拉丁字母为主的移动UI界面时，便可以采用这样的方式，如下图所示。

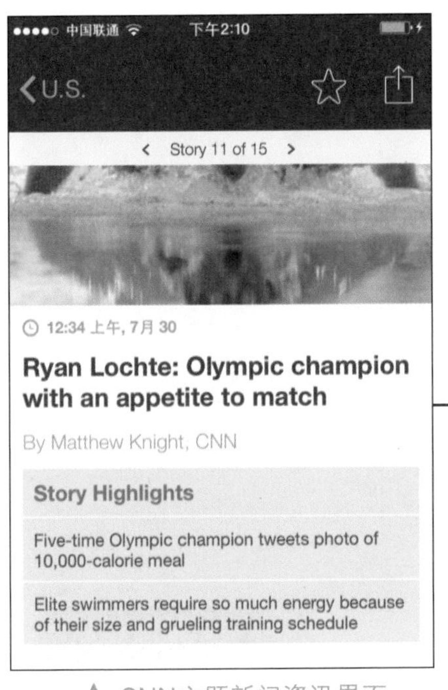

▲ CNN主题新闻资讯界面

采用传统首字母大写的文字组合穿插方式

全部采用大写字母的界面

RYAN LOCHTE:OLYMPIC CHAMPION
WITH AN APPETITE TO MATCH
BY MATTHEW KNIGHT,CNN
STORY HIGHLIGHTS
FIVE-TIME OLYMPIC CHAMPION TWEETS PHOTO OF 10，000-CALORIE MEAL

全部采用小写字母的界面

ryan lochte:olympic champion
with an appetite to match
by matthew knight,cnn
story highlights
five-time olympic champion tweets photo of 10，000-calorie meal

界面解析

通过观察与感受上图中不同大小写表现形式的界面，进行相应的对比后，我们可以得出以下总结。

若界面中文字全为大写或小写字母，界面文字则略显呆板，也不大符合用户的阅读习惯，会增添用户阅读阻碍。

通常情况下可以采用传统首字母大写的文字组合穿插方式，让文字信息在变化与活力中更加便于用户的阅读。

法则二 大小写的搭配也能均衡界面

除了使用首字母大写这种传统的大小写组合形式以外，大小写还存在着另一种搭配组合方式，而当将这种方式运用到UI界面中后，界面也能显得分工与板块布局明确且信息均衡。在这样的环境中，用户能够更加快速与明确地对界面进行理解及操作，如下图所示。

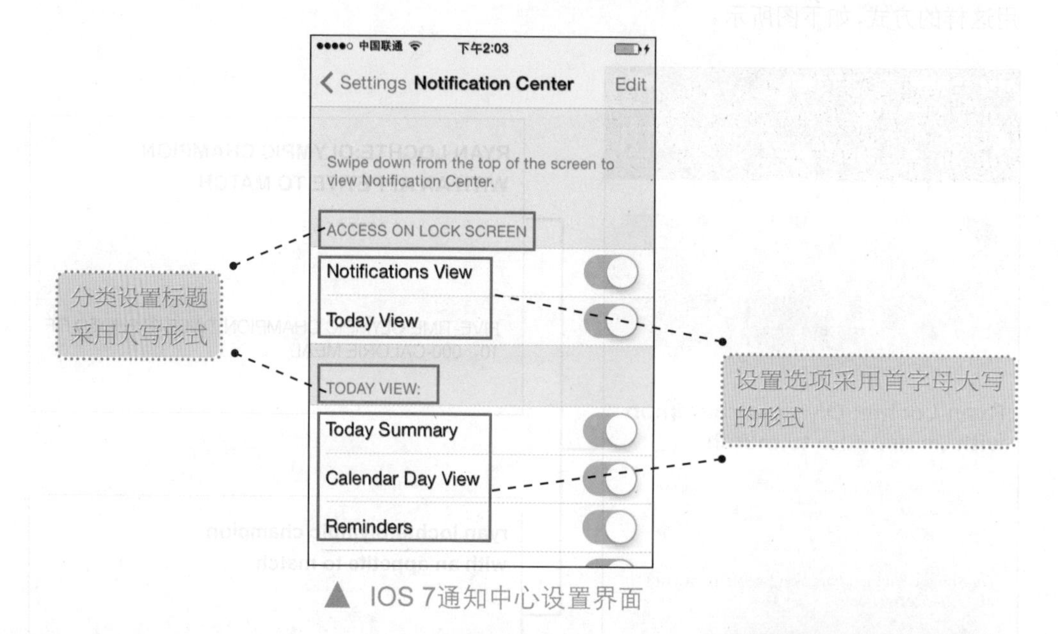

▲ IOS 7通知中心设置界面

界面解析

设置标题采用大写的形式，有效地区分了标题与设置选项之间的不同，从而让用户更加明确各个板块之间的区别，方便用户更具针对性地进行所需设置的查找并进行相应的设置。

同时这样的大小写搭配方式，也让界面中的各个板块在区分中达到了均衡，整个界面在规整与整齐中，方便了用户对于文字信息的捕捉。

法则三 利用大小写的变化吸引用户的注意力

有时大小写的合理搭配还可以很好地吸引用户的注意力，在一定程度上让界面拥有引导的功效，这不仅让用户可以在界面中获取更多的信息，也让界面中的文字增强了易读性，下面来感受一下三组大小写不同组合的文字。

你觉得下面哪种组合让你阅读起来更加轻松，且能更加清楚与明确地辨别这段文字是由两个不同的部分组成的？

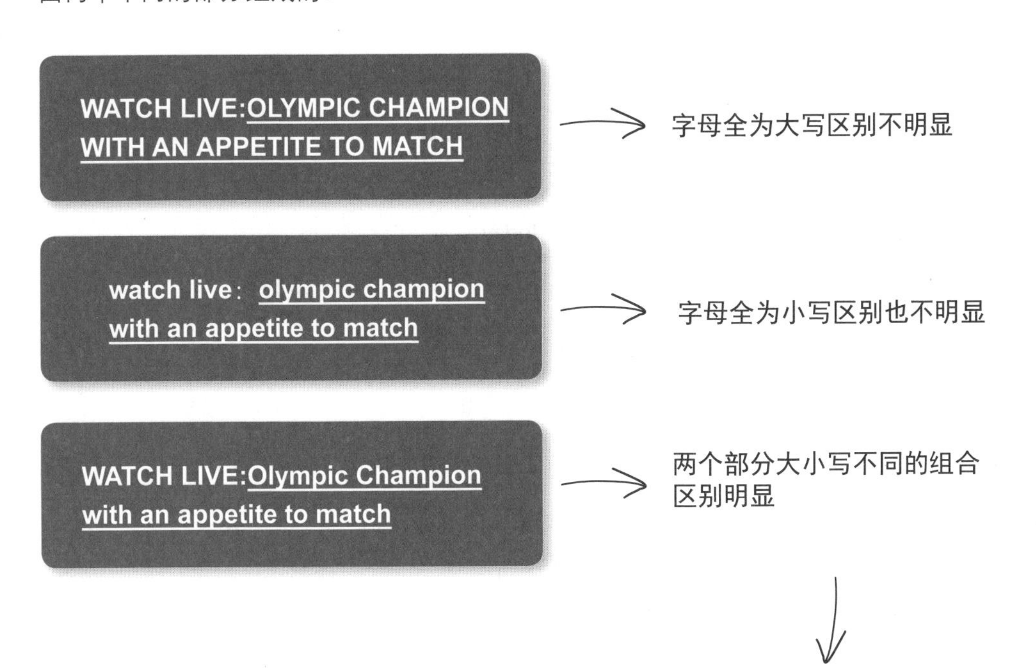

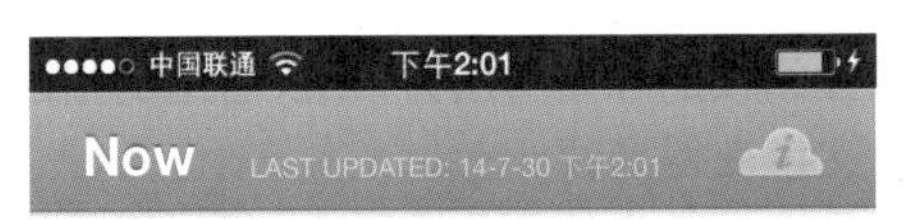

WATCH LIVE:

Olympic Champion
with an appetite to match

纯大写的文字后面跟着首字大写的文字，让这两个部分的文字区别较为明显，也因此增强了该段文字的易读性。在文字大小写的转变中，人们也同时获得了停顿的缓和感，能够更加轻松地完成阅读。相比之下，全部大写或小写的文字组合，则显得没有停顿与变化，容易让用户感到阅读的压力。

通过上文的分析，你能挑出左图界面中的不当之处吗？

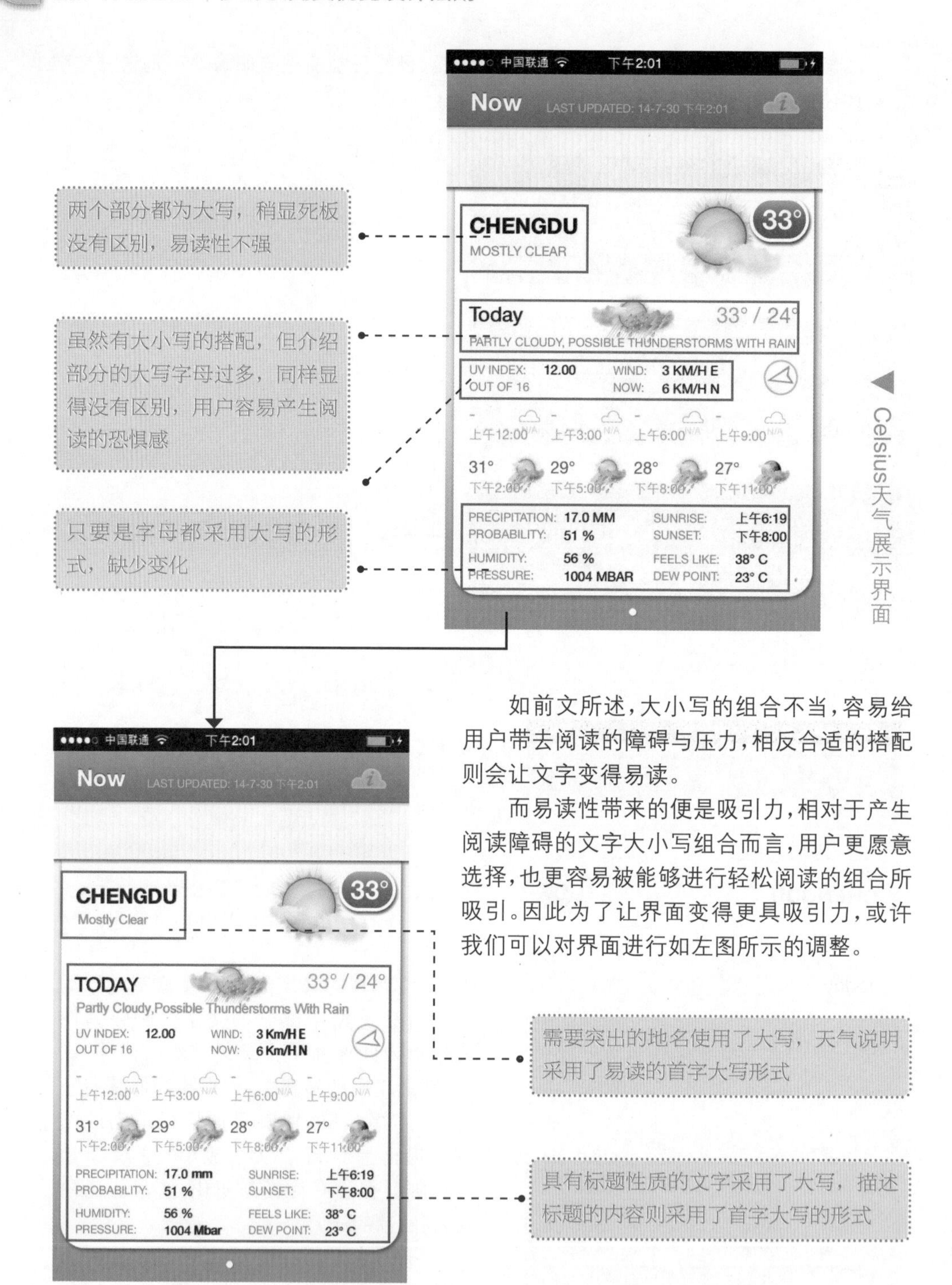

▲ Celsius天气展示界面

如前文所述，大小写的组合不当，容易给用户带去阅读的障碍与压力，相反合适的搭配则会让文字变得易读。

而易读性带来的便是吸引力，相对于产生阅读障碍的文字大小写组合而言，用户更愿意选择，也更容易被能够进行轻松阅读的组合所吸引。因此为了让界面变得更具吸引力，或许我们可以对界面进行如左图所示的调整。

界面解析

综上所述，当所设计的界面中涉及文字大小写的情况时，为了让界面中的信息具有易读性，从而更好地吸引用户的注意力，让用户完成对界面的理解与操作，此时，通常可以使用如下搭配方式：标题性文字可采用纯大写的方式，内容说明性文字则采用首字母大写的形式。

完成对法则二与法则三的学习后，结合所学内容，回头再来看看法则一中的案例，你觉得其是否还有可以进行改进的地方呢？

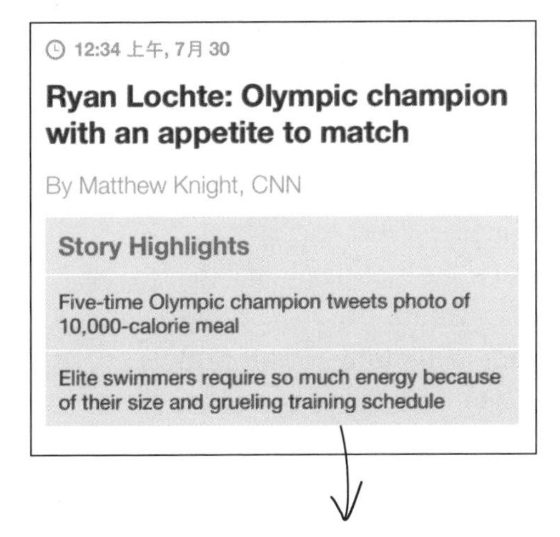

界面中所有的内容都采用了传统的首字母大写结合内容小写的形式，这样的形式显得稳妥却让文字内容信息在表现形式上缺少变化感，显得平淡。稍作如下改变或许能使界面显得更加明确与丰富。

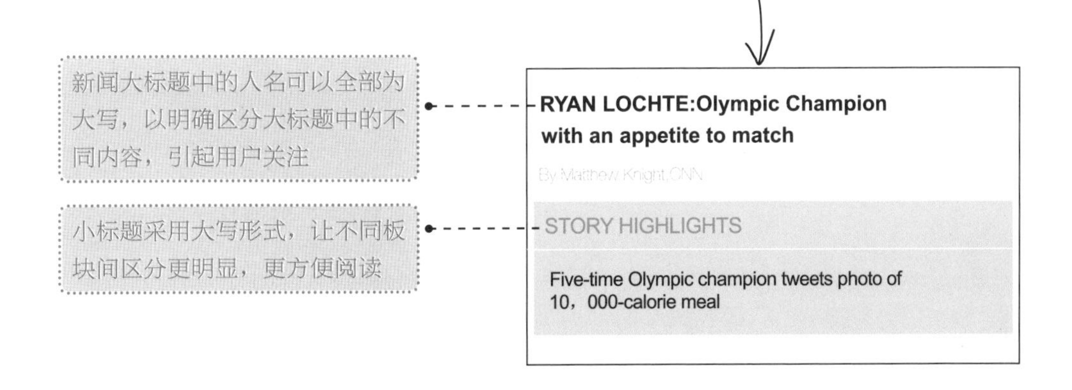

2.3 字体、字体尺寸与易读性

易读性除了体现在上文所提到的字母大小写的合理搭配上，也需要注意对字体以及字体尺寸的控制，如2.1节中提到的，若使用不常见的字体，会降低界面中文字信息的易读性，从而增加用户的阅读障碍。而在本小节中，我们将从字体与字体尺寸的搭配上来看看如何提高界面中文字信息的易读性。

法则一 统一的字体不统一的尺寸

在进行UI界面的设计时，有时统一的字体可以让界面看起来更为整洁，此时又如何让不同部分的文字信息有所区别呢？改变字体的尺寸与大小不失为一种较好的解决方法，它能让界面在统一中又不缺乏变化与区别。

比如下面两段文字，通过比较后，你肯定会感受到第二段文字更为清晰地呈现了文字信息，文字有了强调与突出的重点，信息显得更加吸引眼球。

Spring Festival

Spring Festival is the most importantand popular festival in China.Before Spring Festival ,the people usually clean and decorate their houses.

统一的字体统一的字号，段落文字显得平淡无重点，缺乏阅读的趣味感

标题

Spring Festival

Spring Festival is the most importantand popular festival in China.Before Spring Festival ,the people usually clean and decorate their houses.

统一的字体，标题文字尺寸较大，段落文字结构有了明确区分，较容易吸引读者眼球

同样的道理也适用于APP产品界面的设计之中，下面通过具体的案例来进行进一步的了解。

美食APP评论信息界面

界面解析

当我们在制作具有较多文字说明的界面时，可以采用如上图评论界面所示的文字设置的方式。上图界面中存在着多处代表不同意义，具有不同功能的文字说明信息，为了让界面显得整洁，它们都选择了统一的字体“微软雅黑”，但又为了区分这些文字是属于不同部分、具有不同功能的，它们又需要被设置为不同的大小与尺寸。

需要注意的是，为了保持界面的一致性，相同部分的文字说明，应该采用相同尺寸的字体大小，如界面中“评分、优点、不足”这三个词语，同属于选项说明文字，因此采用了相同的尺寸。文字以这样的方式搭配组合，能让界面信息的分布显得具有节奏感与规整感。

法则二 无须缩放操控也能轻易阅读

首先观察下面两组界面，不难发现，每组界面中的信息基本一致，区别则在于字体尺寸的设置上。那么你更喜欢哪种字体或者说哪种字体尺寸更加方便你对界面中文字信息进行阅读呢？你的选择是否如下图所示，会感觉被打上对号的界面中的文字更加方便阅读？会产生这样的感觉其实与设计时界面中文字尺寸大小的调节有关。

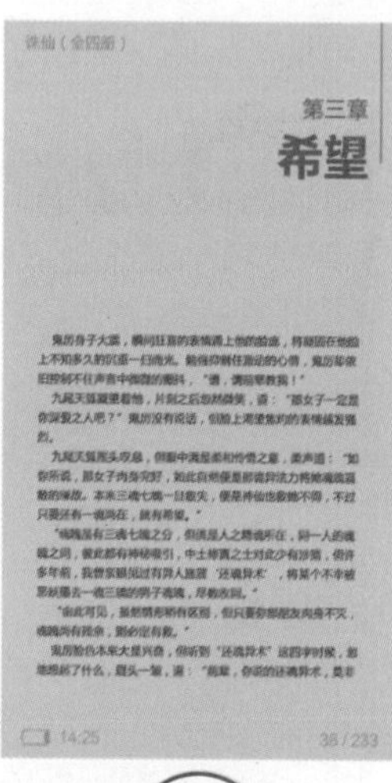

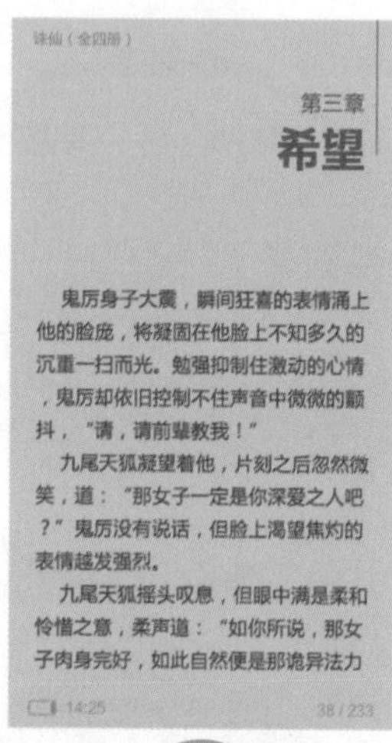

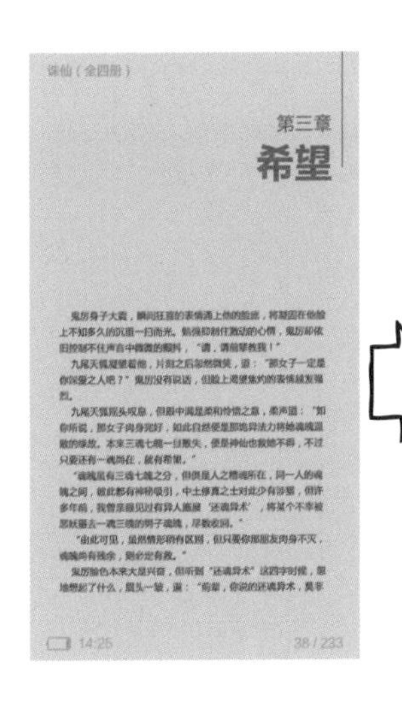

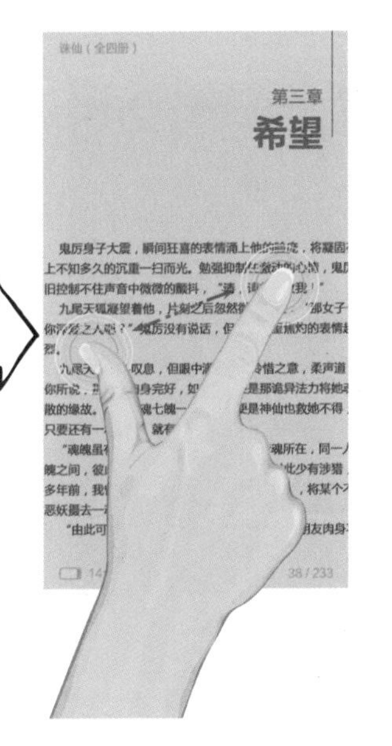

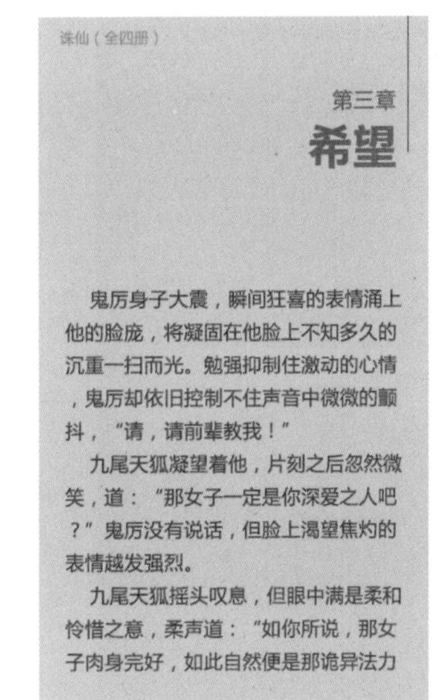

有人或许会提出疑问，文字尺寸过小不方便阅读的时候，可以通过一些手势的操作去进行放大，然后继续进行阅读，如上图所示。

然而这样的操作却在无形中增加了用户的操作负担，特别是阅读电子书时，这样的操作会显得极为不方便。

因此，为了减轻用户的操作负担，便需要设置合理的文字尺寸，通常界面中文本文字的尺寸不得小于11磅，这样才能确保在常规视距下，无须缩放就可以进行清晰的阅读。

有时我们也需要注意掌握与设计好界面的布局，没必要非要将所有的内容都挤在一个界面之中，因为界面的空间始终是有限的，如果硬要将所有内容放在一个界面中，这样的安排方式只会导致两种可能。

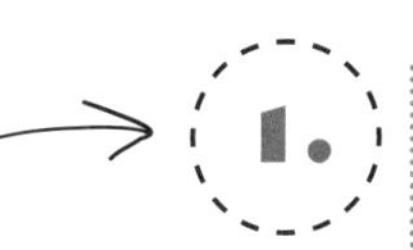

一种是保留最重要内容，删减一切多余信息，这样会导致界面中显示信息不全的情况出现

2.

另一种便是缩小界面中的内容，直至能安排下所有信息位置。这样的安排必定会让界面中的文字信息也相应地缩小，从而影响用户的阅读，如下页中案例所示

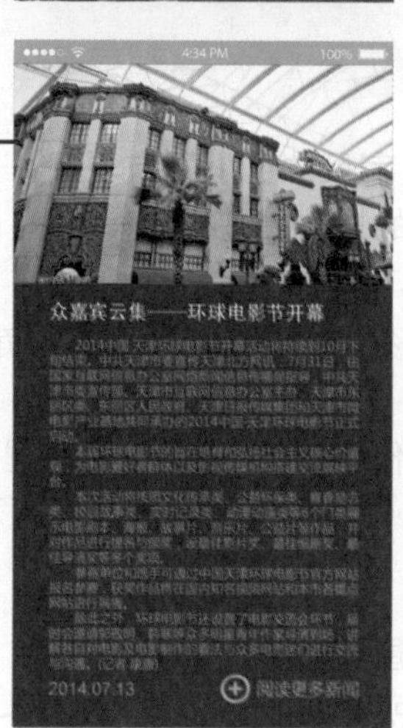

新闻首页界面

单条新闻内容界面

拆分为两个界面后，界面布局变得更加合理。用户无须操作文字信息也能清晰可见

如上图所示，当我们在设计一款新闻浏览APP的界面时，如果想要在一个界面中放入所有的新闻内容显然是不切实际的，而且会出现文字信息过小、用户不得不通过手势操作才能进行阅读的不便利现象出现。此时，我们可以对界面布局进行重新划分，如右图所示。

界面解析

综上所述，当我们在对界面中的文字信息进行字体尺寸的设计时，适当的字体尺寸以及界面布局，能够避免用户需要通过放大或缩小界面才能进行流畅阅读的情况出现，这将大大提高用户对于界面信息的浏览效率，帮助用户节省时间，让用户获得较好的体验。

同时这样的设计也能让界面中的文字内容显得疏密有致、尺寸均衡，增强了界面信息的易读性，也美化了界面的视觉效果，方便了用户的阅读与浏览体验，也带给了用户较好的视觉感受。

2.4 间距与阅读流畅体验

文字的间距也在一定程度上影响着人们对于文字信息的感受，过密的间距容易给人造成阅读的压力感，稀疏的间距又会影响文字间的连续感。本小节中，我们便来认识一下在进行移动UI视觉设计时，如何把握与调节好文字的间距，从而给用户带来流畅的阅读体验。

法则一 适当调整间距别让文字拥挤

在学习“适当调整间距别让文字拥挤”的法则之前，我们有必要先来了解一下，什么是间距，不同的间距大小又会给文字带来什么不同的视觉感受，如下图所示。

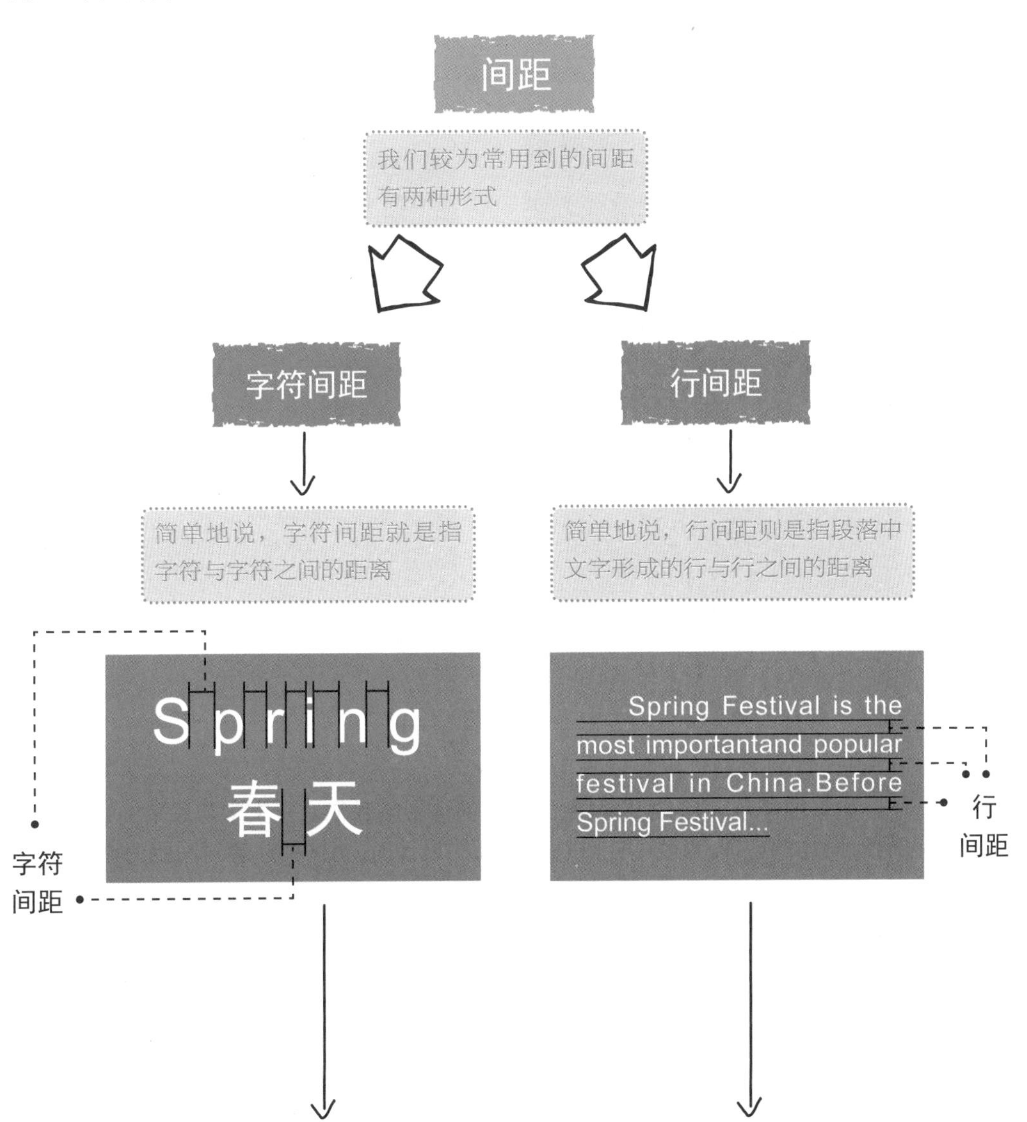

过于稀疏的间距文字与段落的连续性减弱

S p r i n g

Spring Festival is the most importantand popular festival in China.Before Spring Festival...

过于紧密的间距容易让文字重叠影响阅读

Spring

Spring Festival is the most importantand popular festival in China.Before Spring Festival...

适中的间距文字具有连续性且清晰易于阅读

Spring

Spring Festival is the most importantand popular festival in China.Before Spring Festival...

如上图所示，过疏或是过密的间距都会影响我们对于文字与段落的识别及阅读，同样的道理，当我们在进行UI界面的设计时，也需要注意对间距的调整。

过疏的间距会影响

↓

用户阅读的流畅性

↓

会占用较多界面空间

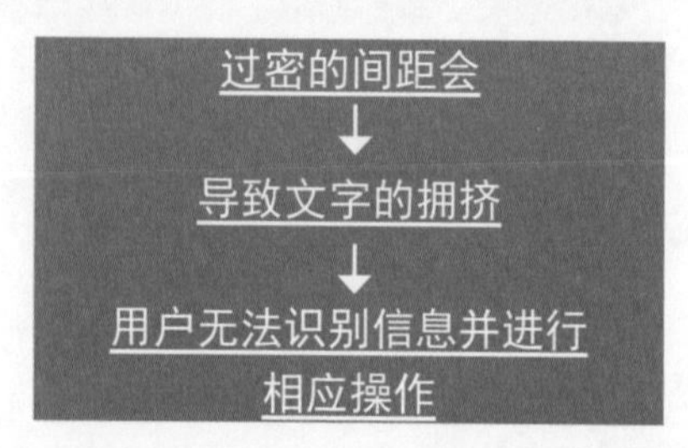

了解了文字的间距之后，回过头来看看前一小节中的案例，就以这段新闻中的文字为例，你觉得这样的间距合适吗？

间距稍密

其实不难发现新闻正文稍显拥挤，这容易使得用户在浏览新闻时，产生阅读的疲倦感，此时需要对行距与字符间距进行适当的微调。

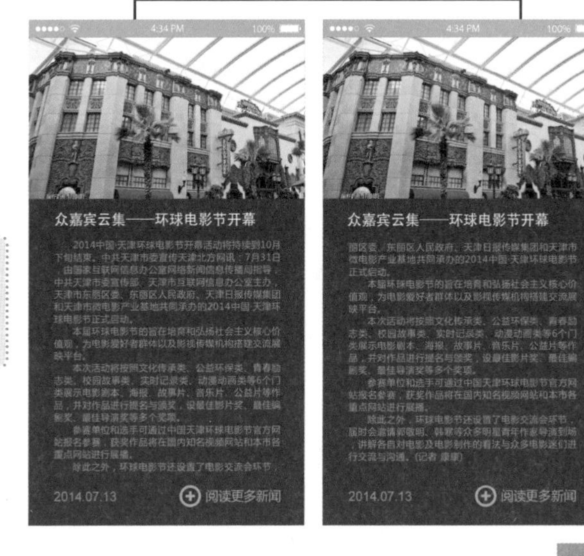

微调后较大的间距减轻了用户的阅读负担

同时设计上下简易的滑动操控以方便用户进行信息浏览

界面解析

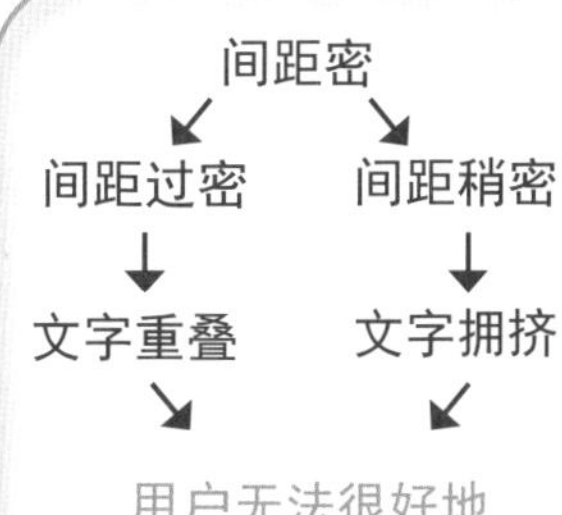

在UI界面设计中出现的间距密的情况可总结为如左图所示的两种情况，它们所产生的结果都是无法让用户进行很好的阅读。

因此如上面的案例所示，适当调整间距能让拥挤与密集的文字变得易于阅读，也能让用户提起阅读的兴趣。但需要注意的是，间距的变大会占用界面的空间，可能出现无法完全显示信息的情况，此时，便需要设计方便与流畅的操控手势，以方便用户在操控中顺利地进行信息浏览。

法则二 调节间距带来阅读界面的节奏感

法则一节中我们认识到了不同的间距所带来的不同的视觉感受，同时也认识到在对界面中的文字信息进行设计时，为了让用户拥有较好的阅读体验，我们需要合理控制与安排文字的间距。

在本节中，我们将在上一节的基础上，进一步认识间距所能带来的视觉效应。首先仍然来对比一下下面三段文字，下面三段文字在间距的调整上有着细微的差别，你认为哪一组更为合理呢？我们可以先来分析一下这段文字，如下图所示。

①分析文字的结构： ②通过前文的学习可以知道：

两个部分
标题+正文

为了突出标题
加强与正文之间的区别 → 可以使用较大的字体尺寸

除此之外
调整间距也不失为另一种区别手段

Spring Festival
Spring Festival is the most importantand popular festival in China.Before Spring Festival ,the people usually clean and decorate their houses.

标题与正文的间距在视觉上形成了相同感，这使正文与标题间的区别不明显

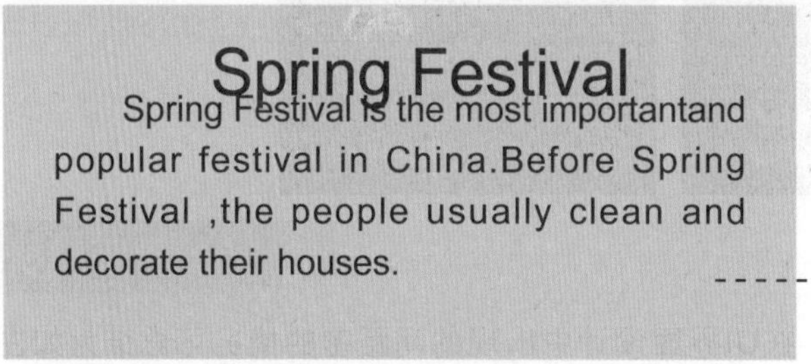

Spring Festival
Spring Festival is the most importantand popular festival in China.Before Spring Festival ,the people usually clean and decorate their houses.

设置时，标题与正文的间距相同，但由于标题字体较大形成了如左图所示的视觉效果，这样的间距调节让文字重叠，影响了阅读

Spring Festival
Spring Festival is the most importantand popular festival in China.Before Spring Festival ,the people usually clean and decorate their houses.

拉大标题与正文的间距，正文中文字的间距一致，这样的调节使标题与正文的间距效果达到了最佳

通过上文的分析后，可以知道，当一段文字具有不同的部分时，调节不同部分之间的间距，能让文字信息在编排上看起来更为合理，方便用户的区分与阅读，且具有一定节奏感。

下面我们再来看看前文中所提到的界面，如左图所示，界面中新闻文字信息部分便涉及了间距的使用与设计，如下图所示。

① 分析文字信息结构

两个部分

新闻标题+新闻简要说明

② 分析案例界面中的间距设置

欢乐谷夏季狂欢节
夏天到了欢乐谷里真是热闹非凡、人山人海、美女如云、帅哥闪亮，原来是第三届狂欢节开幕了......

1.文字的间距过密
2.新闻标题与新闻简要说明间的间距没有区别

③ 根据本节分析重新调节文字信息间距

欢乐谷夏季狂欢节

夏天到了欢乐谷里真是热闹非凡、人山人海、美女如云、帅哥闪亮，原来是第三届狂欢节开幕了......

1.加大文字间距
2.让新闻标题与新闻简要说明文字间的间距有差别

不同部分间距拉大以示区分

相同部分间距一致保持统一

界面解析

综上所述，在对界面中文字信息进行设计与编排时，除了需要把握文字的间距以外，调节不同段落文字中不同部分的间距，也能便于用户对于文字信息的浏览，同时间距的变化还可以在视觉上形成一定的节奏感，让界面形成更为舒适的观感。

2.5 用户被文字色彩的交替所吸引

适当地设置界面中文字的色彩，也是提高界面中文字可读性的关键所在。通过给文字内容设置不同的颜色穿插或增强文字与界面背景之间的对比，但不能让对比过于刺激等方式方法，都能增强界面内容的表现力，从而让用户更加明确界面内容，方便用户对界面的浏览与操作。下面来大致了解下给界面中文字设置色彩的法则。

法则一 转换文字色彩突出界面重点信息

截取上节中所提到的界面案例中的一处的文字部分，如下图所示，不难发现，新闻标题与新闻简要说明部分，有了间距与字体尺寸大小的区别，却没有颜色的区别，此时，我们可以尝试着转换文字的色彩。

欢乐谷夏季狂欢节

夏天到了欢乐谷里真是热闹非凡、人山人海、美女如云、帅哥闪亮，原来是第三届狂欢节开幕了......

转换色彩后

欢乐谷夏季狂欢节

夏天到了欢乐谷里真是热闹非凡、人山人海、美女如云、帅哥闪亮，原来是第三届狂欢节开幕了......

欢乐谷夏季狂欢节

夏天到了欢乐谷里真是热闹非凡、人山人海、美女如云、帅哥闪亮，原来是第三届狂欢节开幕了......

色彩的改变让两个不同部分的区别更加明显。其中不难发现，白色的文字部分比灰蓝色的文字部分更加突出，我们可以利用这样的方法去突出界面中的重点信息上文中所提到的方法是什么方法，又是利用的什么原则呢？其实这便涉及色彩的对比。首先来看一下该界面布局中所使用的色彩，如下图所示。

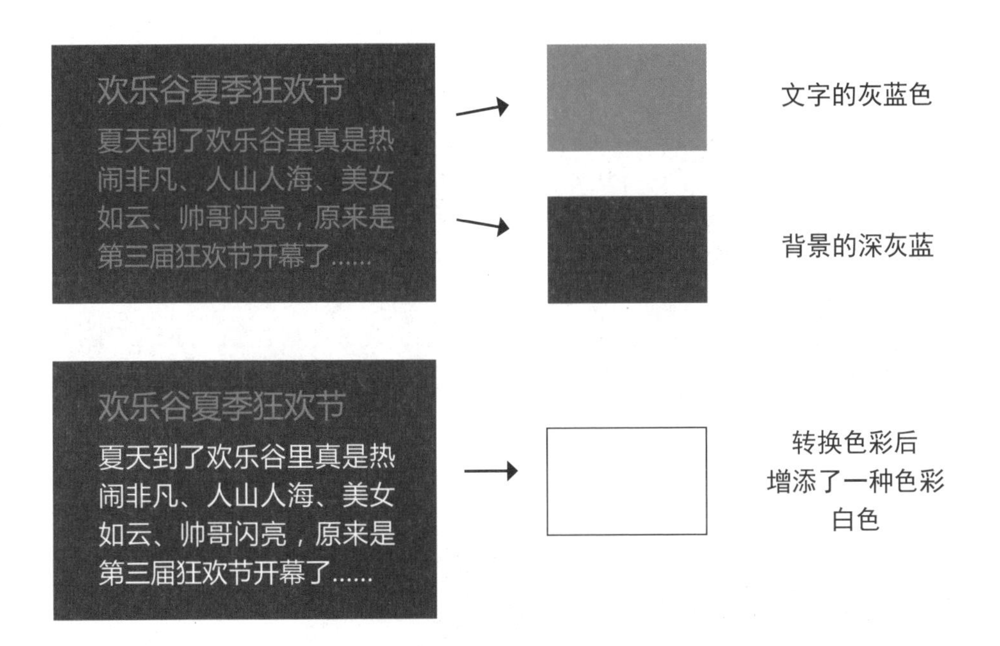

在所有的色彩中，白色属于明度最高的色彩，且只具备明度属性，这是白色的固有特性，因此白色的明度必定高于灰蓝色，而背景的深灰蓝色看起来较深较暗，这便是低明度色彩的特征。在色彩的这些特征作用下，形成了白色文字在深灰蓝背景中更为突出的视觉感受，而这也是色彩间明度对比的表现，如下图所示。

在明度条上，距离越远的色彩，它们的明度反差越大，对比也就越明显，不难发现白色与深灰蓝的距离相对于灰蓝色与深灰蓝的距离更远，因此，对于深灰蓝背景而言，因为明度对比强烈，白色文字会显得更加突出。

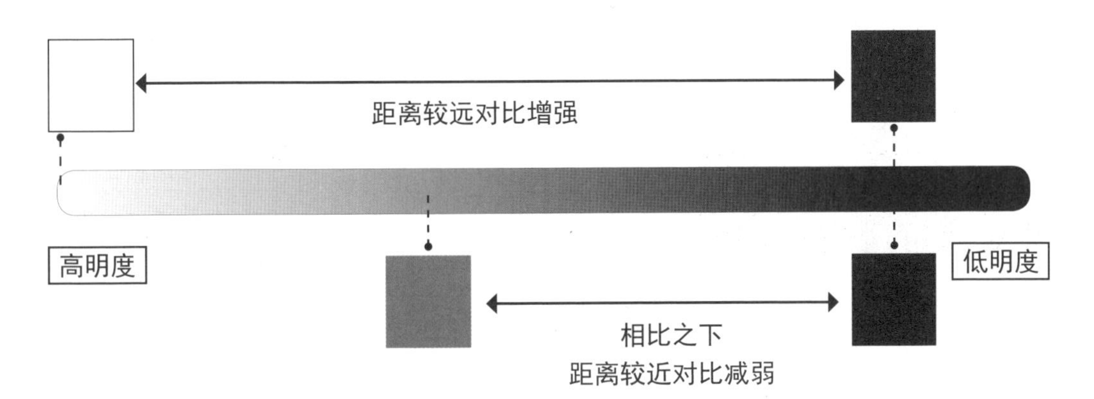

因此我们说，适当地转换界面中文字的色彩，利用明度的对比，可更加明显地区分界面中文字信息中的不同部分，同时也可以利用这种方法去突出界面中的重点信息。

比如，当我们想重点突出界面中的新闻标题时，我们可以将其设置为白色字体，而想要重点突出界面中的新闻简要说明文字时，则可以将该部分文字设置为白色，如下图所示，这便需要根据具体的设计要求而定。

欢乐谷夏季狂欢节

夏天到了欢乐谷里真是热闹非凡、人山人海、美女如云、帅哥闪亮，原来是第三届狂欢节开幕了……

突出新闻标题的文字内容

欢乐谷夏季狂欢节

夏天到了欢乐谷里真是热闹非凡、人山人海、美女如云、帅哥闪亮，原来是第三届狂欢节开幕了……

突出新闻简要说明的文字内容

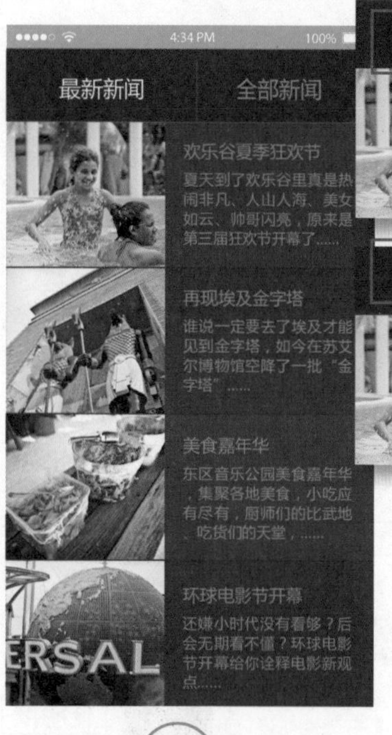

最新新闻　全部新闻

欢乐谷夏季狂欢节

夏天到了欢乐谷里真是热闹非凡、人山人海、美女如云、帅哥闪亮，原来是第三届狂欢节开幕了……

最新新闻　全部新闻

欢乐谷夏季狂欢节

夏天到了欢乐谷里真是热闹非凡、人山人海、美女如云、帅哥闪亮，原来是第三届狂欢节开幕了……

文字信息色彩没有区别，用户无法清楚地明确自己所处的界面环境

界面解析

如上左图所示，选中板块的标题文字信息为需要突出的重点信息，它能让用户明确自己所处的界面环境。因此，可以通过转换标题文字信息色彩、利用明度对比的方式让它与未选中板块标题文字信息区别，从而让界面信息的传达更加清晰与明确。

法则二 调节文字色彩与背景色彩的对比关系

法则一中已经提及了文字色彩与背景色彩的对比关系——利用适当的明度对比可以突出界面中的重要信息。除此之外，色彩间还存在纯度对比与色相对比，本书第4章中将会对色彩对比以及界面中色彩的应用进行更进一步的相关讲解。

而在本小节中我们仍然需要进一步掌握“调节文字色彩与背景色彩的对比关系”的法则，使得界面中不仅能够突出重要信息，还能避免因为对比过度或过弱等现象而产生的阅读障碍，首先来看看下面两组文字。

文字颜色与背景颜色
对比过弱

如上图所示，过弱的对比使用户无法很好地识别背景之上的文字信息，无法获得良好的阅读体验

文字颜色与背景颜色
对比过强

鬼厉身子大震，瞬间狂喜的表情
他的脸庞，将凝固在他脸上不知多久的
沉重一扫而光。勉强抑制住激动的心情
，鬼厉却依旧控制不住声音中微微的颤
抖，“请，请前辈教我！”
九尾天狐凝望着他，片刻之后忽然微
笑，道：“那女子一定是你深爱之人吧
？”鬼厉没有说话，但脸上渴望焦灼的
情越发强烈。
天狐摇头叹息，但眼中

过强的对比也不适用于需要长时间阅读的大段文字，强对比会带来视觉的刺激感，长时间阅读容易使用户产生视觉的疲劳感

如前文所示，弱对比会出现文字色彩与背景色彩因太过相似，而使得文字的辨识度变低的情况。而对于强对比而言，文字能够清晰明亮地展现在用户眼中，但需要注意避免因强对比带来的视觉刺激感。结合法则一所学，文字颜色与背景颜色间的强对比分为以下两种情况。

文字颜色与背景颜色
之间的强对比关系

欢乐谷夏季狂欢节

夏天到了欢乐谷里真是热闹非凡、人山人海、美女如云、帅哥闪亮，原来是第三届狂欢节开幕了……

适当强对比让阅读更加流畅与舒适

没有刺激感，
且因对比让文字能够清晰呈现，
适用于长时间阅读的文字

鬼厉身子大震，瞬间狂喜的表情涌上他的脸庞，将凝固在他脸上不知多久的沉重一扫而光。勉强抑制住激动的心情，鬼厉却依旧控制不住声音中微微的颤抖，“请，请前辈教我！”

九尾天狐凝望着他，片刻之后忽然微

过强对比增添阅读的刺激感与疲倦感

对比让文字清晰呈现，
但较强的刺激感使其不
适用于长时间阅读的文字，
却较为适合于具有警示意味的文字

界面解析

综上所述，红黄橙纯度与明度偏高，是本身便具有一定刺激感的色彩，不适用于长时间进行阅读的文字，其容易与背景的色彩形成过强或过弱的对比。

相反，无彩色以及纯度较低的色彩则较为适合作为长时间阅读的文字色彩，同时也需要注意调节它们与背景之间的对比关系，让文字变得具有识别度与可读性，如右图所示。

鬼厉身子大震，瞬间狂喜的表情涌上他的脸庞，将凝固在他脸上不知多久的沉重一扫而光。勉强抑制住激动的心情，鬼厉却依旧控制不住声音中微微的颤抖，“请，请前辈教我！”

九尾天狐凝望着他，片刻之后忽然微笑，道：“那女子一定是你深爱之人吧？”鬼厉没有说话，但脸上渴望焦灼的表情越发强烈。

九尾天狐摇头叹息，但眼中满是柔和怜惜之意，柔声道：“如你所说，那女子肉身完好，如此自然便是那诡异法力

14:25 38 / 233

◀电子书阅读界面（局部）

移动UI中不容轻视的“图”的存在

- 学会给界面中的图片安排不同的布局展示形式
- 注意对界面中图片尺寸比例的把握
- 学会对界面中的图片进行效果的处理以美化界面
- 运用好图形符号能为界面增色不少

3.1 图片在界面中的布局展示形式

图片元素也是较为重要的界面构成元素之一，而如何运用这些图片，特别是一些以图片信息为主的APP，如淘宝移动客户端，需要通过图片更为直观地给用户展示商品的样貌，对于这样的APP而言，如何在界面中编排与展示大量图片呢？本节我们便来了解一些图片在界面中的布局形式。

法则一 传统矩阵式平铺布局

矩阵式平铺布局是最常见的多图展示形式，在进行移动产品界面的设计时，使用矩阵式的布局通常会给用户带去规整、整齐的视觉感受，如下图所示。

▲ 购物APP导购界面

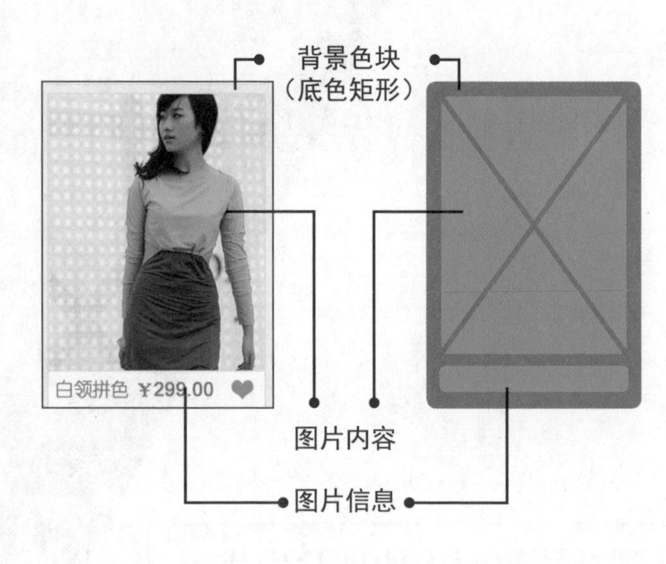

上面的界面中，图片被限制在了等比的矩形之中，并以平铺的方式展现在界面之中。

这样的方式让界面显得整洁，从而能让用户在短时间内快速地浏览到界面中的图片信息，节约用户接受信息的时间，给用户带去便利。

底色矩形将图片内容与信息框在了一起，让用户能够清楚与明确它们之间的对应关系，为用户的操作带去指示感，让交互变得更为明确与清晰。

大小统一、平铺排列的图片虽然会让界面显得整齐，但却让界面的结构布局略显拘谨，从而让用户产生较为枯燥的浏览体验。

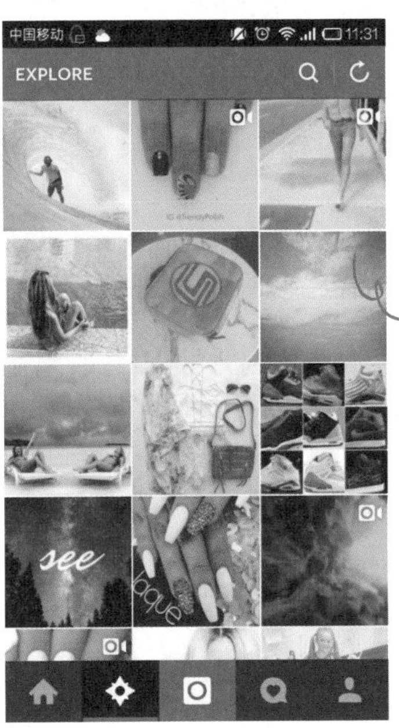

如前文所分析，传统的矩阵式平铺布局显得中规中矩，较适用于需要进行快速浏览信息的界面。其中较为典型的案例，便是Instagram产品中的发现界面，如左图所示，下面来看看该界面有什么样的特点。

在快速浏览中选择感兴趣的图片

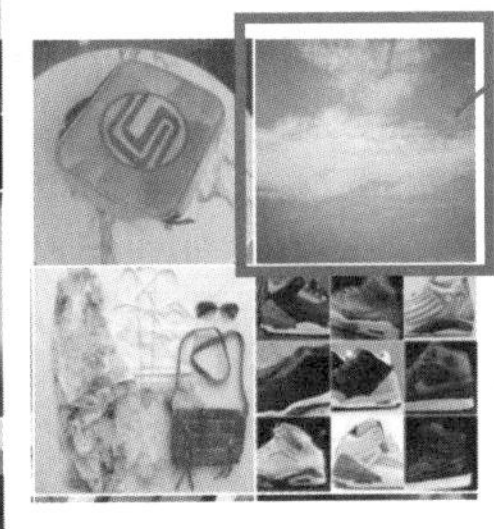

点击进入图片详细信息界面

▲ Instagram的发现界面

界面解析

Instagram是一款主要以图片或视频展示为主的社交应用，在它的发现界面中，出现了大量的图片与视频缩略图，这些图片的布局形式为典型的传统矩阵式平铺布局，需要注意的是，Instagram的发现界面中并没有对图片添加过多的文字说明。

省去了对文字信息的浏览，用户能更加快速地在图片浏览中单纯地从视觉上找到图片中兴趣点。需要注意的是，当用户找到感兴趣的图片后，因为没有对应的文字说明，此时我们便需要设置一个入口，让用户能够通过这个入口与通道，了解到与图片相关的详细信息，如上图所示。

综上所述，传统矩阵式平铺布局是指界面中的图片被放置在了等比的矩形之中，且它们之间的排列分布较为规整，它可以分为以下两种形式。

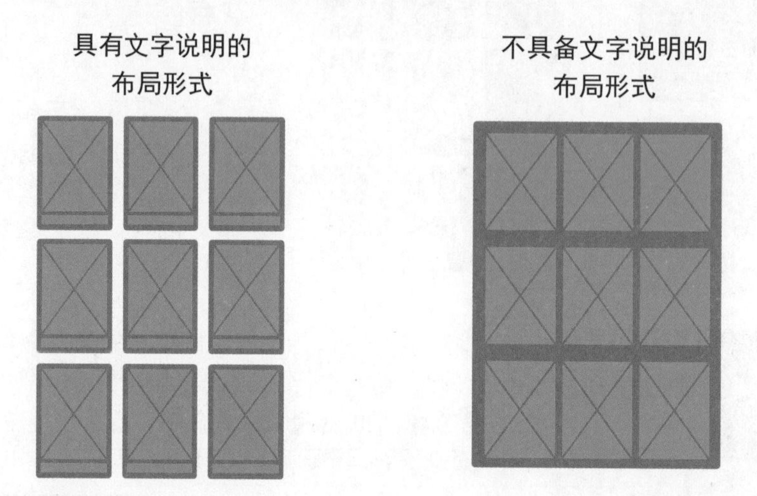

不论哪种布局形式，我们都可以设置相应的通道与入口，让用户拥有可以对图片内容进行更进一步了解的平台。

就视觉层面而言，以上两种形式，图片采用传统矩阵式平铺的布局方式，虽然较为整齐，却都会让界面显得较为谨慎与呆板。因此我们可以在此基础上进行相应的调整与改变，如下图所示。

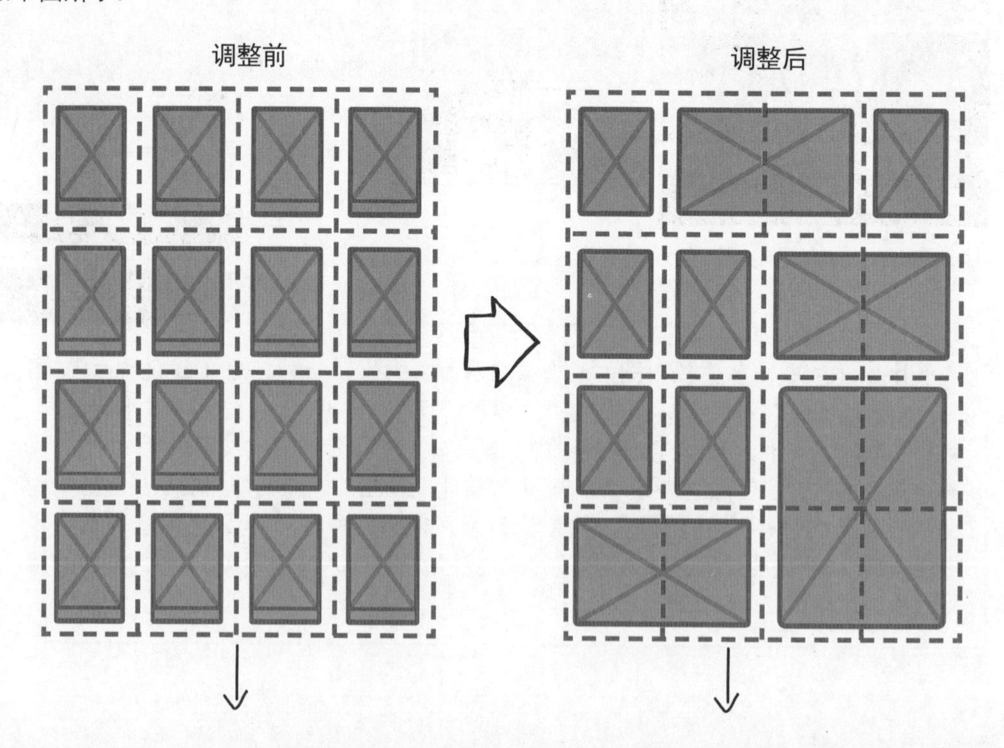

优点

如右上图所示的矩阵式图片布局，打破了传统矩阵式中图片尺寸的一致性的束缚，让界面布局在不规则中透露着规则的形式构成感。因此界面整体不会因为图片的大小不一而显得杂乱无章，反而打破了重复带来的呆板与密集感，为流动的信息增加了动感，给用户带去了浏览的乐趣。

图片尺寸大小的改变虽然让界面的布局变得更为灵活，在一定程度上给用户带去了视觉感官上的改变与乐趣，然而这样的布局与展示形式却会让用户形成视线上不规则的流动，没有规律的视线不会形成浏览的惯性，会使得用户耽误较多的时间去适应与找寻目标信息。因此，这样的布局形式，虽然更为美观，却并不太利于用户对于信息的查找。

界面解析

进行调整后的布局界面，如右上图所示，界面中的图片看起来大小不一，显得没有规律感与统一感，但其实它们都被限制在了矩形布阵之中，也属于矩阵式布局。

法则二 定宽不定高瀑布式布局

了解定宽不定高瀑布式布局法则之前，首先来了解下什么是定宽不定高的图片布局，这样的布局又有着什么样的特点？如下图所示。

等宽等高的图片布局

界面布局显得中规中矩，图片展示稍显呆板

等宽不等高的图片布局

界面布局更富有变化的形式感，这样的布局使图片展示更具灵活性

如上图所示，定宽不定高的图片布局是指，在界面中将图片放置在宽度相等，但高度却不定的方框中，从而形成的一种图片布局形式，也就是等宽不等高的布局形式。而等高等宽的图片布局其实就类似于传统的矩阵式布局，相比之下，等宽不等高的布局形式在视觉上更能带来一种灵活与形式感。

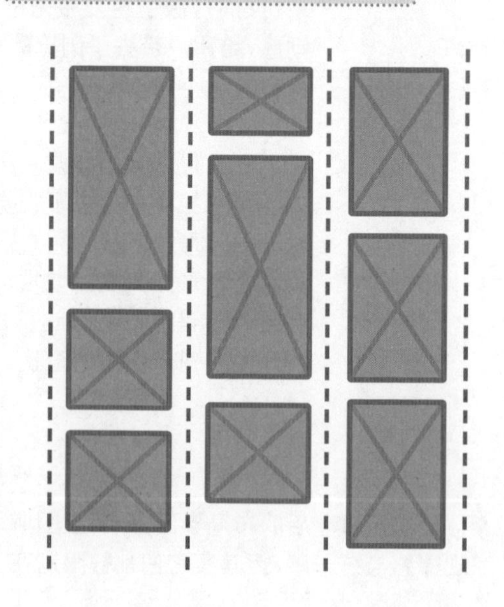

与传统的矩阵式平铺布局不同，定宽不定高的布局形式更呈现一种纵向的构图形式感与视觉流动感。如右图所示，其就如同一道道瀑布一般，随着界面的向下而产生向下的流动感。

瀑布式布局又称为瀑布流式布局，如前文所述，它较为形象地形容了一种常见的网页页面布局与浏览方式，结合定宽不定高的图片，让这种布局显得更具形式感。

除了应用于网站之上，如今这种布局形式也被大量地用在了移动产品之中。比如，花瓣网的移动客户端便属于较为典型的瀑布式布局，如右图与下图所示。

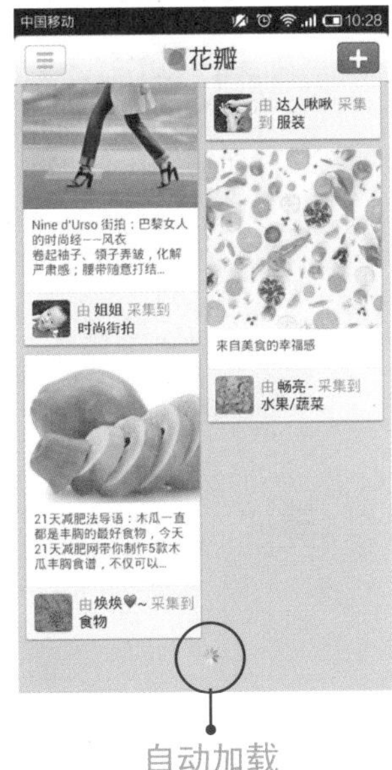

自动加载

1. 自动加载项

2. 图片琳琅满目

浏览界面时，只需要向下滑动界面，界面中的图片信息便会不断地自动加载数据块直至当前界面显示信息的尾部为止

界面以图片为主，其大小不一，又按照一定规律接连不断地出现在了界面之中，让界面显得琳琅满目

优点

这样的设置节约了空间，省去了页码导航链接或按钮，让操作变得更为简便，也让界面从上到下，如同瀑布一般能够源源不断出现新的图片信息。

图片布局错落有致、不拘一格，符合用户个性化心理特征，同时也带来了视觉的层级感，界面显得高效而具有吸引力，符合一眼扫过的快速阅读模式。

缺点

不定高的图片尺寸分布在界面中，让用户产生了任意流动的视觉流程，这也在一定程度上缓解了因为固定模式而带来的视觉疲劳感，却如同前一小节所述，灵活的布局让本可以中规中矩、依靠惯性进行浏览的用户要花更多的时间去思考与搜索。

用户需要时间去适应灵活的布局，并在视线无规则的转移中花费更多的时间去找到视觉的落脚点，从而接收来自界面中的图片信息。

无限滑动加载方式

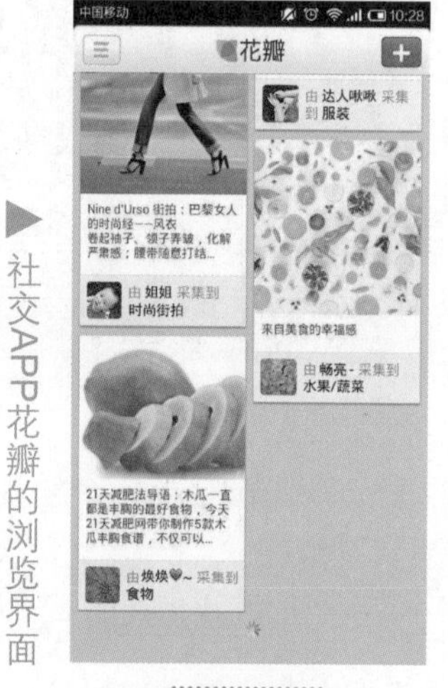

有页码按钮选择

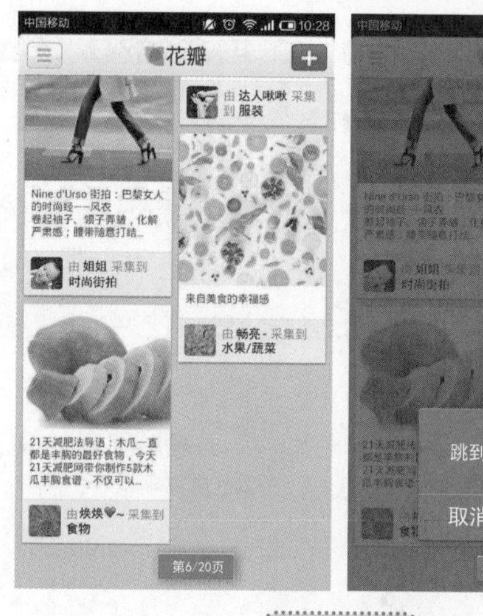

▶社交APP花瓣的浏览界面

操作便利
查找不易

操作不便
便于搜寻

如上图所示，定宽不定高瀑布式布局为了表现如瀑布般流畅的图片涌现形式，其采用了无限滑动加载方式，没有了传统的页码按钮，虽然带来了操作的便捷，但给用户在进行信息查找时带去了不便。

比如，当用户需要回过头来浏览之前所看到的某张图片时，只能再通过不断地滑动界面才能找到所需信息；假设设置了页码按钮，如右上图所示，则可以通过页码提示与跳转方式快速找到所需图片。

界面解析

综上所述，定宽不定高的瀑布式图片布局较为适用于进行快速浏览的移动APP产品中，对于需要有一系列详细商品说明或需要进行大量跳转、搜索与查找的移动产品而言，这样的布局并不适用。

作为一款基于图片的兴趣社交应用——花瓣，采用了这样的布局方式，在视觉上构成了形式感，同时也使用户可以通过一种全新与令人惊奇的方式发现和收藏各自所喜欢的资讯与信息。

法则三 承接关系的浏览布局

承接关系的浏览布局展示了图片在布局时承前启后的位置关系，我们先通过网页页面来认识下这种布局方式的不同表现形式，如下图所示。

1 若隐若现中的诱惑力

如下图所示，在页面中最大化展示某张图片的同时，触碰控制按钮后，下一张图片的部分预览信息会浮现眼前，这种若隐若现的表现方式，能引起用户的好奇心，从而更加吸引用户进行继续点击浏览的操作。

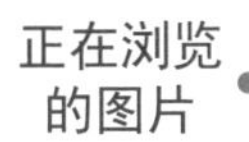

2 昙花一现也具有吸引力

与若隐若现的道理相同，昙花一现的表现方式也在于利用用户的好奇心理。

如右图的页面所示，浏览图片时页面中是没有任何按钮的，鼠标触碰到图片时便会出现页面下方的三个选择按钮。

当我们需要进行下一张图片的浏览时，将鼠标移动至“下一张”按钮处，页面便会出现下一张图片的预览图，移开鼠标，该预览图又会消失，如下图所示。

用户浏览具体图片时并不提供下一张的预览，只有等用户将鼠标悬停在“下一张”按钮时才出现下一张图片的缩略图，这样昙花一现的刺激感，激发了用户的好奇心，从而促使用户进行“下一张”的点击操作。

3 缩略图让承接式浏览更加便捷

缩略预览图还可以被平铺在页面中，如下图所示。通过控制相应的按钮可以选择浏览上一张或下一张图片，同时也可以通过对缩略图的大致浏览，找到相对感兴趣的图片，并直接点击缩略图放大该图片，然后进行对应的浏览，这样的设置让承接式浏览变得更为便捷。

如前文所述，与矩阵式布局及瀑布式布局不同，图片在承接关系的浏览布局中充斥着“上一张”与“下一张”前后顺序的概念，这样的概念产生了对图片进行一张张点击浏览的方式，其优缺点如下。

图片一张张的展示与呈现方式，让用户可以很好地浏览与注意到每一张图片，避免了用户在矩阵式布局或瀑布式布局中，快速扫视与浏览图片时，错过部分图片内容的情况。

其缺点在于耗时过多，浏览每一张图片都需要点击相应的按钮，增加了操作的负担与时间，容易让用户感到厌倦与麻烦。

同时，大图片的加载时间也较长，受网络环境等因素的影响，逐张浏览图片有时会消耗大量的等待时间。

在给移动设备进行界面设计时，同样可以利用如前文所述的三种承接关系的浏览布局形式，这样的布局对于移动设备而言同样也具备如上文所述的优缺点。

下面通过具体案例来看看，承接关系的布局形式是如何应用到移动设备的界面中的。下图所示为对移动设备中的相册进行界面设计。

左右滑动界面
显示“上一张”或“下一张”图片内容

4:34 PM 100%

专注拍摄的瞬间

缩略图

在设计移动设备的界面时，同样可以借鉴网页页面中的承接式浏览布局，于是形成了如上图所示的界面，但需要注意一些交互习惯的变更设计。

点击可展示下一张图片

在网页中需要通过鼠标执行命令

滑动屏幕

在移动设备中用户更习惯于通过滑动手势来浏览图片

▲ 手机相册展示界面

界面解析

点击鼠标  触屏滑动的手势操作

对于视觉设计而言，我们虽然可以在不同的平台使用相似的布局结构，但平台的改变，需要让我们注意根据用户的习惯去对交互设计进行相应的变化，如上图所示。同时，界面的视觉设计要根据交互的变化进行细节的调整，如右图所示。

图片承接时加入了
交替过渡感的设计
体现了滑动手势与界面的交互感

法则四 打破屏幕局限的全景式布局

在了解全景式布局之前，首先来回顾下本书第1章所提到的全景式视图。可以说，全景式视图是Windows Phone的特色所在，如下图所示，应用中的界面被通体连在了一起，相对于非全景式视图设计的界面而言，这样的设计保持了用户操作的连续与流畅体验，应用界面显得大气而开阔。

界面之间联系感强，流畅体验让操作更简洁，界面在连续中显得开阔

全景式布局

VS

非全景式布局

界面显得独立，缺乏直观联系感

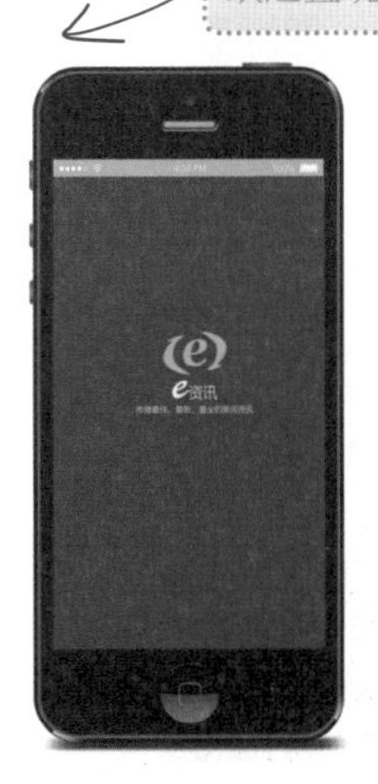

对于界面中图片的布局而言，依然可以借鉴全景式视图的思维模式，让图片不受移动设备屏幕尺寸的局限，平铺在移动设备的屏幕中。这样既不会打破图片的连续性，又会让界面显得大方，同时也让用户的浏览变得更富有趣味与动态感。

▶手机桌面的界面

如上图所示的手机桌面便呈现了一定的体验乐趣，桌面由不同的界面组合而成，这些界面又被背景图片联系在了一起，而其实背景图片就是如下图所示的一幅完整的图片。

虽然移动设备屏幕的尺寸大小有着一定的局限性，但全景式的布局打破了这样的限制，让图片具备了流动感的展现方式。

在单独的界面中，图片的大小确实被限制了，但只要不固定这种限制，让背景图片随着界面的滑动而产生相应的位置变化，这样的设计就会让图片像一帧帧的动画，逐步且具有连续感地呈现在了用户眼中。

界面滑动的过程给了界面中的图片一种流动感，也给用户带去了具有延续感的动态视觉体验

相比之下，固定背景画面的非全景式布局则显得较为死板，用户也无法在操控中体验图片流动所带来的乐趣与动感。如下图所示

界面解析

综上所述，将应用与界面的中图片使用全景式布局，能够打破屏幕的限制，呈现另一种布局的形式感。这样的布局能加强界面与界面之间的联系感，同时图片铺满整个界面，也使得界面显得开阔而大气。

就用户的视觉体验而言，全景式布局让图片具有了流动感，给用户带去了有趣的动态视觉感受。

3.2 注意界面中图片的尺寸与比例

在3.1中我们对界面中图片的布局形式进行了大致的了解，在安排这些图片时，除了需要注意让它们在界面中具备一定的布局形式，从而方便用户的浏览与操作以外，我们也需要注意把握好这些图片的尺寸与比例关系，避免出现破坏图片品质或图片失真等不佳的视觉感受。下面我们便来对与图片尺寸比例相关的法则进行相应的了解。

法则一 不要破坏图片的品质视觉感

图片的品质与移动设备显示器以及图片的分辨率相关，高分辨率能让图片显示更为精致且更具品质感，相反，模糊的图片品质，会影响用户的视觉体验。

在本书的第1章中，我们已经对显示器分辨率与图片分辨率概念进行了相应的介绍，现在我们来看看关于它们的一些设计注意事项，首先以IOS 7系统与苹果5S手机为例，来对比一下下面这两组图片，就视觉上去感受一下它们给我们带来的体验。

模糊的显示降低了图片的品质感，不能产生痛快与舒适的视觉体验

清楚的显示带来了透彻、明亮与清晰的视觉体验

通过对比我们可以直观地感受到分辨率对于图片品质显示的影响，而我们的眼睛也更愿意去接受清晰图片，或者说更加容易被清晰的图片所吸引，清晰图片所带来的精致与细腻感，能产生更为舒适的视觉体验。

上面两个案例其实也是模拟了不同的图片质量在苹果5S手机显示器中的显示情况，如下图所示。

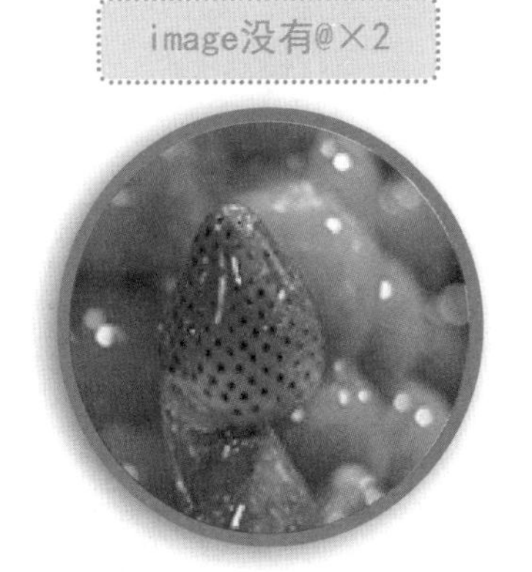

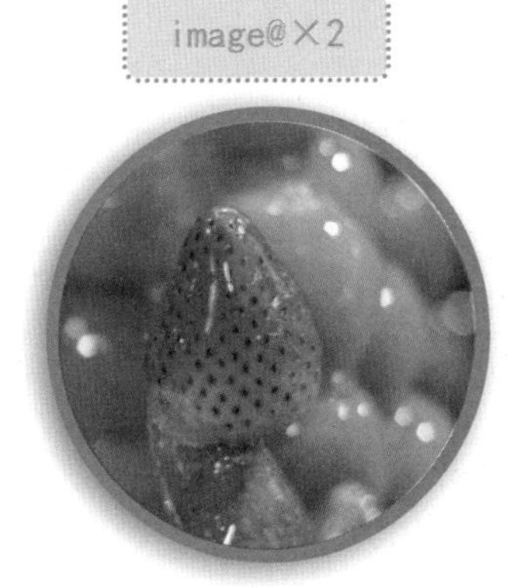

IOS系统开发中，因为有普通屏和高清屏之分，所以需要在应用中放置两套图，一套是适用于普通屏的，一套则是适用于高清屏的。适用于高清屏的图片命名方式为：XXX@2x.png，是需要进行压缩处理与调整的，如右上图所示。

图片在使用时，只要使用适用于普通屏的图片即可，在高清屏时会自动调用适用于高清屏的图片。而在对高清屏图片进行设置时也需要注意控制好其分辨率，以避免出现输出后模糊不清，影响图片品质的情况。

界面解析

综上所述，我们可以知道，在对图片的尺寸比例以及分辨率进行设置时，需要注意根据移动设备显示的分辨率来进行相应的调整。而清晰的显示，能让图片展现出更多的细节，显得更加细致；相反，模糊的图片不仅降低了图片显示的品质感，也让用户无法清楚地接收图片信息，无法形成良好的视觉感受。如上图所示。

法则二 过度拉伸让图片失真

在进行移动设备界面的设计时，把握好图片尺寸、比例与显示器分辨率的关系能让图片呈现出精致的视觉体验，而界面中图片的品质感还体现在对图片正确的缩放与截取之上，这样能避免图片因过度的拉伸而出现比例失调与失真的情况，如下图所示。

原图

原图比例恰当，图中人物看起来和谐且真实

过度拉伸

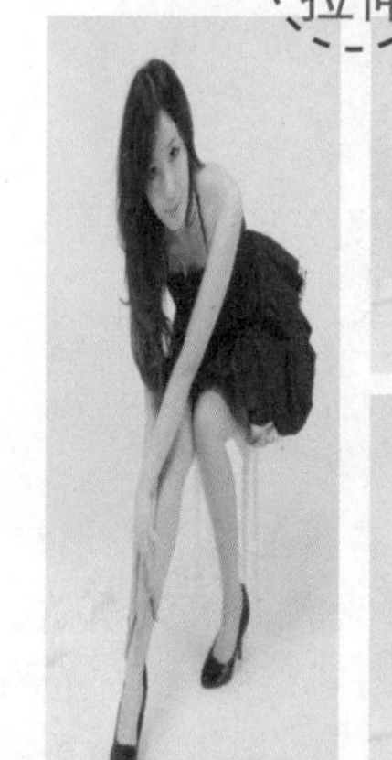

过度拉伸的图片，人物比例显得奇怪与失真

为了保留图片的真实感，避免过度拉伸的情况，我们可以采取以下两种方法来对图片进行调整。

① 等比缩放

始终控制好图片的高宽比，进行等比缩放，避免拉伸

② 合理剪裁

根据具体所需对图片进行剪裁，但需要注意保留图片中的重要部分与信息

当我们需要将上页所提到的原图应用到具体的界面中时，同样可以利用前文所述的两种方法，避免出现图片因过度拉伸而带来的失真与不良的视觉体验。

在进行界面设计的过程中，界面会因为布局的不同或应用产品的需求，而出现尺寸与大小不同的板块，在这些板块中放置图片便需要注意合理地调节图片的尺寸与比例，生硬地拉扯、挤压图片只会出现如左图所示的情况。

过度拉伸
让图片失真
也让界面设计显得粗糙

此时对图片进行合理的剪裁，保留图片的重要信息，能让图片在保留真实感的同时，维护界面良好的视觉体验，如下图所示。

界面也会出现不同的布局情况，此时同样利用上述方法，根据界面所需，合理安排与调整好图片的尺寸与比例大小，如右图所示。

该界面为服饰导购界面，因此服装为重点信息。在对图片进行截取时，也需要注意保留这部分内容

界面解析

综上所述，我们可以根据界面布局的不同去对界面中需要应用的图片进行比例和尺寸的调节与缩放，但需要注意避免对图片的拉伸。过度拉伸不仅让图片失去真实与品质感，也使得界面无法给用户带去舒适与正常的视觉体验。

3.3 图片处理突显界面魅力

在界面中应用图片时，对图片的处理也影响着界面的表现力。适当地改变界面中图片的表现与展示效果，既能让图片融入界面，也能起到美化界面、增强界面魅力的作用，给用户带去更具视觉效应的体验。

法则一 透明和叠加效果带来的精致享受

1 透明度的调节

调节图片透明度，可以说是一种常见的图片修饰手法。并不是所有的图片都适用于透明度的调节，但在设计一些背景图片时，这种手法是非常可取的。

同样的道理也可以应用在对界面中图片的设计上，先来看看下面这组图片在界面中的使用效果。

使用原始图片作为界面的背景图

图片中较为复杂的内容会影响用户对于界面信息的浏览，虽然图片清晰，但却显得喧宾夺主，界面中信息的层次显得混乱

此时，适当地调节背景图片的透明度，不仅能在一定程度上突出界面中的信息，还能让界面产生富有层次的精致视觉享受，如下图所示。

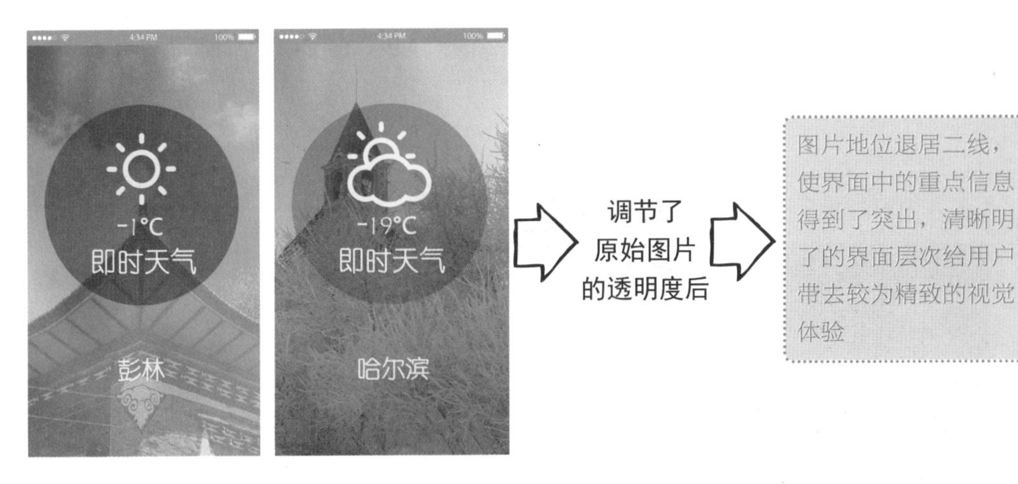

2 效果的叠加

除了调节背景图片的透明度以外，叠加富有特色与个性的底色，能让界面中的图片更富有装饰效果，同时也能增强界面的视觉感，如下图所示。

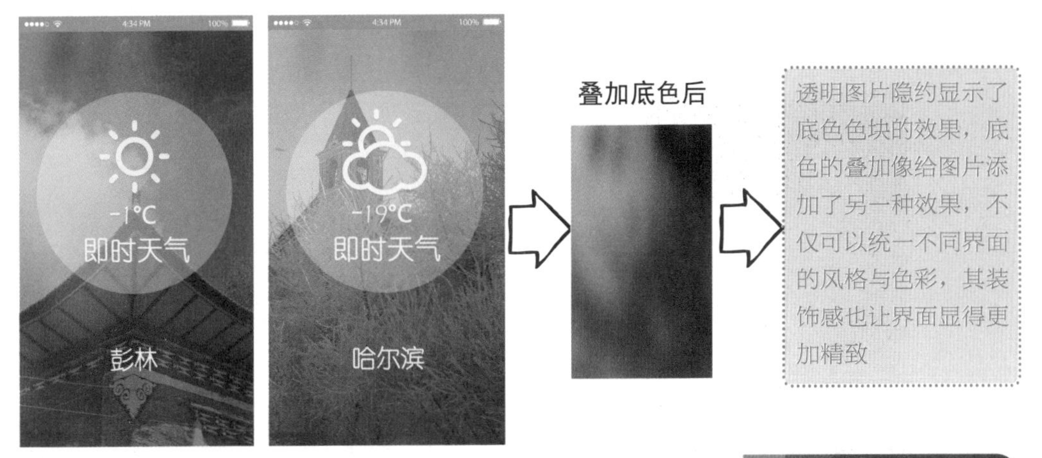

▲ 天气APP中的即时天气界面

界面解析

综上所述，适当地改变界面中所应用图片的效果，如调节其透明度，添加底色叠加效果等，能让界面拥有较好且更为别致的视觉效果。合理地装饰图片需要基于能较好地展示界面信息这一原则，这样对图片进行修饰后，不仅能起到美化界面的作用，也能带给用户更为优雅与精致的视觉享受及体验。

法则二 “模糊”质感也是一种美的体验

除了调节图片的透明度与添加叠加效果以外，对图片进行“模糊”处理，也能让界面呈现另一种美，而这种美在IOS 7系统中已经得到了很好的体现，在本书第1章中也略有提到这种表现方式，如下图所示。

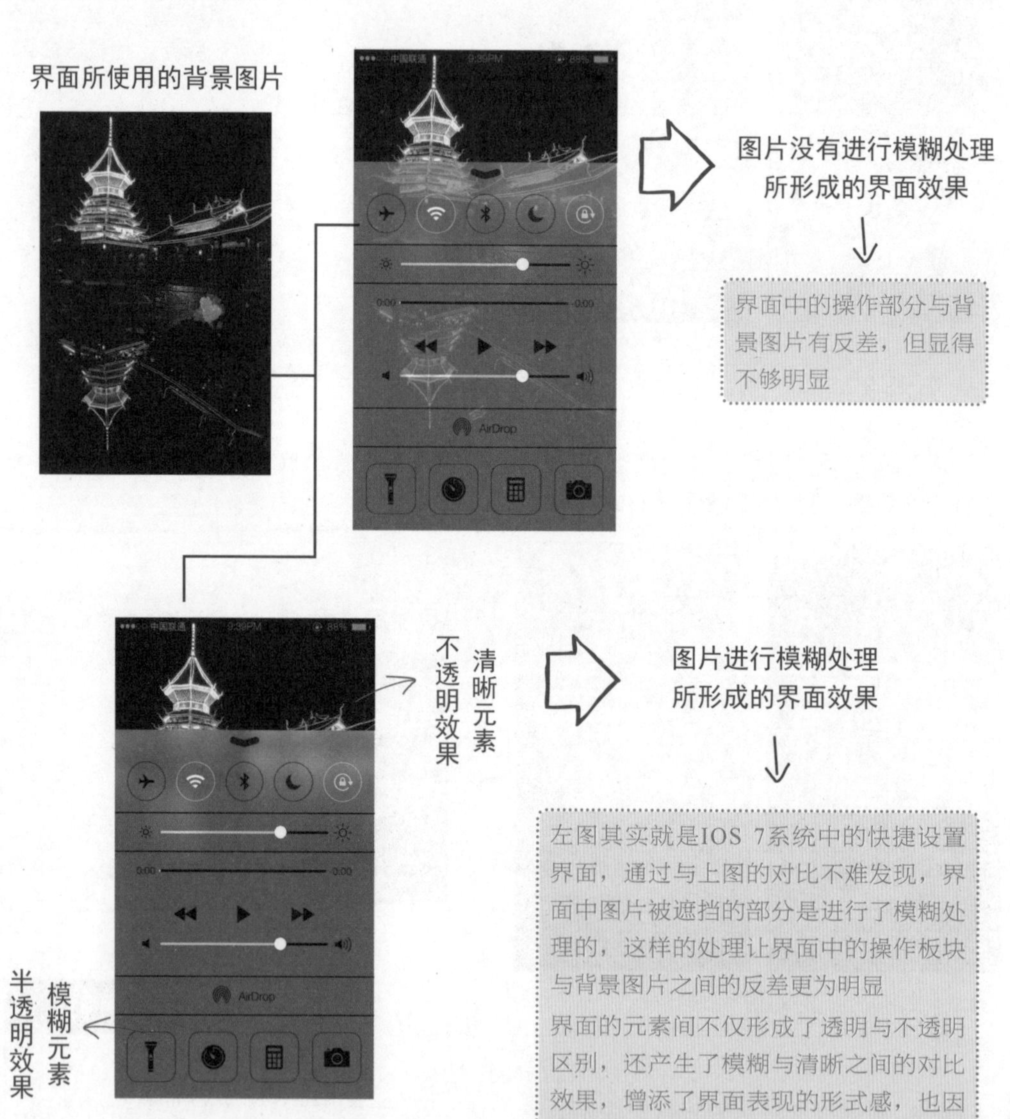

▲ IOS 7系统中的快捷设置界面

当我们在进行移动UI视觉设计时，也可以运用“模糊”的处理手法，让图片的表现更富有形式感，也让界面更具有表现力，如下图所示。

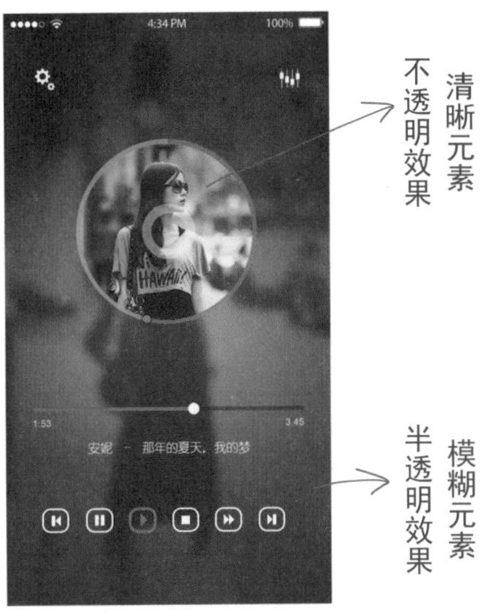

▲ 音乐播放器界面

界面解析

通过上面两个界面的对比，可以感受到，右边界面中图片运用了模糊的处理效果，这样的效果不仅让界面有了清晰与模糊的对比，更进一步突显了图片之上文字与元素按钮的清晰感，增强了可读性与操作性，同时也让界面有了一定的质感表现以及前后强烈的景深层次感，这也成为界面的设计亮点所在，下文将会进行简要分析。

因此我们说，适当地给界面中的图片进行模糊效果的处理，形成清晰与模糊的对比能让图片的表现具有变化感，同时也能让界面具备丰富的表现力，给用户带去美好的视觉享受。

如右图所示，图片清晰与模糊的设计，让界面产生了如同照相机拍照一般的表现形式，结合界面的布局形式——中间圆形的设计如同相机的对焦点

界面布局结合图片模糊形式的巧妙运用，形成了界面的设计亮点

清晰的对焦点

3.4 图形符号的装饰与引导

界面中的“图”除了代表图片元素以外，还包括了界面中最为常见的图形符号元素。可以说界面对话框中的背景色块、界面中的按钮标志或者说按钮装饰块等，这些设计都离不开图形符号元素。

图形符号元素不仅在视觉上具有装饰界面与区分界面不同板块的作用，也有着交互暗示的效应，比如说按钮块。合理地利用与设计图形符号能让界面不论是视觉上还是交互感上都变得更为巧妙，从而让用户获得更多的便利。下面我们便来了解下与之相关的一些设计法则。

法则一 提高效率的反馈图形符号

图形符号的使用总是能快速地将界面的信息反馈给用户，相对于纯文字说明，结合图形符号的表达方式更能让用户一眼区分信息间的差别，提高用户的界面操作效率，如下图所示。

图形符号结合文字说明的界面

只有文字说明的界面

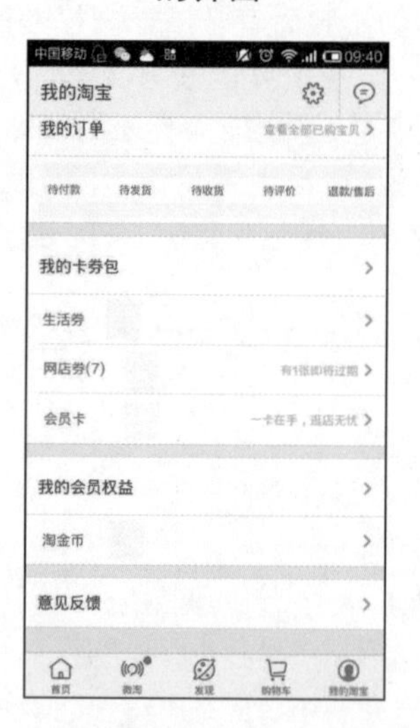

▶我的淘宝界面

左边的界面为淘宝手机客户端中“我的淘宝”界面，界面使用了图形符号结合文字说明的表现形式，如果我们将界面中的图形符号去掉，将会得到如右图所示的界面，对比一下两个界面，它们分别给你带去了什么样的视觉体验呢？

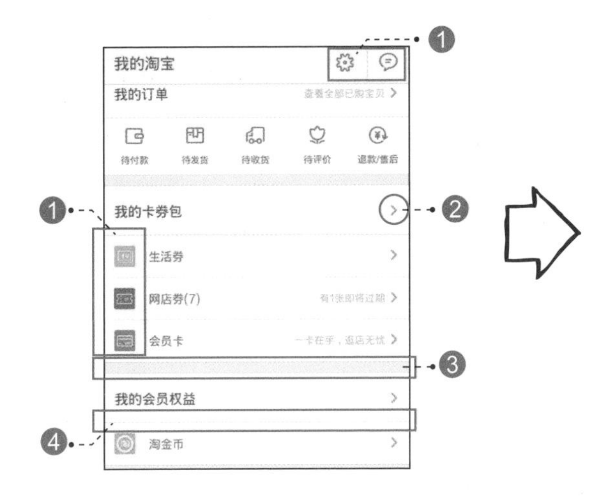

不难发现，在只有文字说明的界面中：

❶ **没有了图标图形符号直观地去表现界面中不同的按钮**

❷ **没有了箭头图形符号的引导**

❸ **没有了方形色块图形符号去划分界面中不同的板块**

❹ **没有了直线图形符号对界面的分栏**

这样的界面设计在形式上显得单调，毫无图形符号装饰与反馈的纯文字的表现方式无法直观地让用户感受到界面中不同元素的区别，从而无法让用户得到高效的阅读与操控体验。

上文中两个不同界面的对比，在一定程度上告诉了我们图形符号的使用在界面中的重要性，它们能将界面中的信息更为直观地展示在用户面前，从而提高用户对于界面的识别度与操作效率。

除此之外，利用图形符号还可以表现一些具有反馈性质的信息，而图形符号的直观性，也能让用户更为高效地接收到这些来自界面的反馈内容，当然这也是需要建立在图形符号的识别度之上的，如下图所示。

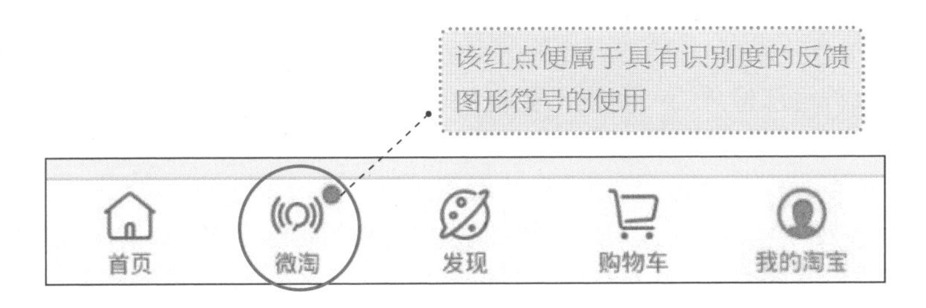

反馈图形符号并不是能随意使用的符号，首先它需要具备一定的识别度，否则用户不能明白图形符号的意义所在。

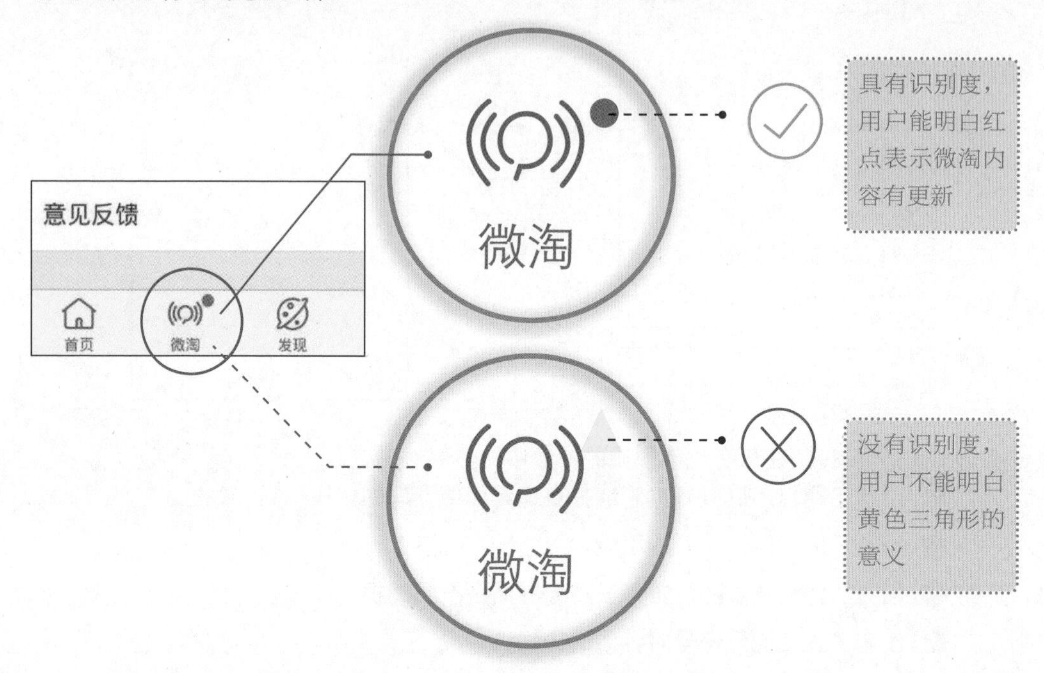

为什么红点具有可识别度呢？因为在大多数的APP中都采用这种表现方式来代表“用户有新的内容没有浏览与阅读”这样的含义。如下图所示，在微信界面中，当朋友圈有更新时，朋友的头像之上就会出现红点符号。

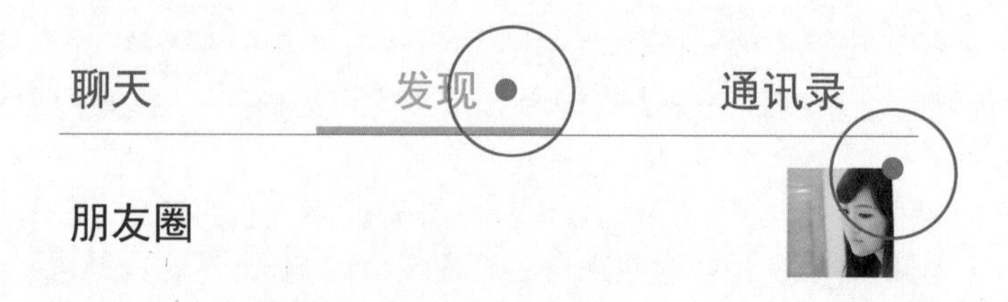

为什么要采用红色而不使用其他颜色呢？因为红色具有警示的色彩视觉效果，它能在一定程度上吸引用户的注意，从而起到提示用户的作用。

可以说，红点符号已经成为一种表示更新的习惯性符号，用户也已经对其形成了具有识别度的意识形态与阅读习惯，当我们在进行移动UI视觉设计时，最好不要轻易地改变这种具有象征意义的符号，否则会出现用户无法对图形符号进行识别的情况。

在进行界面中图形符号的设计时，需要注意所使用的图形符号的识别度，以保证其具备正确的反馈功能，除此之外，还有些什么注意事项呢？下面通过具体案例来进行进一步的了解。

在进行界面中图形符号的设计时，如果不注意设计细节的表现，可能会犯如下图所示的错误，下图为英语翻译的练习界面。

▲“多邻国”英语学习APP中的练习界面

界面解析

综上所述，当进行界面设计时，可以添加具有反馈性的图形符号，而注意图形符号的识别度与颜色等细节的设计，能让图形符号更快速地反馈信息，从而提高用户效率，也让界面更具有实用价值。

法则二 让图形符号具有方向的引导性

使用具有方向性的图形符号，能起到一种引导性的作用，它们能更为直观地展示文字信息，让用户能够更加一目了然地明白界面的操作，如下图所示。

向左的箭头符号 向右的箭头符号

具有向左方向感的箭头符号，让用户能快速进行向左的正确操作

▲"多邻国"APP中闪屏界面

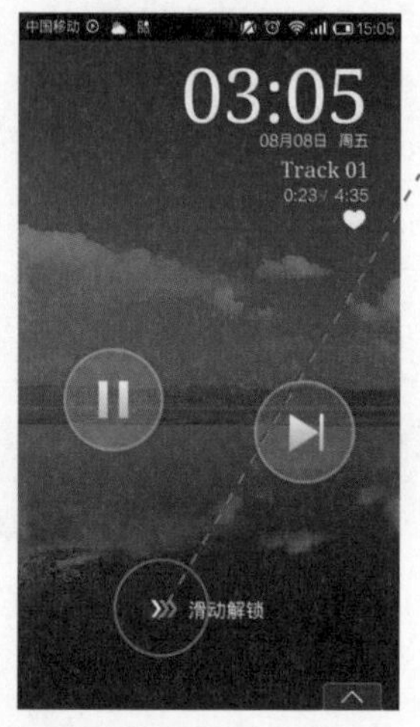

▲酷狗音乐APP锁屏界面

具有向右方向感的箭头符号，让用户能快速进行向右的正确操作

没有引导性的图形符号界面操作的描述感降低

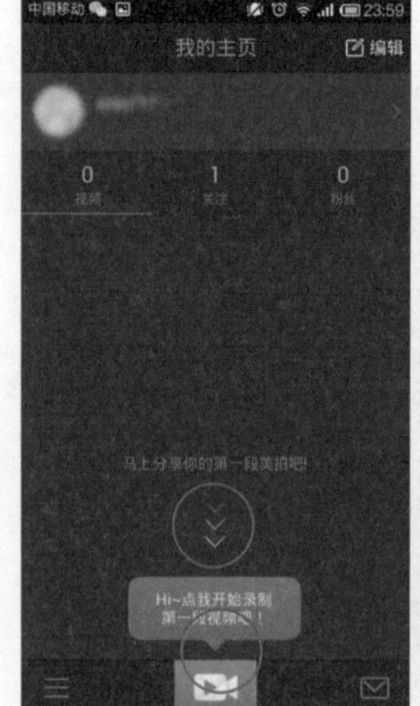

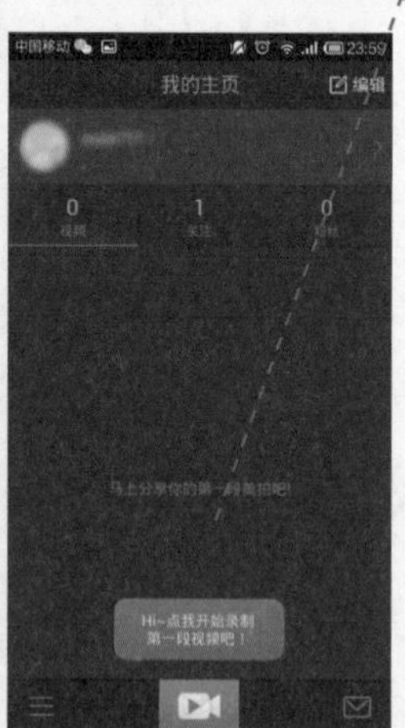

▶美拍APP中我的主页界面

界面解析

同样的设计思路也体现在了美拍的界面之中，如左图所示，采用具有方向感的图形符号，增强了界面中操作的导向性与引导性，更加便于用户接受与适应界面的操作。

同时，符号的加入也丰富了界面的表现形式，在视觉上起到了美化界面的作用。

3.5 能让用户识别的图标设计

如同3.4节所述，我们知道，好的图形符号能给界面带去装饰与引导作用，而在设计图形符号时也需要注意它们的识别度与合理性。图标属于图形符号的一种表现形式，因此在对界面中的图标进行设计时，也同样需要注意图标的识别度与合理性，通过下文的讲解，我们可以进行相应的学习。

法则一 保持设计的一致性

通过对本书第1章的学习，我们可以大致了解到，什么是图标——“当在移动设备上安装了APP应用程序后，便会生成与之相对应的图标，该图标作为启动APP应用的入口与媒介……”而除了应用APP所生成的图标以外，还存在着系统自带功能的图标，如下图所示。

▲IOS 7系统桌面界面

虽然这些图标代表了不同的功能与APP，但它们都被放在同一个界面中，如同第1章所讲，界面设计需要注意一致性，同样的道理，我们在对这些图标进行设计时，也需要注意保持一致性，以使其与界面风格或是系统的特点相呼应。

图标的风格可以根据系统的特点或是所想要设计的主题风格去确定与统一

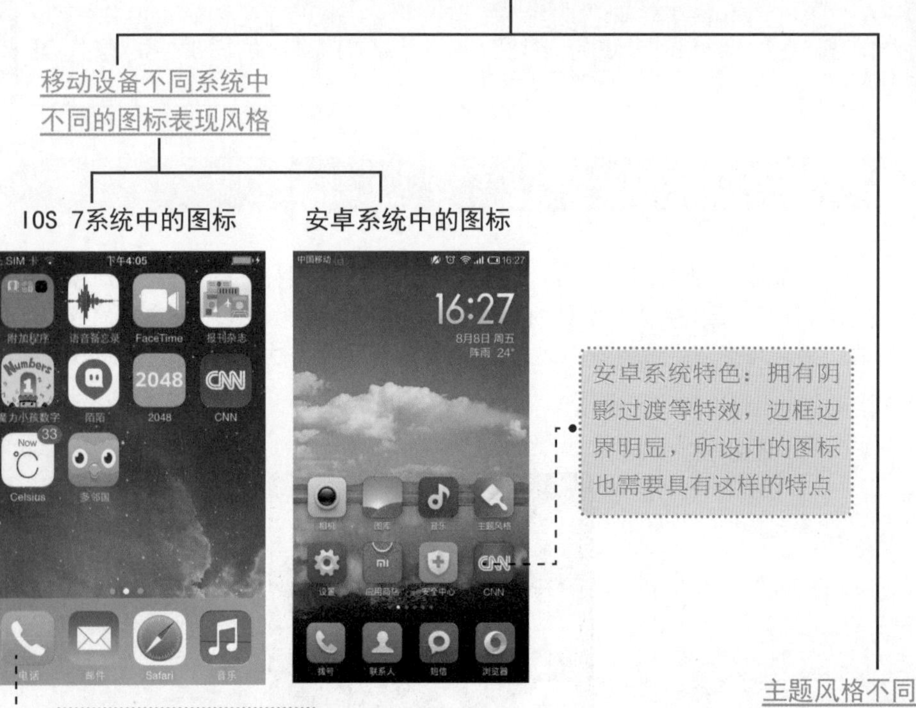

IOS 7系统特色：扁平化风格，所设计的图标也都需要具有扁平化特色

主题风格不同
图标风格也不同

折纸主题风格图标

粉嫩可爱主题风格图标

不管哪一种系统或是主题风格，不难发现应用在同一个界面中的图标风格都是相对统一的。比如，IOS 7中的图标都趋于扁平化，Android系统中的图标都具有特效处理，折纸风格图标都呈现折纸形态，而可爱风格的图标也都较为圆润，其实这就是图标设计一致性的体现，一致性也带来了流畅与舒适的视觉体验。

系统自带功能的图标会设计得与系统风格相统一，那么如前文所述，为了让用户获得更好的视觉体验，在对APP应用图标进行设计时，也需要注意保持其风格与系统自带功能的图标的风格一致。CNN的图标如下图所示。

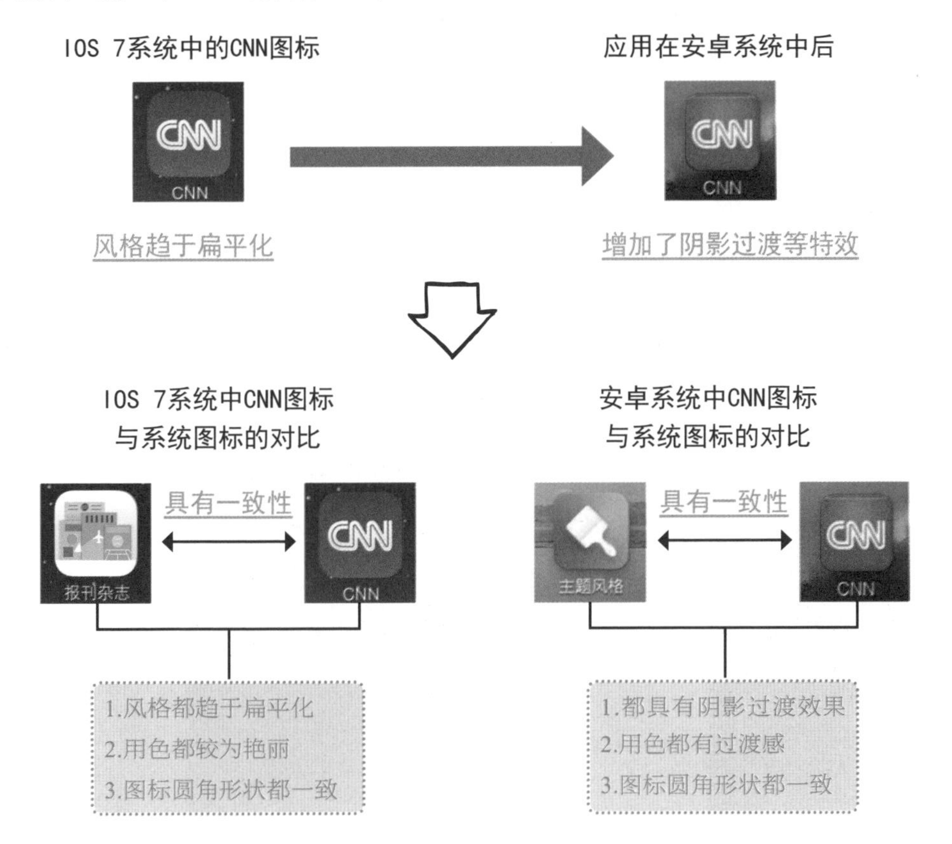

上图的案例告诉我们，很多时候设计师在设计图标时，都会根据设备操作系统风格的不同而设计出样式与表现方式不同但内容相同的图标，以维持界面中图标间风格的统一。通过上图我们还可以知道，风格的统一可以保持图标设计的一致性，除此之外，注意色彩和形状的统一也是保持图标设计一致性的手段与方法。

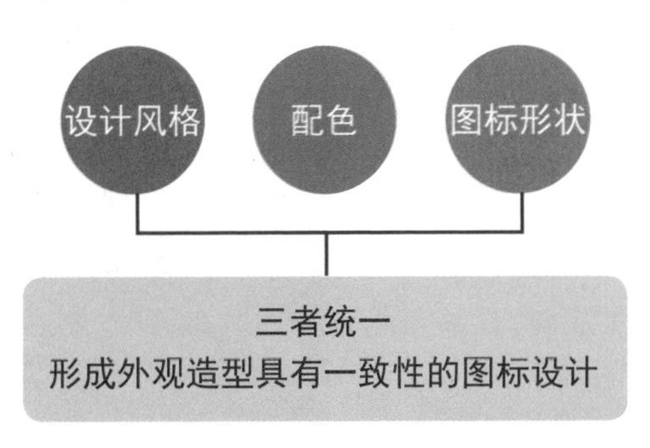

上文所讲述的图标设计的一致性主要是针对图标的造型与外观而言的，比如，如果突然在折纸风格图标造型的界面中出现可爱风格的图标，这种与界面总体风格不符的图标，会给用户带来唐突与奇怪的视觉体验。因此，我们说图标造型外观的一致性能带来统一感，界面不会产生视觉的杂乱与无章。

除了形象外观以外，一致性还体现在图标中图形与文字说明信息之间的对应关系之上，首先我们需要先来了解下图标的组成部分，如下图所示。

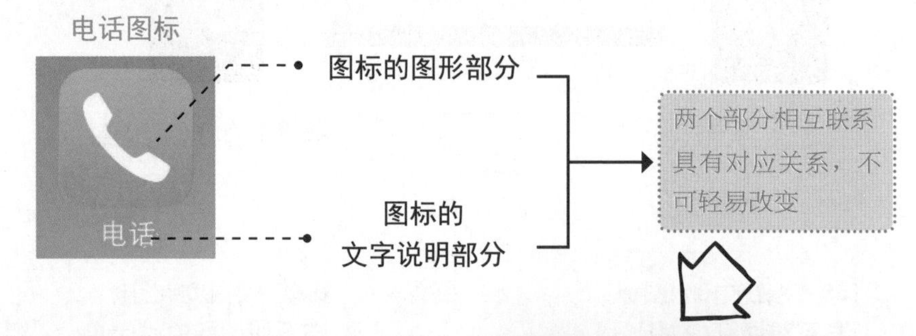

了解了图标的构成后，下面来看看图标设计的一致性还体现在什么方面。

当界面中被圈出的两个图标更改了位置之后

图标中图形与文字说明的位置发生了改变，没有保持前后的一致性，容易让用户在使用时产生歧义

位置虽然发生变化，但图形与文字说明的对应关系没变，保持了统一与一致性

界面解析

通过对本小节的学习我们可以认识到保持界面图标一致的重要性，而保持一致性可以从很多方面入手，如图标外观造型的一致、图文搭配的一致等。总之，保持图标的一致性能让界面风格与信息的表达更为明确，从而带给用户更好的视觉与操作体验。

法则二 准确地隐喻塑造辨识度

法则一中的讲解主要是针对系统功能图标与APP的图标而言的，除了这两种图标形式以外，在APP的具体界面中也存在着图标，对这些图标的设计也需要注意一致性的把握，同时，也可以利用隐喻的方式去设计这些图标。

首先我们先来看看在APP具体的界面中怎么使用图标，使用什么样的图标，以及使用图标的好处及优点，如下图所示。

1 使用图标的优点——图标让对比区别更加明显

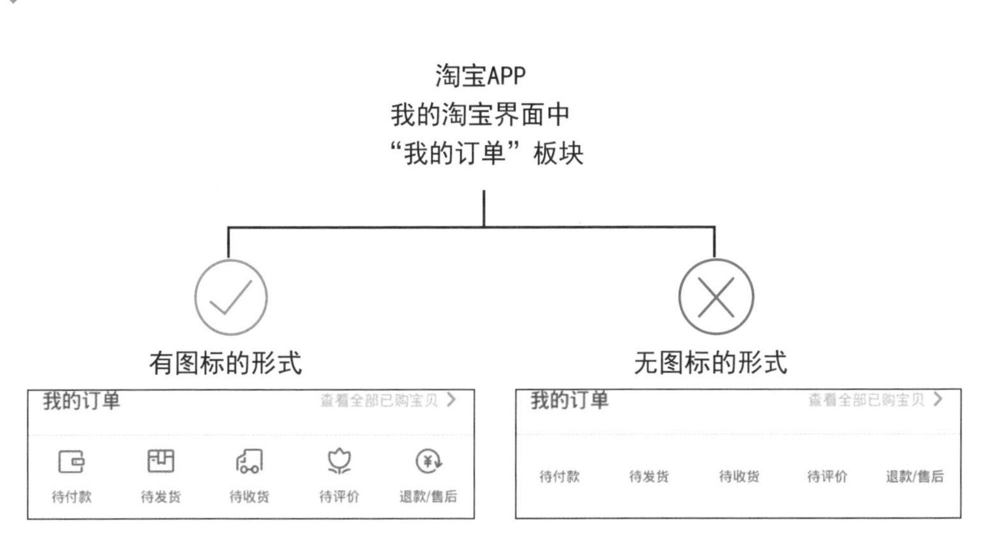

就视觉而言图标作为图形符号的一种类型，它的出现让界面的表现形式变得更为丰富，并且也让用户能更为快速地接收到界面的反馈信息，清晰明了地区别板块中每个按钮的意义。

没有添加图标的形式表现，则让界面显得单调，并且同为文字信息，所以很难让用户直接快速地看出文字之间的差别，相比之下在文字中加入图标形式则更为直观，且区别明显。

2 使用什么样的图标——隐喻能塑造识别度

认识到图标在界面中的优点与重要性后，使用什么样的图标成为了需要解决的问题，其中的一种设计方法便是利用隐喻——我们知道，界面中所出现的图标，大多都会与界面中的某个功能相对应，而找到所需要设计的图标与功能之间联系的关键点，再利用隐喻的手法，便可以塑造出便于用户认知与识别的图标。

下面就以淘宝应用中“待评价”的图标为例，来看看这个图标是如何设计出来的。

步骤 1 ／找到与“待评价”相关的事物

对使用过淘宝的用户而言，提到“评价”脑海肯定会出现如右图所示的画面——好评”“差评”等字符，以及与之对应的“小花”的图形

步骤 2 ／找到最能代表“待评价”的图形

所浮现的画面其实就是一种条件反射，提到“待评价”就能出现的这些形象，其实也是用户意识形态与认知习惯养成的过程。

因此在设计“待评价”图形符号时，我们便需要抓住这种隐藏的联系点，选出其中最具代表性的图形符号作为“待评价”的图标——那便是最常出现的“花”的造型

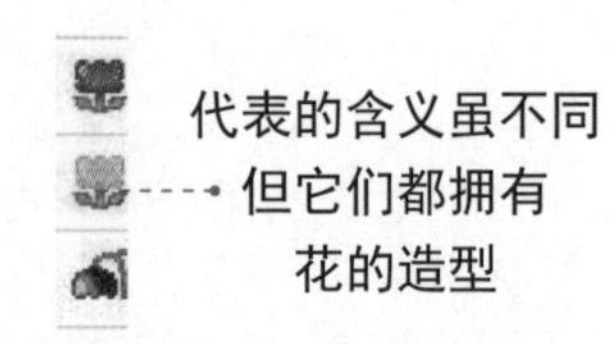

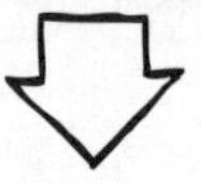

步骤 3 ／根据界面风格设计图标

随着人们审美的改变，界面的设计风格会发生变化，而图标的表现形式可能会发生相应的变化，但其“花”的造型却不会变，这样做也是迎合用户认知习惯的表现，如右图所示

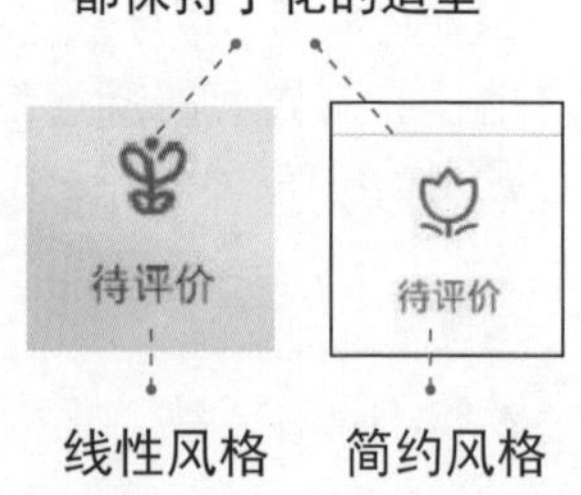

如上文所述，人们看到“待评价”后脑海中会出现“花”的造型，这是人们的意识形态，其实也是“花”与“待评价”之间所存在的隐喻关系与联系，抓住这样的联系，能让所设计出来的图标具有更高的易用性与识别度。

3 怎么使用图标

（1）注意保持图标的一致性

设计出来图标之后，还需要在界面中适当地运用这些图标，其中上一小节所提到的，保持图标设计的一致性，能让图标拥有统一的表意性，同时也避免了图标在不统一的唐突间给界面带去奇怪与缺乏整体感的视觉体验。

图标没有达到视觉上一致性

我的订单 查看全部已购宝贝 >
待付款 待发货 待收货 待评价 退款/售后

界面稍显唐突与怪异

图标达到了视觉上一致性

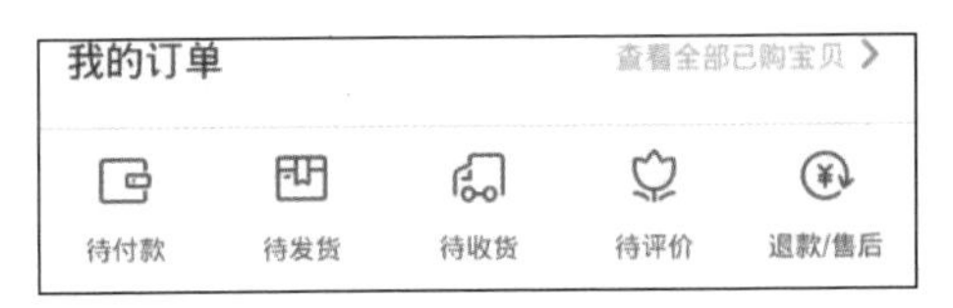

界面显得统一而整洁

除了视觉的一致性以外，图标的设计也需要与用户的认知形成一致性。比如现在我们将有着“花”造型的图形符号含义从“待评价”变更为“退款/售后”后，会打破了用户的认知习惯，会让界面产生图文不对应的阅读感受，从而不能让用户获得良好的操控体验，如下图所示。

不符合
用户习惯的图文对应关系

我的订单 查看全部已购宝贝 >
待付款 待发货 待收货 待评价 退款/售后

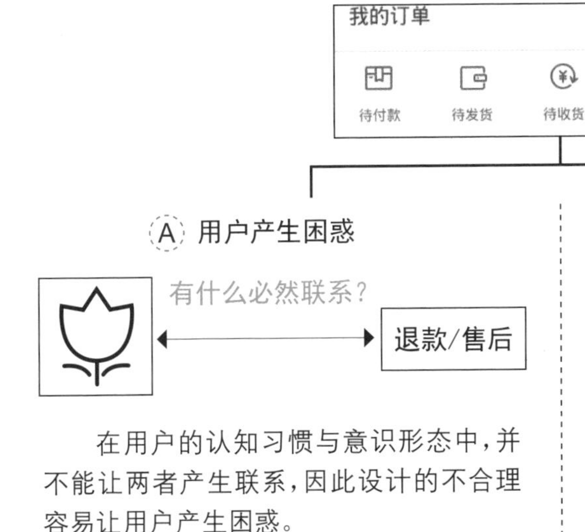

在用户的认知习惯与意识形态中，并不能让两者产生联系，因此设计的不合理容易让用户产生困惑。

B 容易导致错误操作

当用户想执行“待评价”操作时，认知的习惯也会让用户在操作时形成惯性，使得用户点击到“花”造型图形符号，但此时其对应的已不再是“待评价”了，这容易导致用户的操作错误。

（2）注意转换界面中图标间的色彩

在界面中运用图标时，不同图标间颜色的区分与改变也能让图标之间的区别更为明显，从而让用户能更加快速地区分界面中每个功能的不同，更好地接收来自界面的信息。同时颜色的装换也起到了丰富界面表现力、增加界面视觉效果的作用，如下图所示。

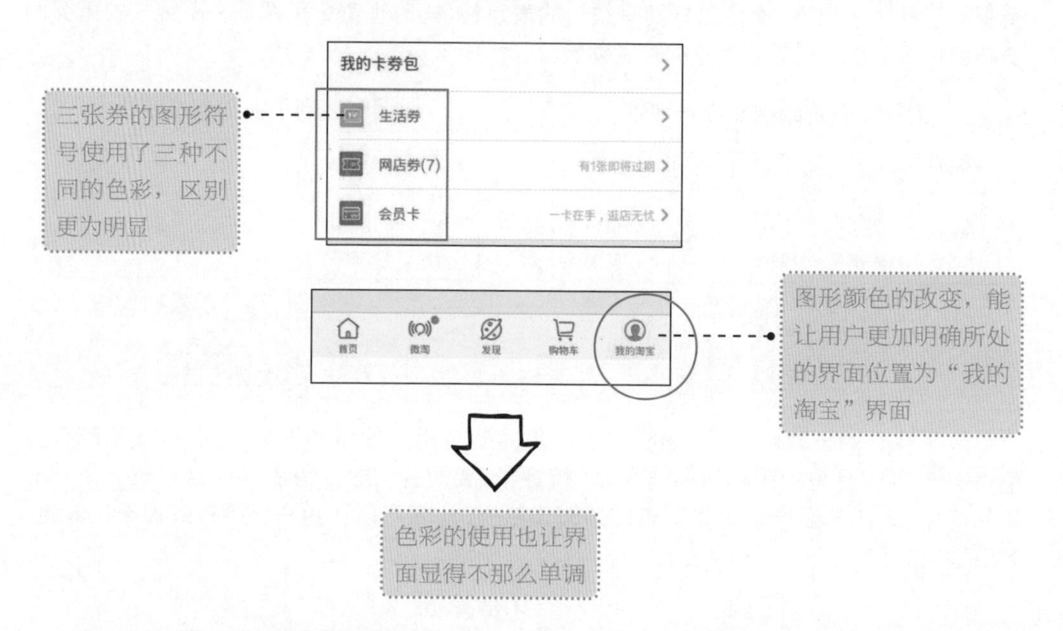

▶我的淘宝界面

界面解析

综上所述，本节讲述了设计界面中图标的方法，同时也讲解了如何在界面中更好地使用与运用这些图标，如保持图标设计风格的一致性，转换图标间的颜色等。

不论用什么方法，我们都需要把握图标设计的大的方向便是——图标需要具备可识别度。图标就像是界面的辅助工具，设计图标的主要目的是给用户带去对界面更为清晰的理解与信息的接收，从而让用户在产品使用的过程中能获得更为高效与便捷的体验，这也是我们在设计图标时需要遵循的大原则。

第 4 章

APP 中的色彩诱惑

- 感受不同色彩带来的不同的情感与视觉体验
- 学会利用色彩的搭配设计出不同风格的界面
- 学会在界面中适当运用色彩的各种对比关系

4.1 界面色彩中隐藏的秘密

你可能会有这样的感觉，有些界面看起来非常引人注目，有些界面在简单中却显得非常实用，其实这些感受的来源都离不开界面中一种重要的元素——色彩。

界面色彩中隐藏了一些小秘密，它左右了用户对于界面的浏览、识别与感受，因此我们会感觉到有些界面引人注目，有些界面简单实用。在进行界面色彩的设计时，抓住隐藏的小秘密，把握好色彩与用户之间微妙的关系，能让所设计的界面赢得更多用户的青睐。下面便来认识一下这些小秘密。

法则一 色彩也能“绑架”用户的眼球

“根据首尔国际色彩博览会秘书处的一项调查显示，92.6%的参与者强调视觉外观是在选择产品时最重要的因素。”如下图所示，当视觉感官在接触到某事物时，第一时间影响感受的便是色彩。

由此可见，虽然产品的构成并不只局限于颜色，但色彩在市场营销中确实起着关键作用。这样的作用同样适用于APP的界面设计之中，有时我们也需要利用色彩去”绑架“用户的眼球，获取更多被发现、被浏览的机会。

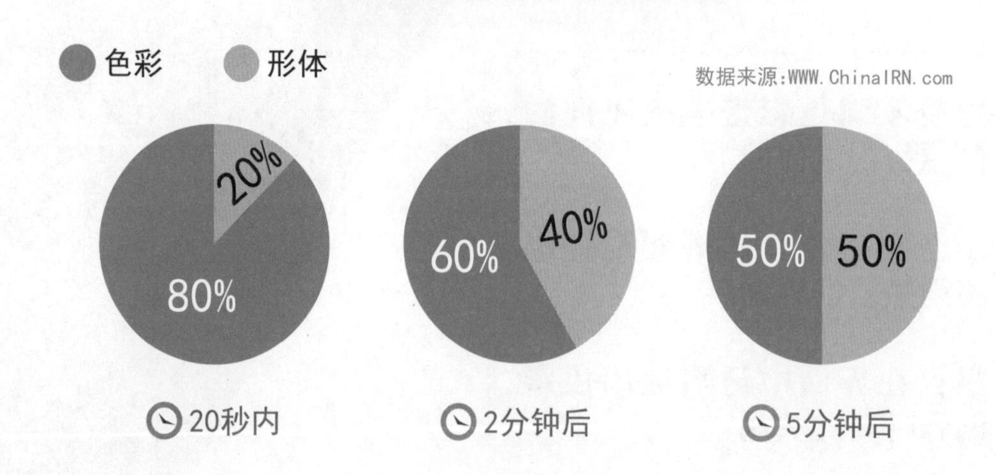

以上页数据图中的用色为例，感受下橘红色与浅灰色两种颜色，哪种更加能吸引你的眼球？

相信大多数人会选择橘红色。它能在第一时间刺激与“绑架”我们的眼球，这种颜色能让我们感到冲动，带来兴奋的心理感受。正因如此，如今很多商家在进行品牌的定位时也会采用这种颜色，或与之类似的色彩，如下图所示。

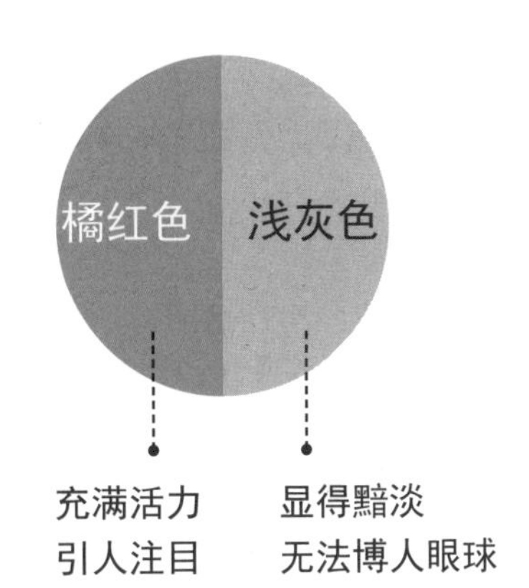

▲ 常用购物APP图标

红橙色系

热情、张扬、兴奋
能刺激用户消费
吸引冲动消费用户

蓝色系

信任、安全
常用来吸引对预算敏感的消费用户

▶ 淘宝APP手机界面首页

界面解析

综上所述，不同的色彩能够吸引不同的用户，而对于具有消费性质的APP而言，其界面通常会采用红橙色系这类较容易刺激用户消费的色彩去点缀与装饰，如左图中的淘宝APP手机界面首页所示。

该界面中不论文字或图表等元素都点缀了大量红橙色系色彩，这样的色彩运用，能第一时间“绑架”用户的眼球，并刺激用户的消费心理。

法则二 有时"无色"胜"有色"

有时"无色"胜"有色"，这里所说的"无色"并不是指没有色彩，而是指通过"放空"与"去掉"的设计手段，让界面拥有简单与清晰的感官体验。

当然该法则并不针对所有的界面与风格，但对于某些特定的界面而言，这样的法则却发挥着重要的功效与作用，其中便包括一些信息阅读的界面，下面便来进行详细了解。

当手机中的短信功能界面变成这样时

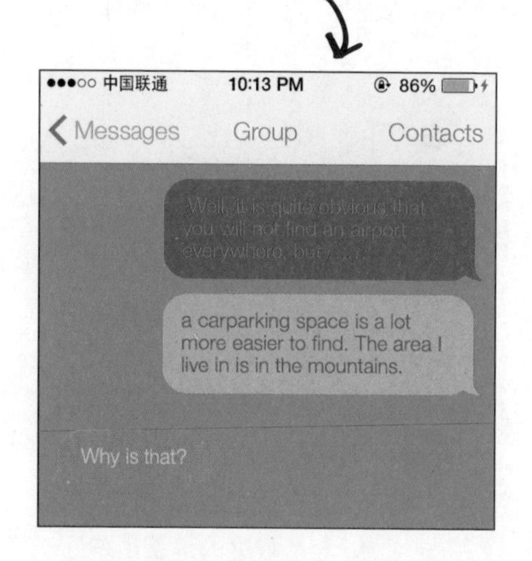

20秒内

界面中色彩的丰富与鲜艳的确会在第一时间吸引我们的眼球

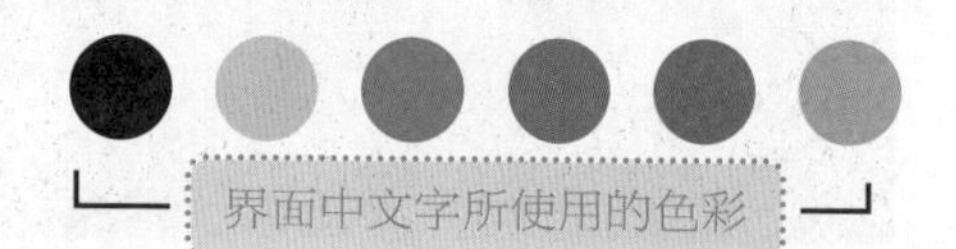

界面中文字所使用的色彩

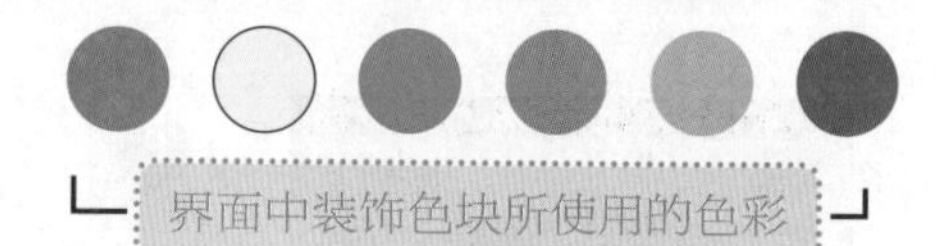

界面中装饰色块所使用的色彩

20秒后

然而没有了第一时间的感受，当我们需要对界面中的文字信息进行浏览与阅读时，会发现这么多色彩的使用会让我们的视觉变得疲劳与混乱，界面中这样的色彩使用与搭配根本不利于我们对于界面信息的把握。

界面中文字与装饰色块使用了过多的颜色
用户无法把握界面中元素间的联系与关联

对于主要以阅读浏览为主的界面而言，并不需要过多花哨、丰富而艳丽的色彩，去吸引用户的眼球，此时需要考虑的是如何设计色彩能让用户进行更为顺畅的信息浏览。

因此，我们便需要对上页中界面中的色彩做减法，减去过于花哨与艳丽色彩对用户视觉的干扰与刺激，只保留1～3种色彩，并通过“无色”的简单让界面变得清晰与明了。

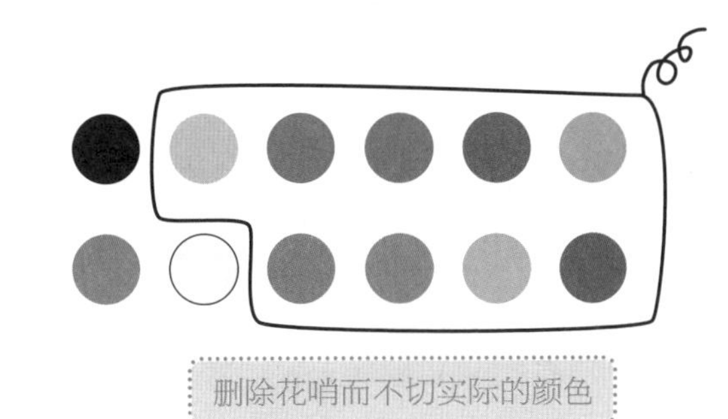

删除花哨而不切实际的颜色

●●●○○ 中国联通 10:13 PM 86%
Messages Group Contacts
Well, it is quite obvious that you will not find an airport everywhere, but ......
a carparking space is a lot more easier to find. The area I live in is in the mountains.
Why is that?

相比之下，如左图所示的界面能让用户更加轻松地进行信息的阅读与浏览。

同时界面中相同的部分使用相同的色彩，这样的颜色搭配也能让用户清楚明了地感受到界面所传递的信息，而并不是毫无依据地胡乱使用色彩

这两个部分采用相同的装饰色块与文字色彩，表明它们为同一人所发出的两条不同的信息

界面解析

对于一些用户需要进行较长时间阅读的界面而言，在对其进行色彩的设计时，我们所需要考虑的便不是第一时间抓住用户眼球，而是怎样用色才能更加方便用户对界面信息的浏览与阅读，而“无色”给了我们一种很好的解决方式，我们可以将“无色”总结如下。

无色
- 少量的色彩
- 避免过于花哨色彩的使用（如可以使用无彩色）

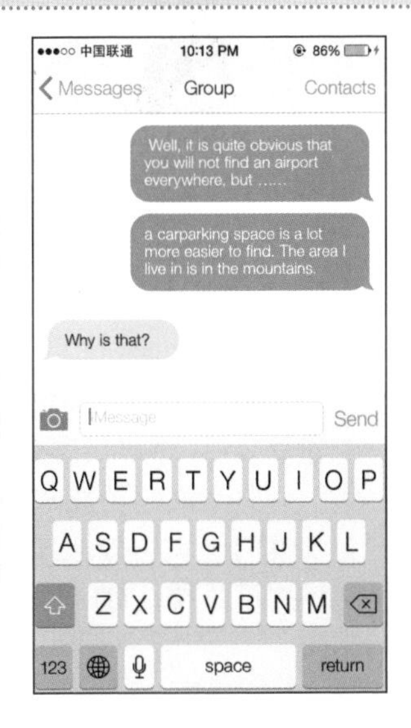

IOS 7系统中的短信界面

4.2 色彩间的搭配体现不同界面风格

色彩的种类是丰富多彩、千变万化的，在进行界面设计时，我们不可能将所有的色彩都运用于一个界面之中，这便涉及了色彩的选择与搭配。不同的色彩搭配能表达出不同的情感，正因如此，我们可以根据界面所需的风格去选择适当的色彩搭配。

法则一 淡色调和粉色系展现甜美与柔和

淡色调是在纯色中加入大量的白色后形成的色彩效果，如下图所示。相比于纯色的艳丽与活泼，淡色调显得更为柔和与淡雅。

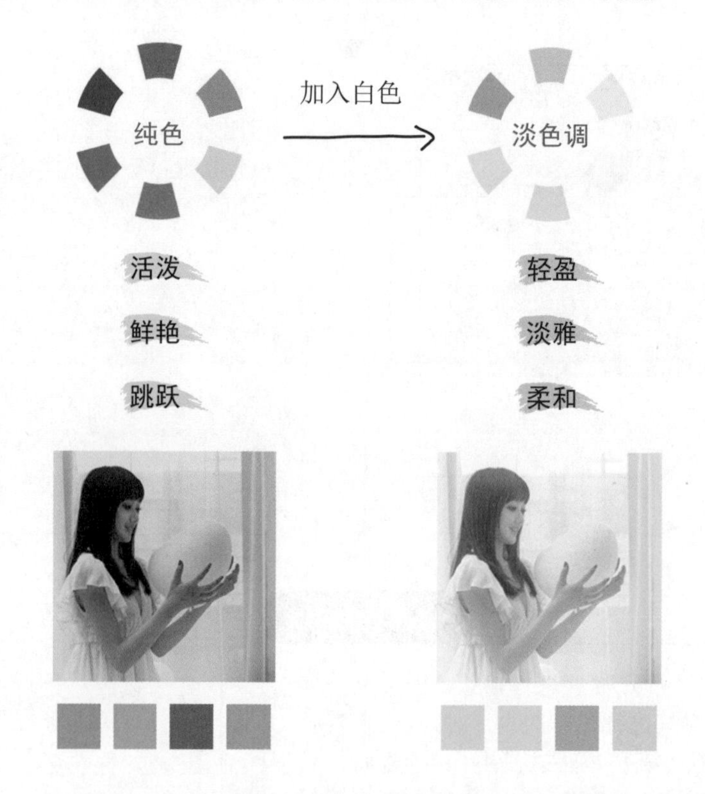

当给照片中的色彩加入“白色”形成如右上图所示的淡色调画面效果后，照片显得更加柔美，女性的甜美感更加突出。

鉴于淡色调通常能展现一种淡雅与温柔的情调，这种情调也与女性的气质相符，因此我们在设计与女性相关的APP界面时，也可以运用该色调，以此来突显温和与轻柔的界面风格。

如前文所述，淡色调看起来较为淡雅，可以突显APP界面的柔和感，但如果要表现APP界面的甜美，还需要注意色相的选择，如右图所示，同为淡色调，但淡粉色看起来更为甜美，因此便会出现如下所示的界面配色。

淡蓝色　　淡粉色

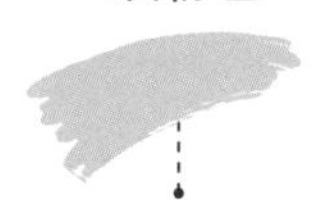

更具甜美感

女性服饰购物APP。服务对象主要针对20～30岁的女性

根据界面风格确定配色方案，以能突显女性甜美柔和的淡色调与粉色系为主

由于APP定位对象为20～30岁的女性，该年龄段的女性洋溢着青春、甜美与娇嫩的气息，因此界面风格可以定位为甜美与温柔的风格

界面解析

综上所述，我们可以利用淡色调与粉色系来展现界面甜美与柔和的风格。

然而如右图对比所示，界面中所使用的图片色调也应与界面风格统一，否则图片不能很好地融入界面，界面中淡色调和粉色系的甜美与柔和感也会被破坏。

法则二 暗色调中的沉稳与时尚

与淡色调相反，在纯色中加入大量的黑色后便会形成暗色调，暗色调通常给人深沉、厚重的印象，如下图所示。

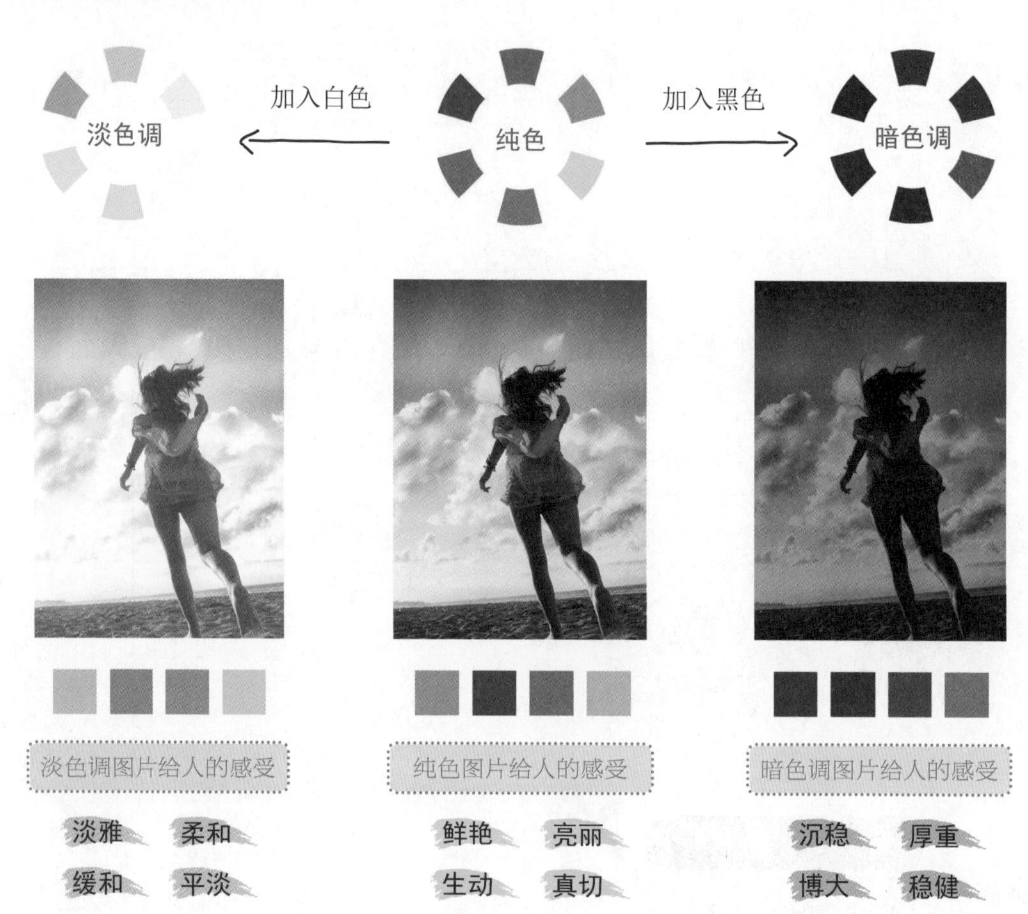

当看了上面三张图片，并对比不同色调图片所带来的感受后，如果现在要选择其中一张图片作为APP界面的背景，以突显界面的沉稳与大气风格，你会选择上面三张图片中的哪一张图片呢？

相信此时你肯定有了答案，你应该会选择暗色调的图片作为APP界面的背景。因为暗色调能带给人沉稳感，而这样的沉稳感正是APP界面风格所需要带给用户的印象。

在界面的设计中，暗色调的背景图片通常能影响并使得整个界面都拥有沉稳与厚重感，这是为什么呢？下面我们来进行相应的了解。

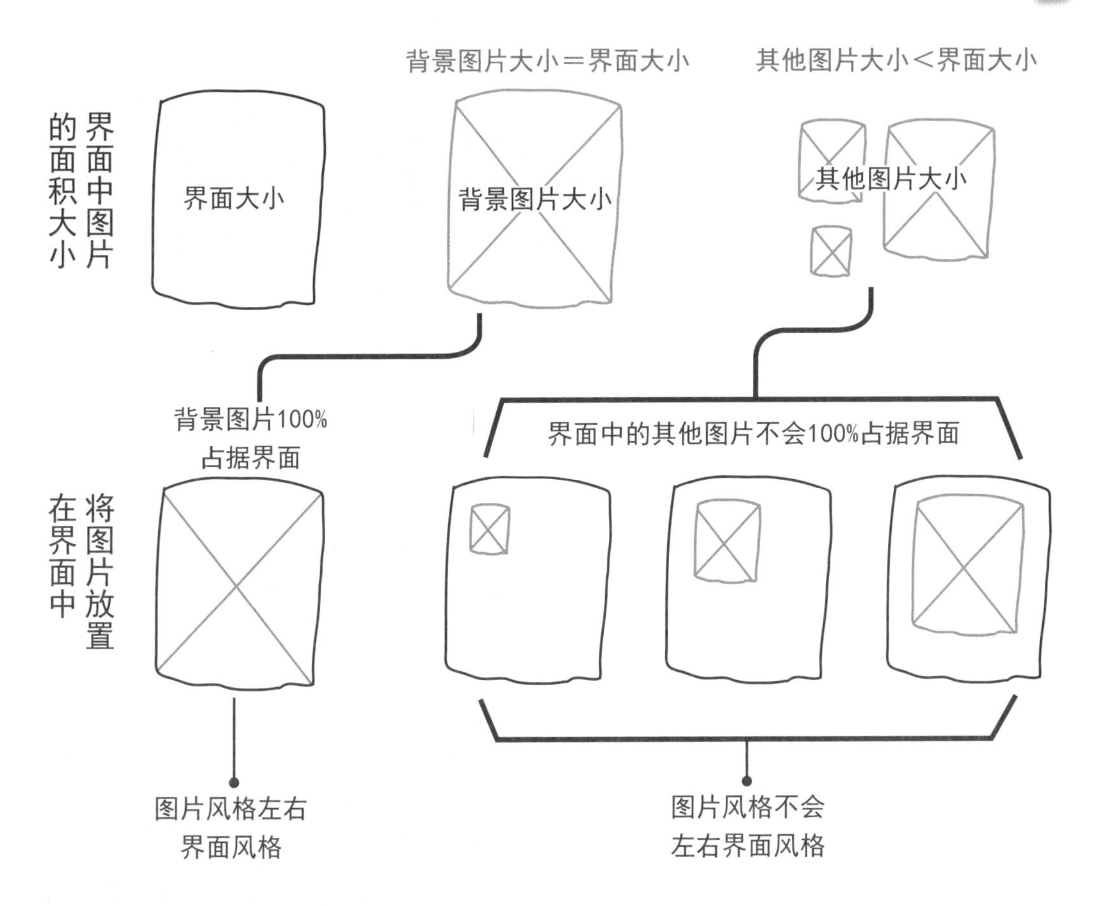

如上图所示，界面中的背景图片指的是铺满了整个界面的图片，它的存在就相当于是界面，因此我们可以想象，背景图片的色调必定会左右整个界面的风格。

当界面中已经有了影响界面风格的背景图片出现后，界面中其他图片，不论面积大小，其色调都不会直接影响界面的风格。下面以制作突显沉稳时尚风格的播放器APP界面为例，来更为直观地感受一下不同的图片对界面风格的影响。

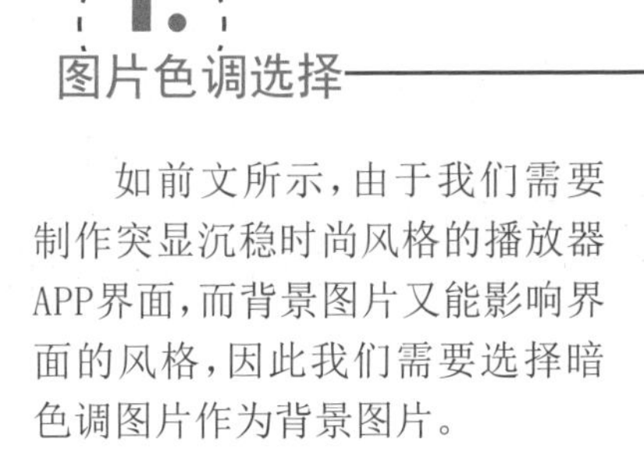

1. 图片色调选择

如前文所示，由于我们需要制作突显沉稳时尚风格的播放器APP界面，而背景图片又能影响界面的风格，因此我们需要选择暗色调图片作为背景图片。

背景图片

其他图片

界面元素色彩选择

在界面中有了暗色调的背景图片后，位于背景图片之上的界面元素则需要使用一些明度较高的色彩，从而形成对比，以此来突出界面元素，如右图所示。

元素色彩与背景图片色彩过于接近，界面元素可视性很差

元素色彩与背景图片色彩反差较大，界面元素可视性较强

完成界面

右图几个界面中除了使用暗色调图片作为背景图片以外，还使用了纯色的图片作为界面中的元素。通过对它们的感受，不难发现，纯色图片不论面积大小都并没有影响界面与APP的整体风格。

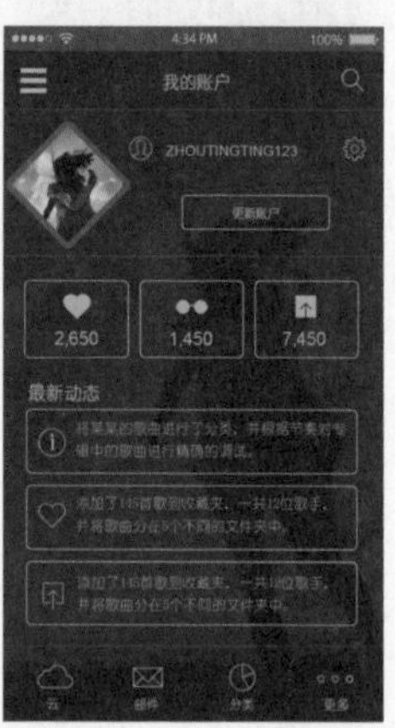

▲ 沉稳时尚风格的音乐播放器APP界面

界面解析

上一法则案例中的图片并非界面的独立个体，它在一定程度上说明了界面“女性服饰”这个主题，因此需要调整它的色调让界面风格显得更为柔美。

而右图案例中，其他图片只是界面的附属装饰物，界面并不是通过它们来传达主题与风格的，因此它们的色调可以不必去适应界面的风格。

相比之下则需要将背景图片调整为暗色调，并搭配青蓝色元素，以此来突显界面的沉稳与时尚感。

法则三 高纯度色彩带来的活力感

纯度是色彩的三要素之一，而色彩纯度的高低决定了色彩的鲜艳程度。如前文所述，不添加任何白色或黑色的纯色属于高纯度色彩，看起来活泼又鲜艳。

在进行移动UI视觉设计时，如果在界面中大量地使用纯色，会使界面看起来较为艳丽、活泼与生动，相反，低纯度的色彩则会使界面显得沉闷与灰暗，如下图所示。

高纯度色彩构成界面主要色彩

手机游戏保卫萝卜2帮助界面

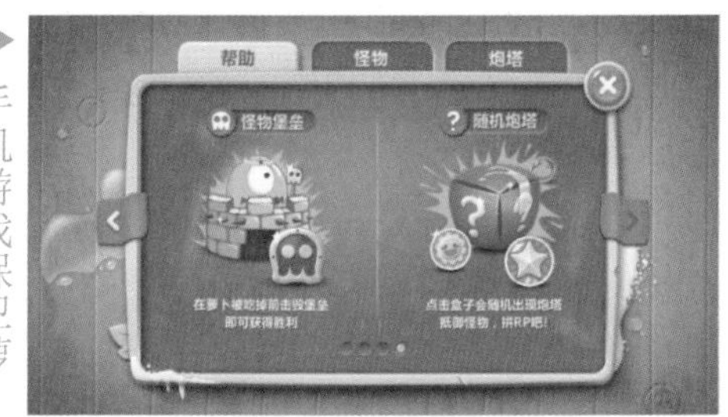

低纯度色彩构成界面主要色彩

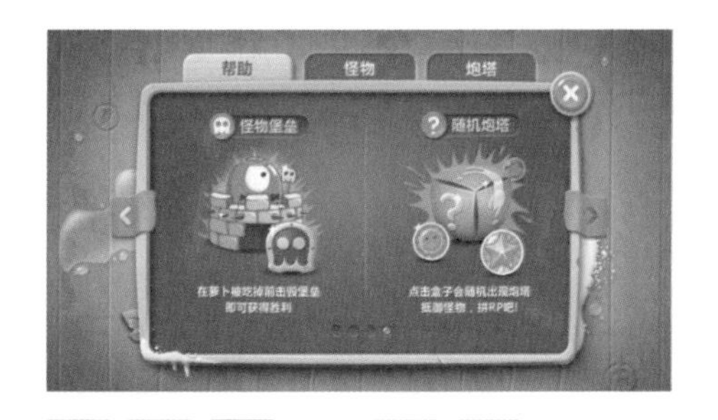

鉴于高纯度色彩能给界面带去鲜艳与亮丽的视觉体验，这种色彩较为适用于一些拥有轻松、愉悦的环境与主题的APP之中。因此当我们在界面中运用高纯度色彩时，也需要注意对APP与界面的风格定位。

APP定位的影响力

轻松愉快的打怪游戏

如果将APP定位在轻松愉快的环境中，那么我们联想到的怪兽也会是较为可爱的。因此也会使用较为活泼的高纯度色彩去突显这种轻松可爱的氛围。

恐怖刺激的打怪游戏

而如果将APP定位为恐怖与刺激，我们便可能会联想到死神、骷髅等较为可怕的形象。此时便需要使用沉重、阴暗与血腥恐怖的颜色去衬托游戏的氛围。

如前文所述，由于APP定位的不同，会给我们带来不同的心理感受与联想，而为了符合不同的定位，也会形成不同的配色方案。

不难发现，相比之下，高纯度的色彩更加适用于一些定位在轻松与愉快环境中的APP之中，它的应用也能使APP的界面显得具有活力与生动，这一点很好地体现在了手机游戏保卫萝卜2的UI设计之中，如下图所示。

手机游戏保卫萝卜2的UI设计中的色彩使用

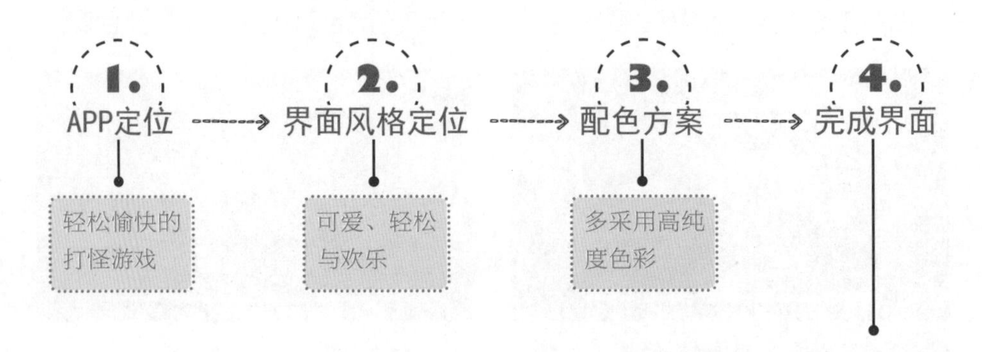

▲ 手机游戏保卫萝卜2选关界面

界面解析

保卫萝卜2的APP定位是轻松愉快的打怪游戏，因此为了突显这样情绪，其界面风格也应定位为欢快与可爱的风格。

而如前文所述，高纯度色彩最适用于表现这种风格，因此保卫萝卜2的UI设计中大量地采用了这些色彩，如右上图的选关界面所示。界面中的图标、背景、图形等都采用了纯度较高的色彩，这样的色彩使用让界面拥有了生动与活力感，与APP的定位相符合。

相比之下，右下图中低纯度色彩构成的界面则显得较为沉闷，不能很好地与APP定位相呼应。

法则四 冷色调和蓝色系突显科技与智慧

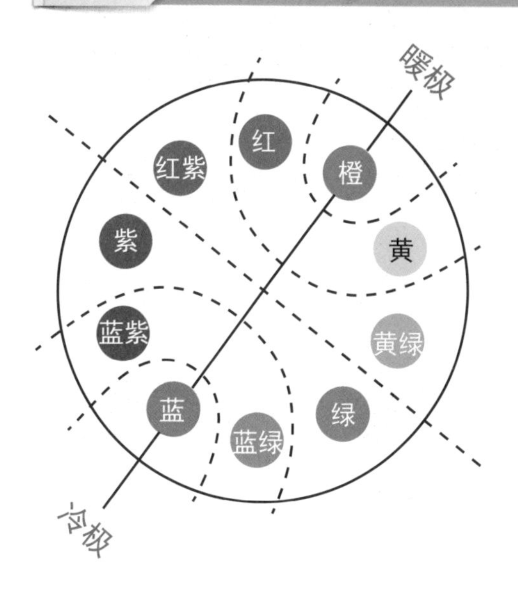

不同的色彩会给人们带来不同的心理感受，如淡色调色彩给人淡雅感，高纯度色彩给人活泼感……

其实，色彩也会给人们带来冷暖倾向，如左图所示，橙色就像是太阳能给人带来非常温暖的感觉，因此橙色属于暖色系色彩。同理，蓝色就像是冰川，总给人冰爽的寒意，因此它属于冷色系色彩。

暖色系色彩
给人温暖

冷色系色彩
给人凉爽

当进行移动UI视觉设计时，界面中如果出现多以蓝色为主的色彩搭配时，便会形成冷色调，这样的界面通常会给人带去寒冷、深邃、沉静之感。如果再配合适当的图片与环境的说明，冷色调蓝色系所带来的冷静感也很容易与智慧及科技这样的词汇联系在一起。

首先来看看能带来凉爽体验的界面用色，如右图所示。水珠背景给人留下了清凉与凉爽的印象，搭配界面元素所使用的蔚蓝色，界面的色彩显得轻盈，在冷色调蓝色系中透着清凉与冷静的感受。

当界面换一个背景画面与元素配色后，同样为冷色调蓝色系的界面可能不仅会产生冷静感，还会产生由冷静印象而引发的智慧与科技感，如下页图所示。

水珠背景

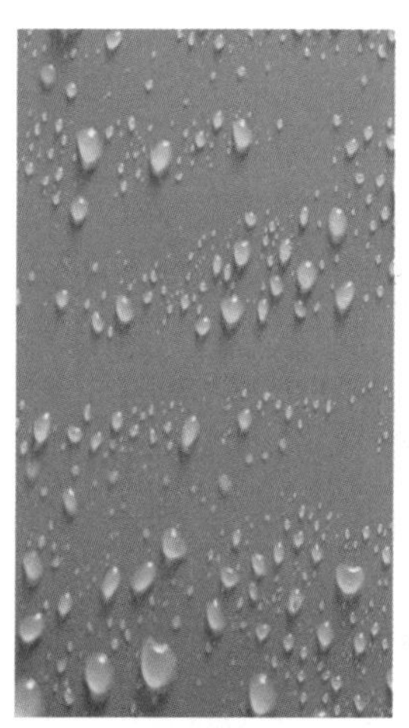

界面元素的蓝色系

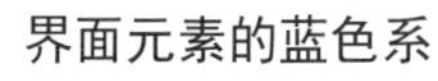

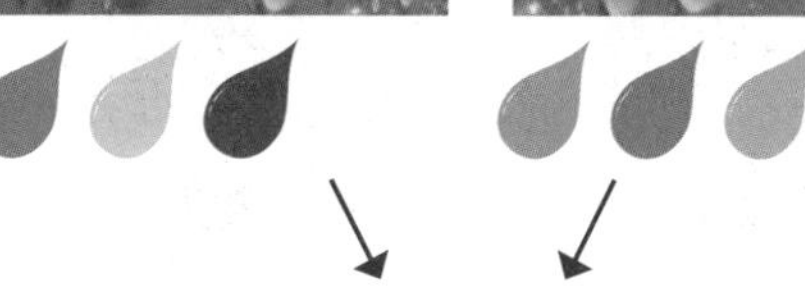

凉爽、冷静

同样的界面元素，换了一个界面背景与配色，如下图所示。

背景图片的改变

界面元素配色的改变

科技质感背景

界面元素的蓝色系

冷色调蓝色系解锁界面

冷静

科技、智慧

你会发现拥有科技质感的背景搭配深蓝色，让整个界面在冷静中又多了一份科技与智慧的印象。

因此我们说，冷色调与蓝色系的使用可以突显界面中的科技与智慧感，这是其他色调与色调的色彩很难到达的。如下图所示，同样的界面改变了色彩搭配，就没有了科技与智慧感。

红色调界面
沉稳与温暖感

绿色调界面
生命与环保感

界面解析

综上所述，在使用冷色调与蓝色系时搭配适当的背景图片并适当地降低蓝色系色彩的明度，能让界面的科技与智慧感更加突出。

同时，如上图中的解锁界面所示，在界面中除了使用具有科技硬朗质感的背景图片外，搭配同样具有硬朗质感体验的解锁拨块元素，并在元素中加入蓝色系色彩，这样的界面在质感与色调的统一中进一步增强了科技与智慧的视觉体验。

法则五 低纯度色彩和中性色中的朴实与复古

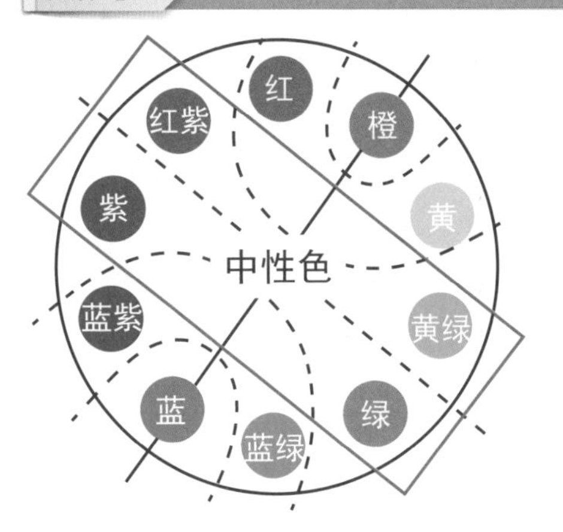

如前文所述，鲜艳程度较低显得较为黯淡的色彩为低纯度色彩。而什么又是中性色呢？

没有明显冷暖倾向的色彩被称中性色，如左图红色方框圈出部分所示。

除此之外，无彩色黑、白及各种深浅不同的灰色，由于不具有冷暖的倾向，因此它们被称为最具代表性的中性色。

由于低纯度色彩并不十分艳丽与夺目，因此它们通常显得较为柔和与平缓。同时，由于中性色不具有明显冷暖倾向，它们通常也会显得较为缓和与和平。因此当这两种色彩搭配在一起时，也会形成一种较为平和与朴实的画面效果，如右图所示。

朴实与复古的画面

同样的，在给移动设备进行APP界面的设计时，也可以通过这两种色彩的搭配去传达出界面的朴实与复古感。比如，当我们需要制作一个具有复古感的闹钟界面时，便可以首先采用这两种色彩搭配来设计界面元素，如下图所示。

界面元素色彩搭配形成的复古与朴实感

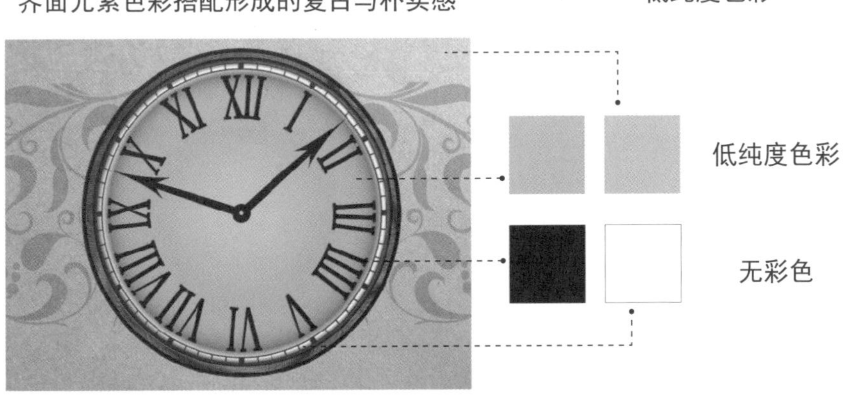

如果将界面中元素的色彩换为纯度较高且不为中性色的色彩，那么这些元素便不再具备朴实与复古感，如下图所示。

蓝紫色
显得神秘

红色
显得火辣

蓝色
显得清凉

橙色
显得温暖

界面解析

综上所述，高纯度的色彩通常显得炫目，而非中性色也有着较为强烈的感情色彩，相比之下，低纯度色彩与中性色的搭配通常能使界面给用户留下一种平和与朴素的印象。当这些色彩搭配适当的界面元素造型，能让界面拥有朴实与复古的风格与感受，如右图所示。

朴实复古的闹钟提醒界面

4.3 影响视觉感受的对比度的控制

不同的色彩在组合搭配时必定会产生不同的对比感受，这些对比可以来自色彩的色相对比、色彩的明度对比，也可以来自色彩的纯度对比等。适当地调节界面中色彩搭配的对比度，能让界面产生不同的视觉感受，下面便来进行相应的了解。

法则一 在明度对比中突出界面重点

首先来看看下面这个版式中的颜色搭配与应用，先按照功能的不同将界面中的主体划分为不同的部分，并提取不同部分中各组成元素的颜色与背景的颜色，如下图所示，你发现了些什么？

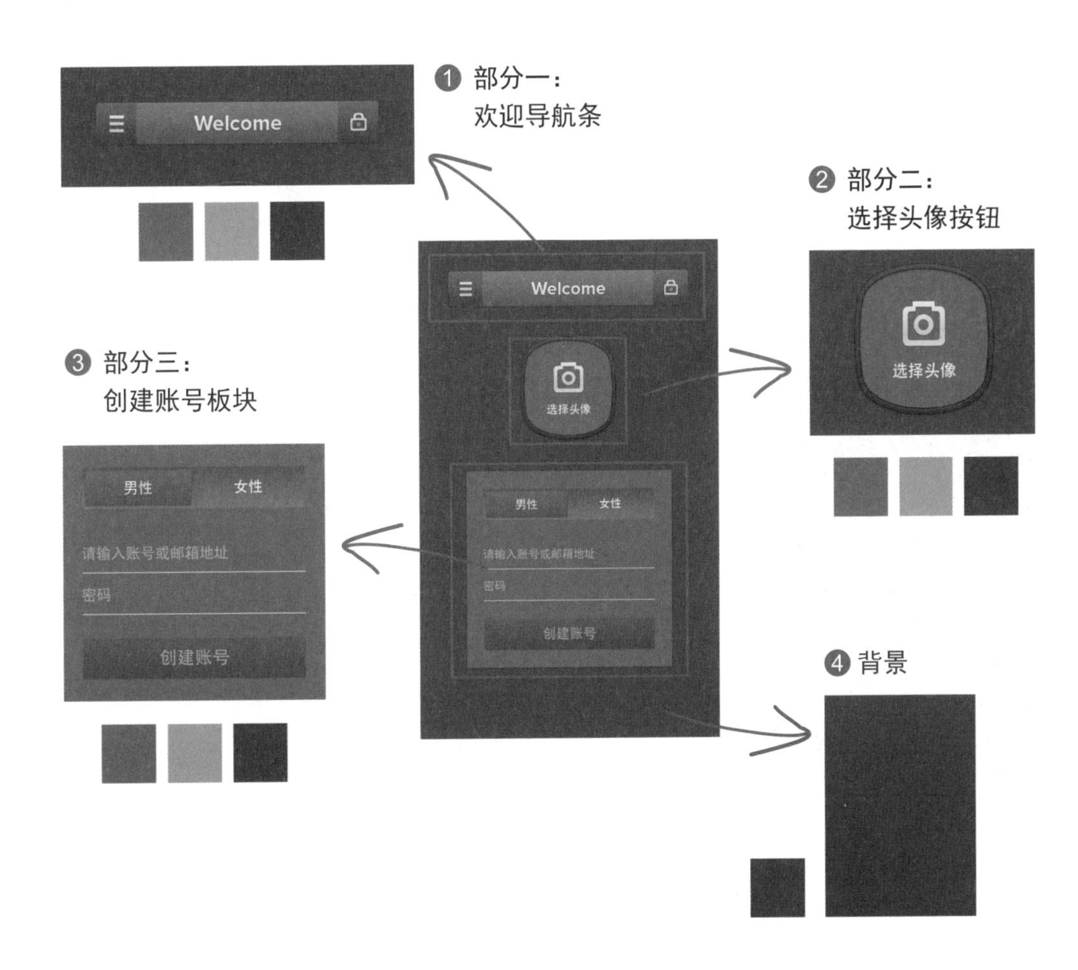

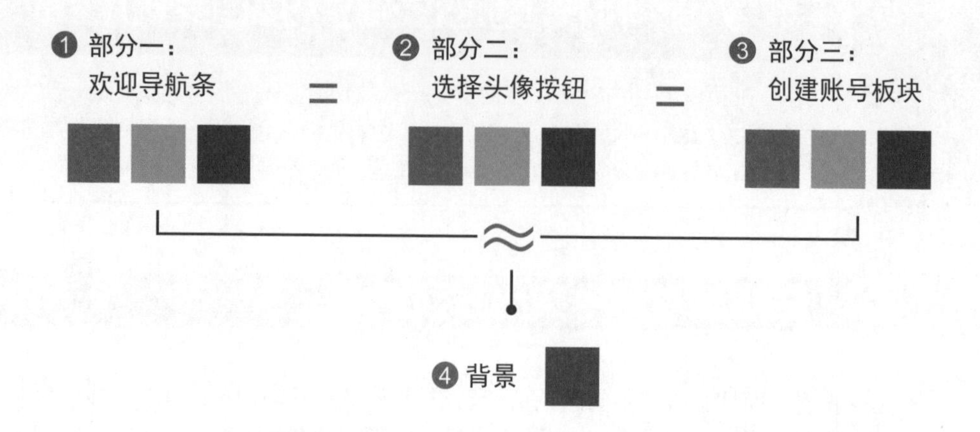

配色分析

如上图所示，界面中三个主体部分中元素的用色几乎相同，并且它们与背景的颜色也较为相似，属于同一色调，这样的色彩搭配将界面统一在了深蓝的色调之中。

形成现象

在整个界面中，由于主体三个部分的色彩没有区别，在同一背景色彩下，视觉对它们的感知灵敏度也是一致的。这也使界面中的三个部分处在了没有差别的平级位置。

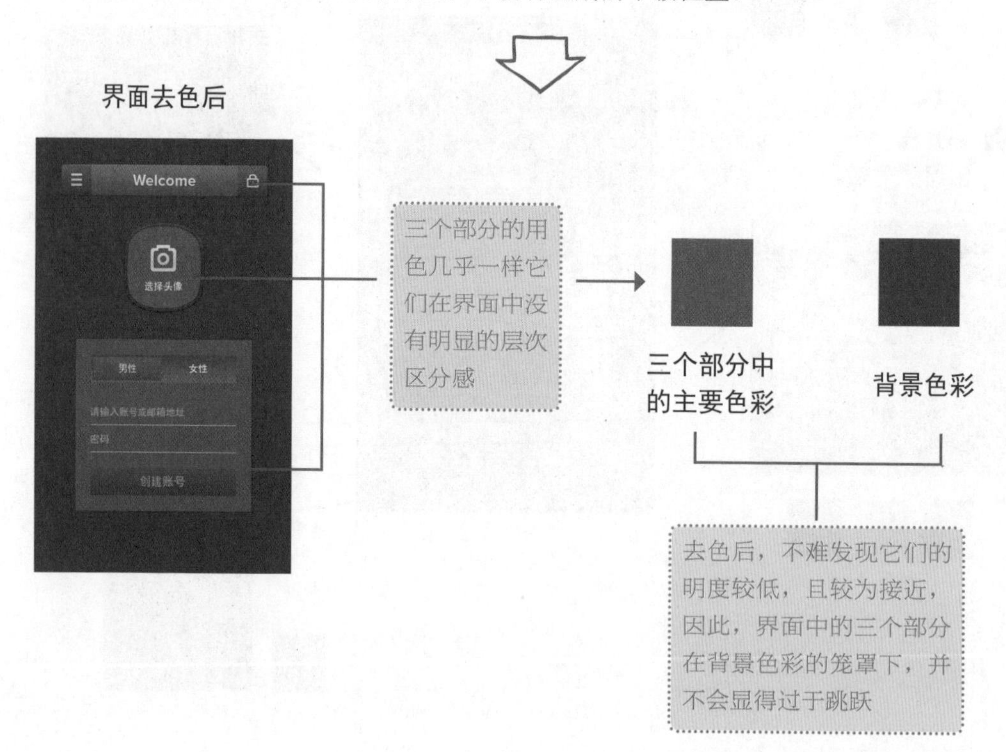

综上所述，上文提到的界面配色不合适，突出了界面中的某个部分，此时，使用明度对比的配色手法来调节界面中的色彩搭配，则能让界面中各个部分拥有层次变化感，从而突出界面中的重点部分。

比如，我们需要突出界面中的部分三时，首先我们便需要区别部分三与部分一及部分二的用色，除此之外，我们还需要注意调节部分三用色与背景用色的之间的对比，如下图所示。

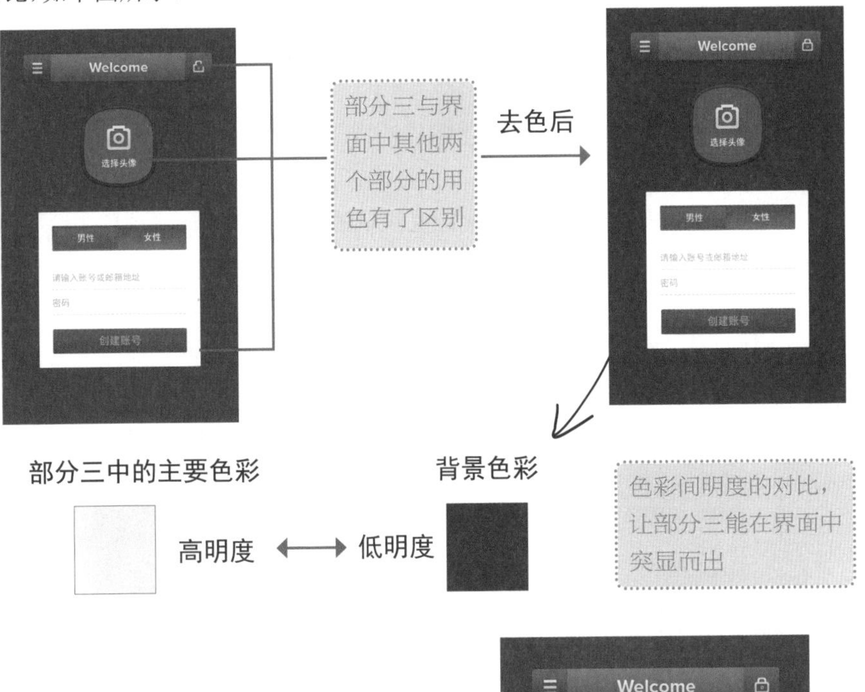

界面解析

界面中使用了白色作为部分三的主要色彩，使其与背景色彩形成了明度对比，该部分因此得以在界面中突显。

同样的色彩搭配，也运用在了部分三中各元素上。如右图所示，为了让部分三的某些元素间有所区别，它们在色彩搭配时，也利用了明度对比加以区分。

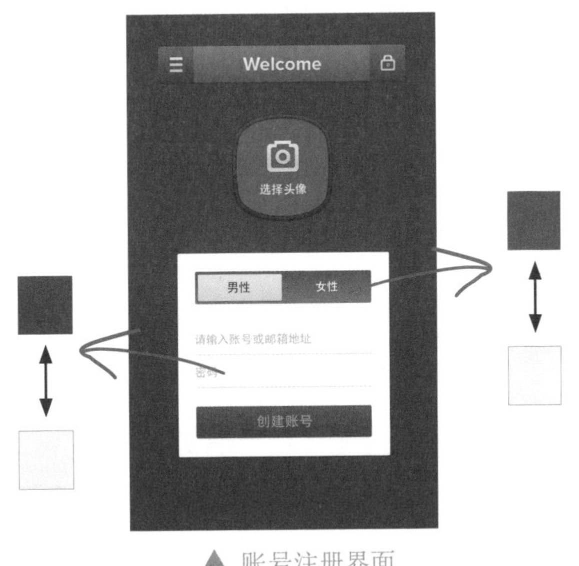

▲ 账号注册界面

法则二 利用纯度对比刺激用户眼球

色彩间除了存在明度对比以外，也存在着纯度的对比，在给界面中元素间的色彩进行搭配时，适当地安排纯度对比也能使界面中的某些部分更加引人注目。首先来认识一下纯度对比对我们视觉的影响。

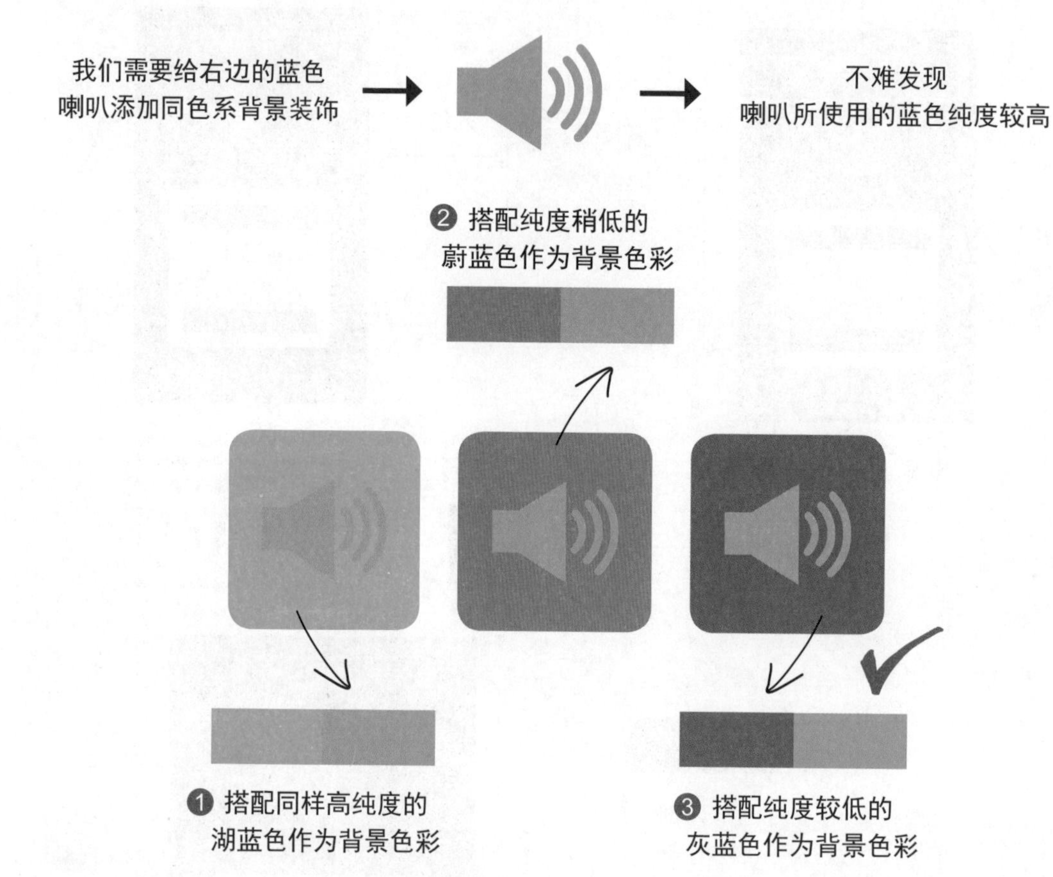

通过对比不难发现，以上三种配色方案中，最能突显蓝色喇叭，最能让蓝色喇叭抓住人们眼球的为第三种配色方案。

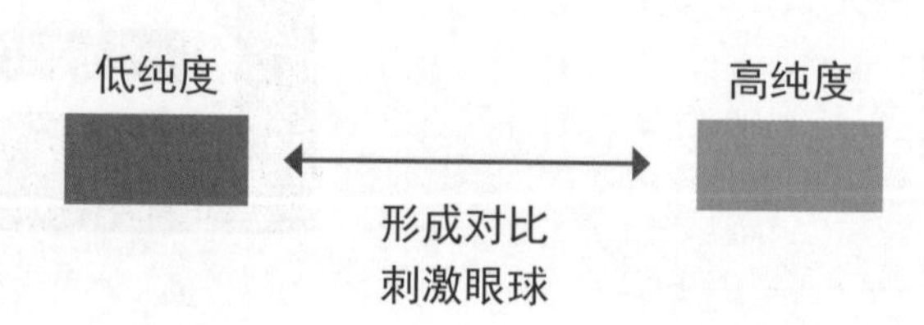

同样的色彩搭配原理也可以运用到界面色彩的搭配之中，如下图所示。

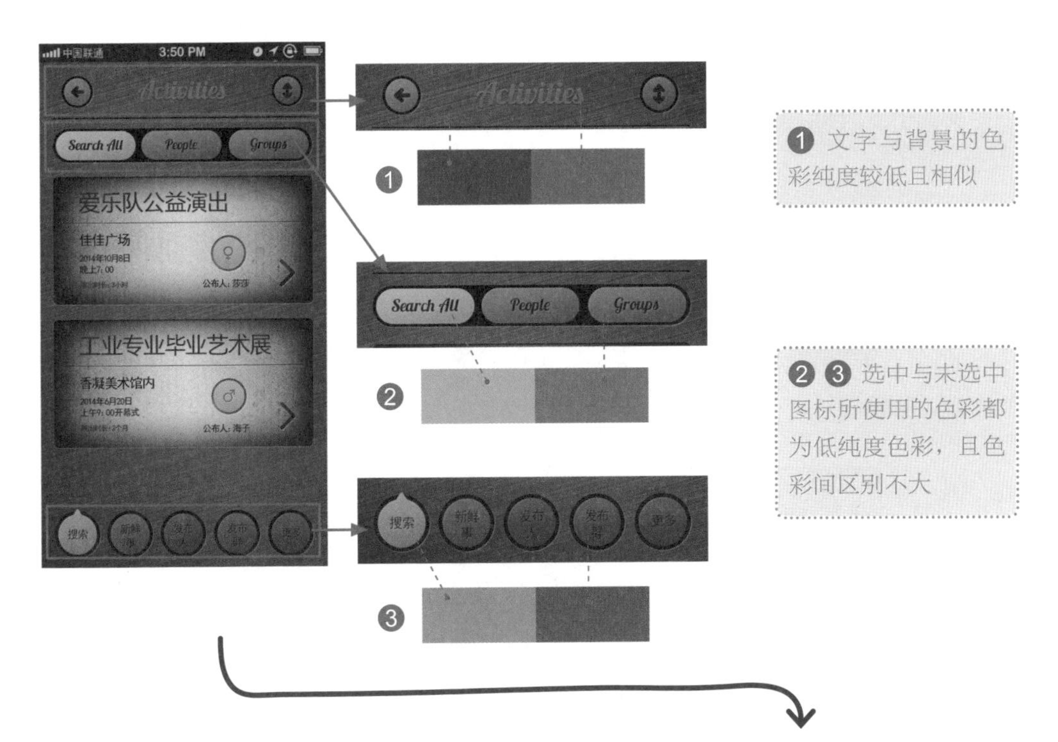

此时将这些元素换成纯度较高的色彩后，如下图所示，纯度的对比能更加突显这些元素。

界面解析

低纯度色彩搭配高纯度色彩，利用色彩间的这种纯度差异能够让元素间形成较强的对比，从而使得用户更好地辨别界面中元素间的差异。

如右图所示，高纯度色彩吸引了用户的眼球，通过对应的图标与文字提醒，用户能够很快明了所处的界面为活动搜索界面。

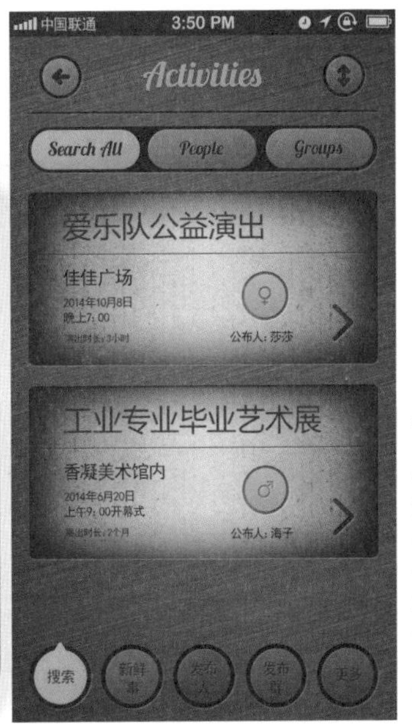

活动公告搜索界面

法则三 过度刺激只会使用户退缩

色彩间的对比确实能够提高界面中元素的识别度，然而过度的对比刺激却会引起用户视觉的不适，从而让用户在感到炫目的同时却无法很好地对界面进行操作。如下图所示，对比与感受一下下面两组图标的用色，哪一组图标你觉得看起来更加舒适？

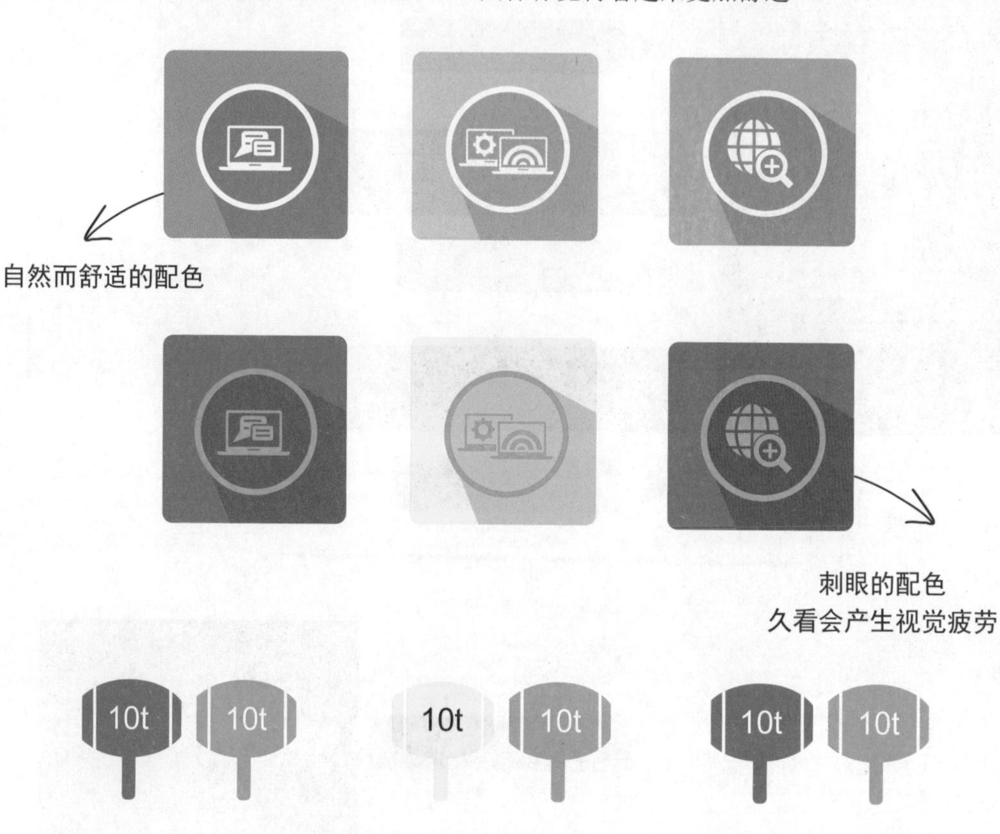

第二组图标中背景色和标志的颜色都使用了纯度较高的色彩，这样的色彩搭配让颜色间形成了势均力敌的抗衡力，这样的抗衡力容易让用户产生视觉的疲劳。

相比之下，使用降低了纯度的色彩并搭配无彩色，很好地调节了抗衡力所带来的刺激感，缓和了视觉的疲劳，产生了舒适而耐看的感受。

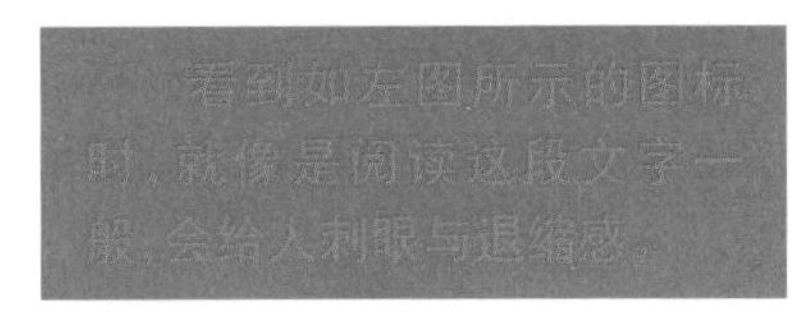

如左图所示，界面中侧边的图标滑动条，采用了高纯度的红色与蓝色搭配，通过观察不难发现，两种颜色力量的均衡给视觉带去较强的刺激与不适感。当我们看到这样的滑动条时，总会感到刺眼，无法直视滑动条中的应用图标。

将高纯度的蓝色换成白色后，刺激感降低。你是否觉察到了阅读该段文字时比较不那么容易感到刺眼。

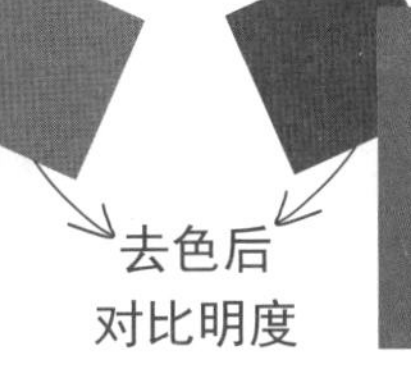

降低红色的明度后，刺激感进一步降低。该段文字在降低了明度的红色背景下，显得更易于阅读。

界面解析

综上所述，为了缓和色彩搭配因过强的抗衡力而带来的刺激感，使用无彩色以及降低色彩纯度与明度的做法是不错的选择。

如右图所示，当无彩色白色代替了蓝色，降低了明度的深红色代替了红色之后，滑动条中的图标变得不再刺眼，用户在使用时也会更加明了地辨别图标，而不会因刺眼而退缩。

4.4 色彩面积决定界面关键点

色彩在搭配时，除了会形成如前文所述的纯度与明度间的对比以外，还会形成色相与面积对比。在进行移动设备的界面设计时，不同的色彩在界面中所占的面积大小会影响界面的视觉效果，设计师可以把握与利用不同色彩的面积关系，来突出界面中的重点信息，或表现不同的界面信息，以此来使用户能够更加有效地接收界面中的内容。

法则一 在大面积中突显点睛色

在理解“在大面积中突显点睛色”这个法则前，先来看看下面四只青蛙的不同配色，通过观察后，你感受到哪只青蛙的眼睛最为引人注目且最为有神呢？

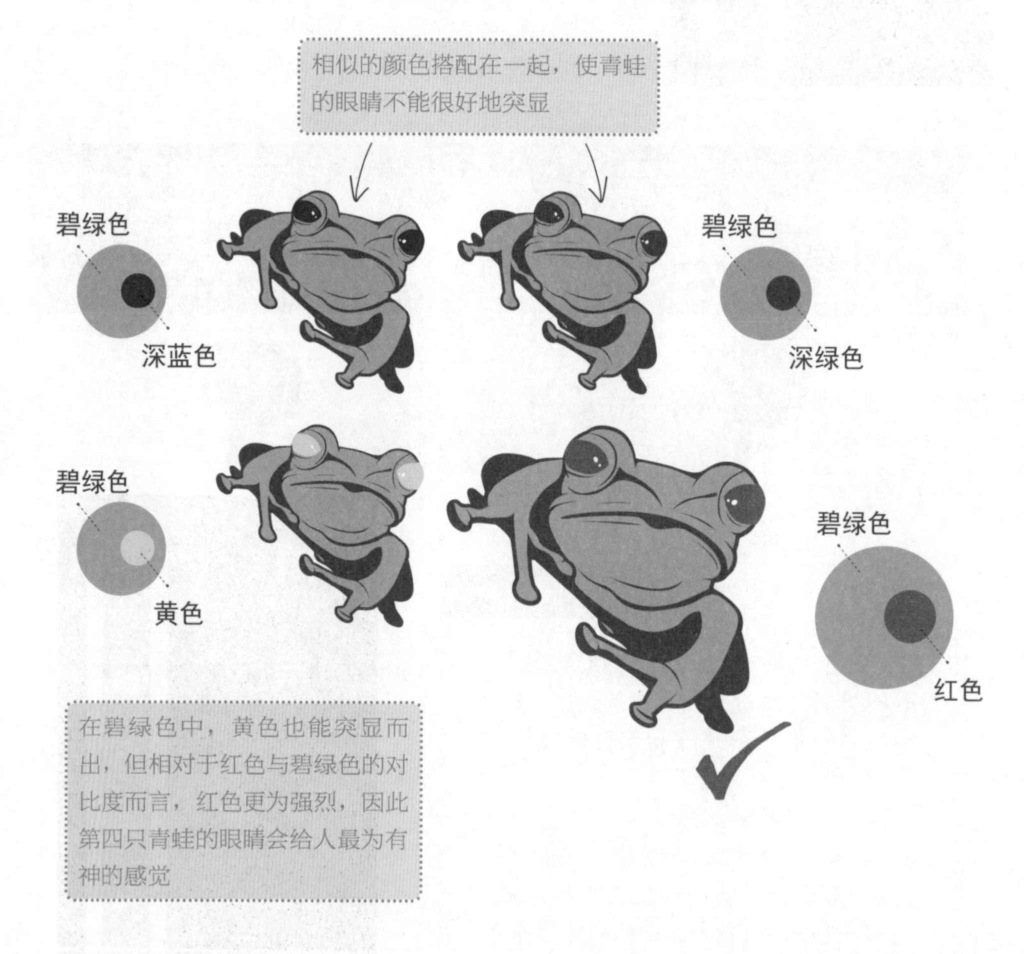

有的色彩总会给人一种相似的感觉，而有的色彩则会形成强烈的对比，这是人们对不同色彩形成的感知，而这一感知也可以通过色相环更为直观与具体地表现出来，如下图所示。

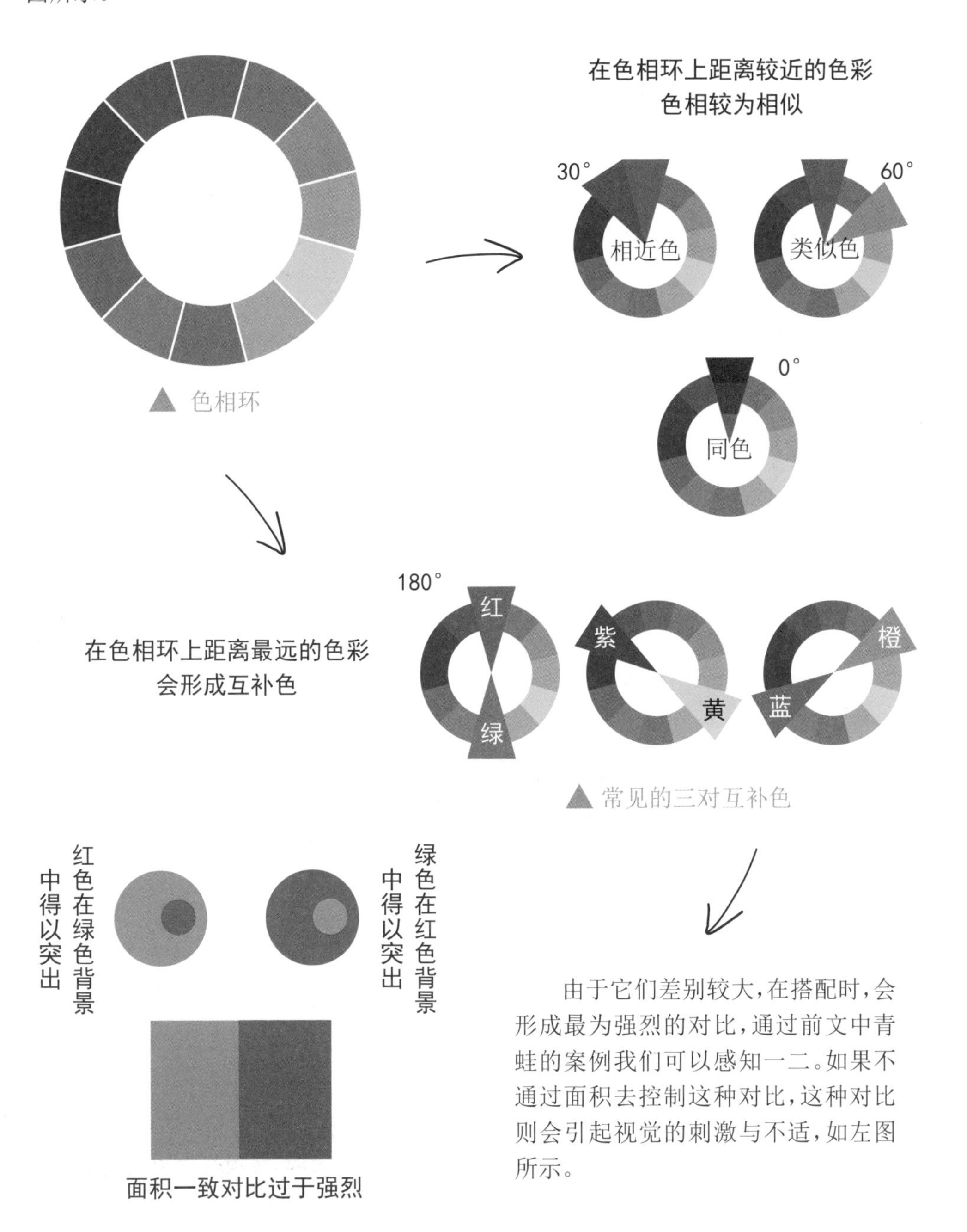

▲ 色相环

▲ 常见的三对互补色

由于它们差别较大，在搭配时，会形成最为强烈的对比，通过前文中青蛙的案例我们可以感知一二。如果不通过面积去控制这种对比，这种对比则会引起视觉的刺激与不适，如左图所示。

现在我们可以回到“在大面积中突显点睛色”这个法则与移动设备的界面设计之中了，这个法则其实是在告诉我们，在利用不同色相带来的对比时，需要结合对色彩的面积控制，从而在突出界面中的重要信息的同时，又不会带来刺激的视觉感受。

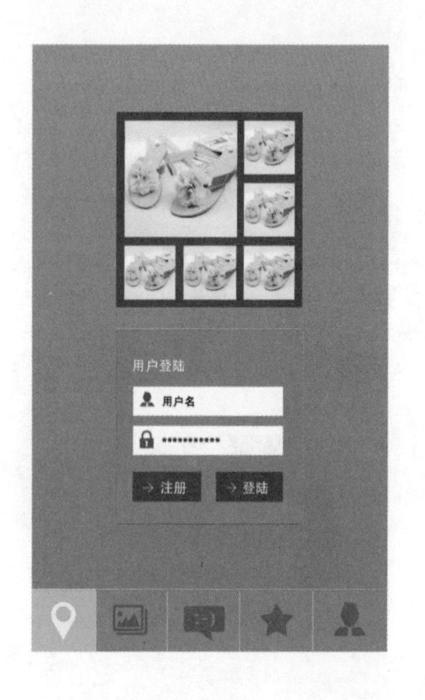

左图界面中所使用的两种主要色彩

界面中两种色彩所占面积比例对比

橙色55%　蓝色45%

橙色与蓝色两种色彩在界面中所占有的面积较为均衡，让整个界面风格混乱且奇怪，用户也无法在界面中看到重点信息。

界面中两种色彩所占面积比例对比

橙色99%　蓝色1%

界面解析

相对于上图而言，右图中的界面被统一在了橙色调之中，同时使用了对比色蓝色作为按钮的色彩，起到了强调与突出的作用。由于橙色与蓝色的面积相差较大，这种对比并没有破坏界面的橙色色调，界面风格仍然显得统一。

通过案例我们可以看到，在大面积中搭配小面积互补色，能够起到“点睛”的作用，同时，也缓解了对比冲突感。

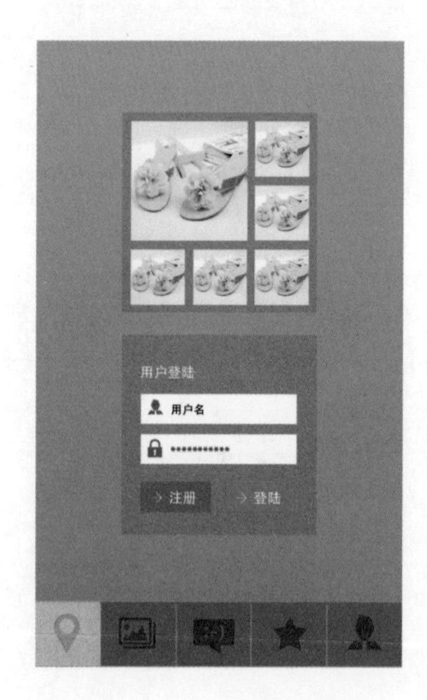

◀橙色调APP登录界面

法则二 面积均等中的无彩色调节

在进行移动设备的界面设计时，遇到板块面积均等的情况，该如何对界面中的这些板块进行颜色的搭配？其中一个法则便是利用无彩色去调节。

无彩色

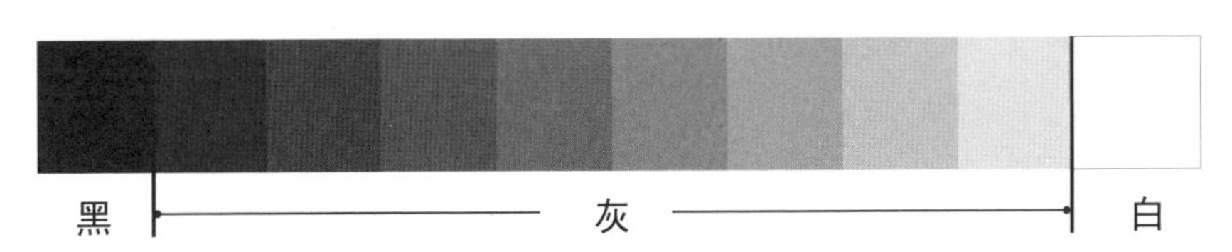

与除无彩色以外的有彩色相比，无彩色的色彩个性并不特别明显，因此它有着万能搭配的作用，与任何色彩组合在一起都会取得协调与调和的色彩效果，所以有时可以利用它们去调节色彩间的搭配，从而避免面积均等的色彩在组合时所产生的抗衡感，这一点尤其体现在高纯度色彩的搭配之中，如下图所示。

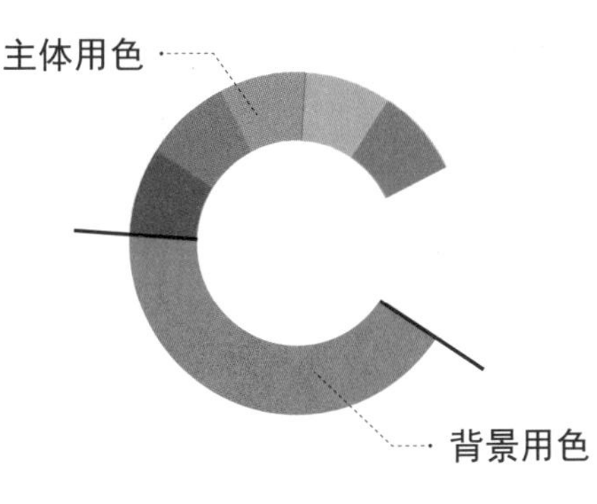

主体用色与背景用色都较为鲜艳，且面积相当，对比不明显，无法突出主体

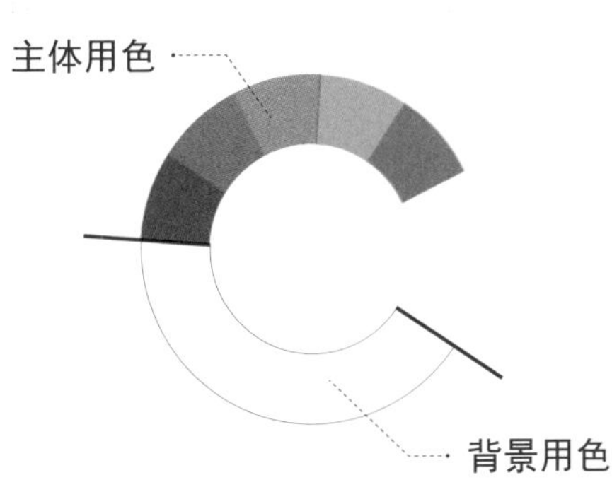

面积相当的高纯度色彩搭配，无彩色白色对比，明显突出主体且无违和感

再换两种颜色看看，是否也有同样的效果？如下图所示。

同样的道理与效果也体现在移动设备的界面设计之中。当界面中两个部分的色彩面积均等时，搭配无彩色能让界面显得更为协调，且对比强烈，如下图所示。

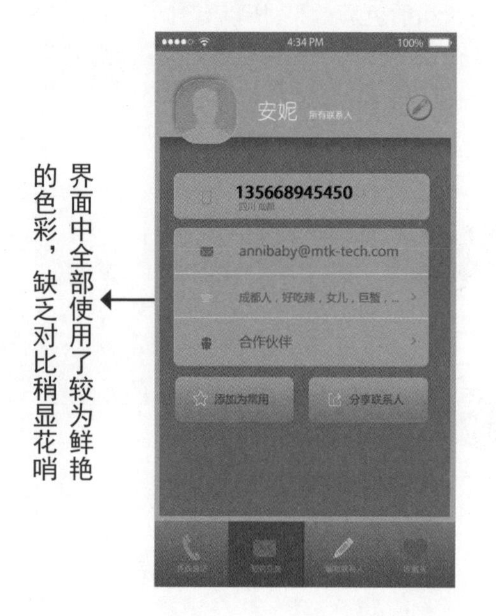

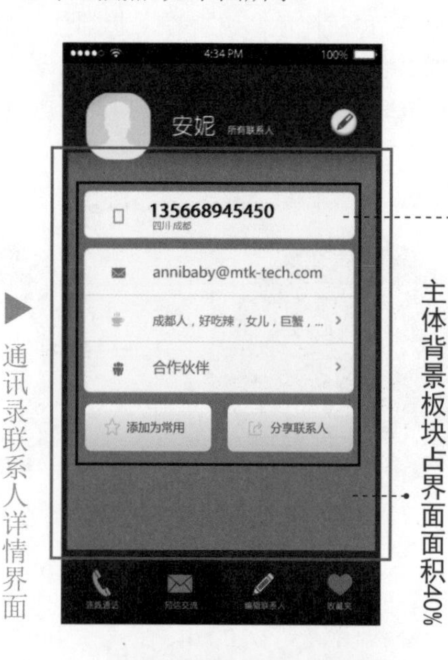

通讯录联系人详情界面

界面解析

右上图中位于界面中间的为界面的主体部分，其分为背景与信息两个板块，这两个板块需要使用两种不同的颜色，以示区分。

由于这两个部分面积相当，且在确定了背景板块使用纯度较高的色彩后，再给信息板块挑选色彩时，则可以优先考虑具有高协调度的无彩色，这样一来，界面的用色便会显得干净整洁且对比强烈，界面信息表达清晰。

第5章

用格式塔理论武装设计思维与界面

- 了解格式塔理论
- 学会使用格式塔理论武装思维
- 学会在设计时应用格式塔理论

5.1 接近性与相似性原理

格式塔理论中的接近性与相似性原理表现了两种相似的视觉现象，它们说明了人类的视觉系统有着给对象进行分组来感知事物的倾向，这种视觉的生理现象运用在移动UI视觉设计中，能使设计更为人性化。

法则一 合理安排信息间的组合位置

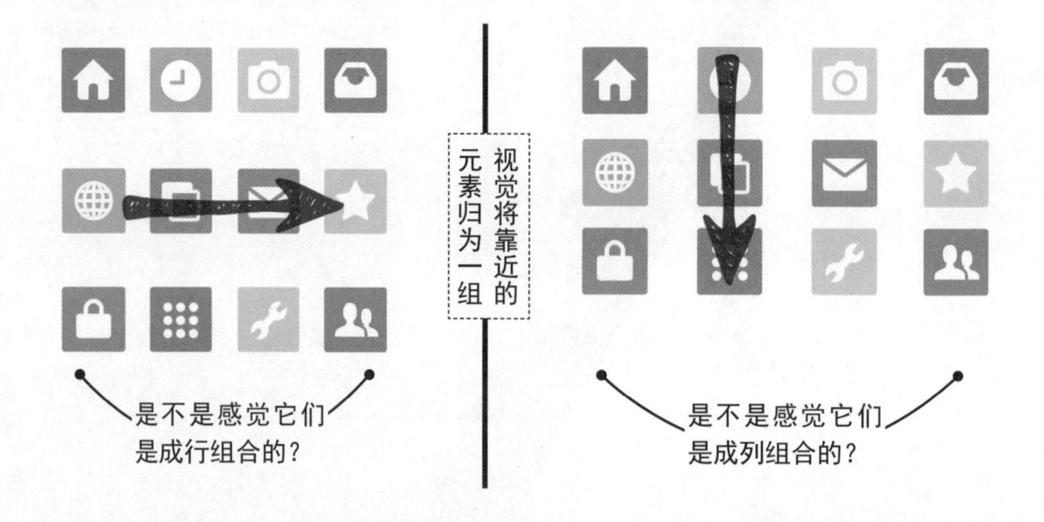

这就是接近性的视觉现象——我们的视觉会习惯且在不经意间便将靠得较近的事物自动归为一组，如上图所示，当图标间横向距离较近、纵向距离较远时，接近性会让我们感觉图标成行排列，相反时，则呈现成列排列的效果。

正因如此，当我们在给界面中的信息进行位置组合时，也需要考虑接近性对我们视觉的影响。除了根据界面需要把握好图标与图标之间的位置关系以外，也需要注意利用接近性原理，安排好图标与其相对应的文字说明之间的距离位置。

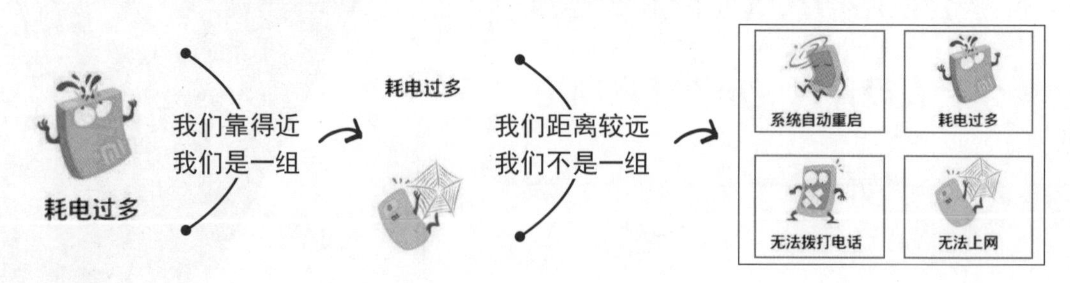

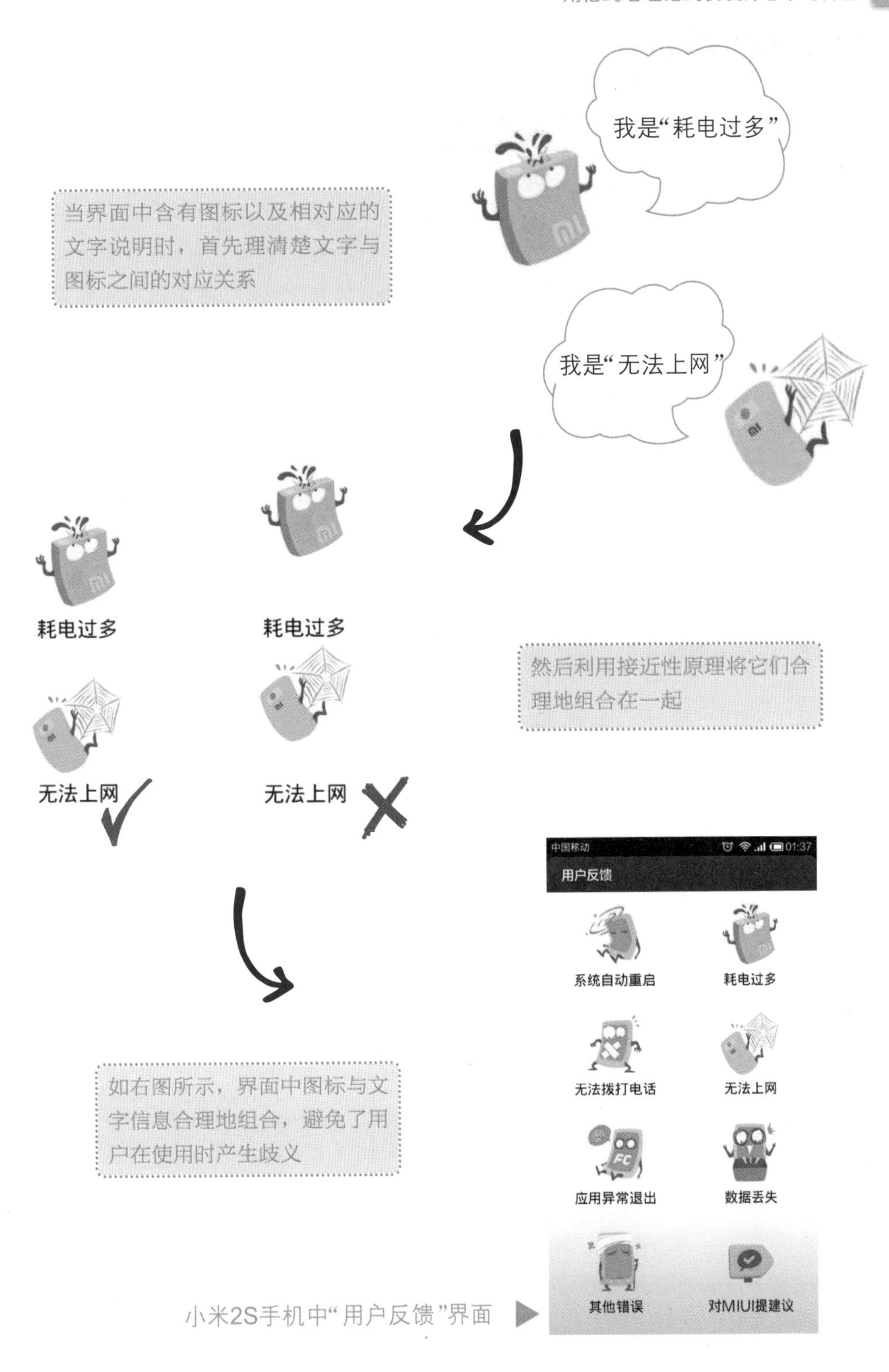

当界面中含有图标以及相对应的文字说明时，首先理清楚文字与图标之间的对应关系

然后利用接近性原理将它们合理地组合在一起

如右图所示，界面中图标与文字信息合理地组合，避免了用户在使用时产生歧义

小米2S手机中"用户反馈"界面

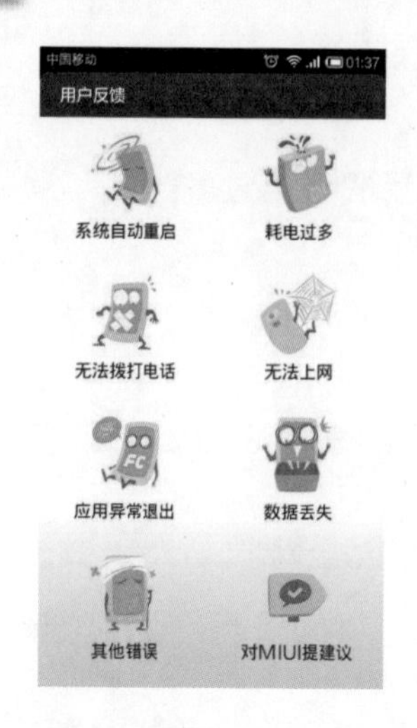

界面解析

该界面中并没有过多地使用分界线去区分每个图标按钮与其对应的文字说明信息，而是通过合理与适当的安排，调整信息间的位置组合关系，使用户利用接近性现象能够清晰地判断出图标与文字间的正确关系。

法则二 利用线条或色块增强信息的联系

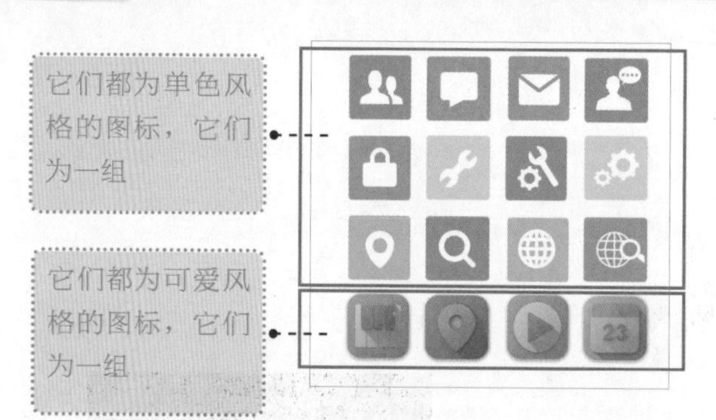

我们的视觉可能会产生如左图所示的图标分组。

这是因为，我们的视觉会产生将相似事物归为一组的感知分组现象，这种现象被称为相似性原理。

如上图所示，由于相似性的作用，有时不需要使用任何装饰图形，我们的视觉也能将图标或信息内容等进行对应分组，然而有时相似性也会麻痹我们的眼睛。

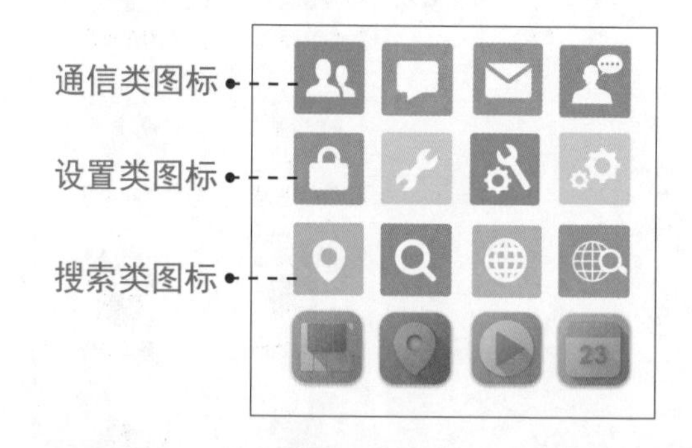

仔细看看左图，发现相似性是怎么迷惑我们的双眼的吗？

相似性让我们将左图中前三排图标分为了一组，但其实它们有着不同功能与作用，需要不同的分组。

如何去打破相似性对视觉的限制与影响，将有着不同功能与作用却风格相似的图标区分开来呢？此时便需要外部的力量——添加装饰图形，来打破相似性的作用。

如前文所述，有时相似性原理会将虽然相似但却传达着不同信息的内容归为一组，此时利用线条或色块增强信息间的联系与区分是不错的选择。

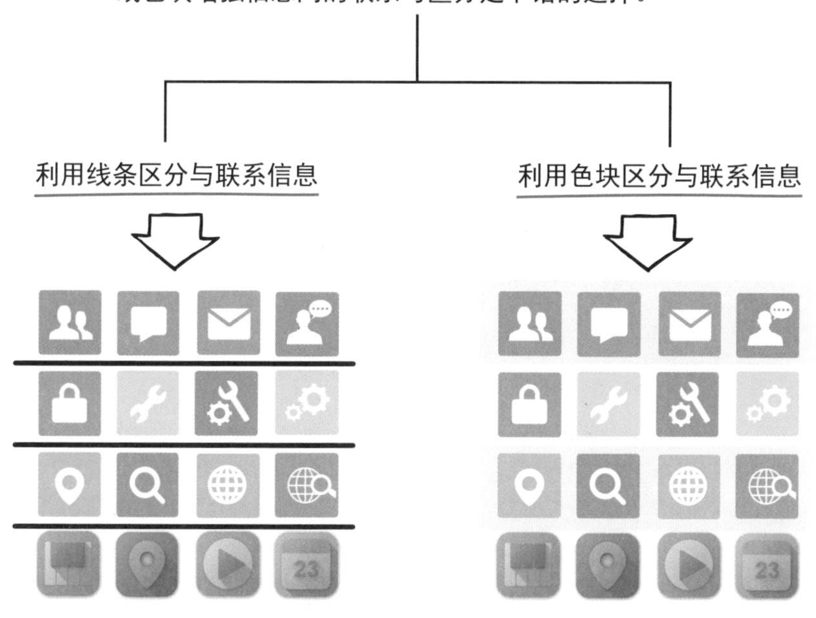

与上文所述同理，在进行移动UI视觉设计时，有时如果不适当添加线条与色块，受相似性视觉感知的影响，用户很可能将界面中相似的元素归为一组，从而出现对界面中信息的错误理解或无法理解的情况，如下图所示。

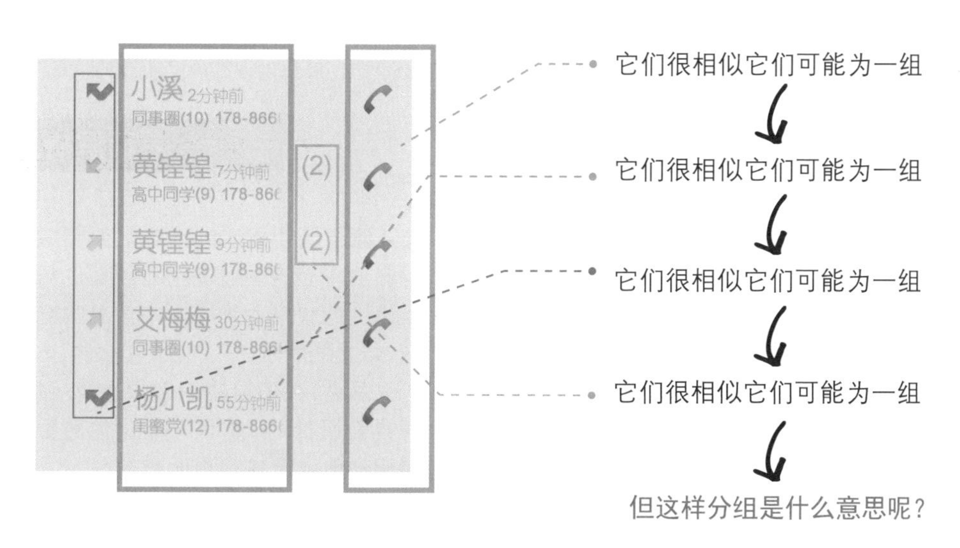

▲ 浅蓝色调手机"通话记录"界面

为了避免相似性原理的干扰，给界面添加适当的线条，分割界面信息，区分了界面中相似信息的同时，也加强了界面中信息间的关联，从而使用户能够很好地理解界面所传递的内容。

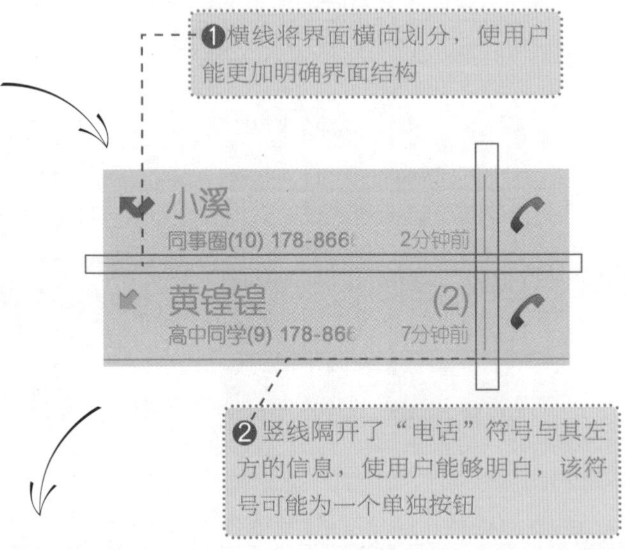

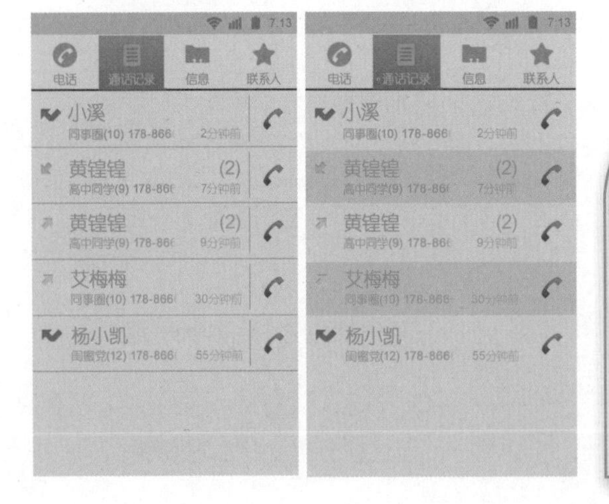

界面解析

除了使用横竖的线条区分与增强界面中信息间的联系以外，也可以通过色块来明确界面中信息的结构，如左图所示。

总之，我们需要明确的是，在进行界面设计时，要尽可能让信息更加明确地展示在用户面前。

5.2 连续性原理

我们的视觉倾向于感知连续的事物、连续的形式而非断断续续的碎片与信息，即使我们看到的是非连续的事物，但我们的视觉经验会倾向于将其完整化，这种现象便是格式塔理论中的连续性原理。

法则一 别让图形的装饰破坏连续性

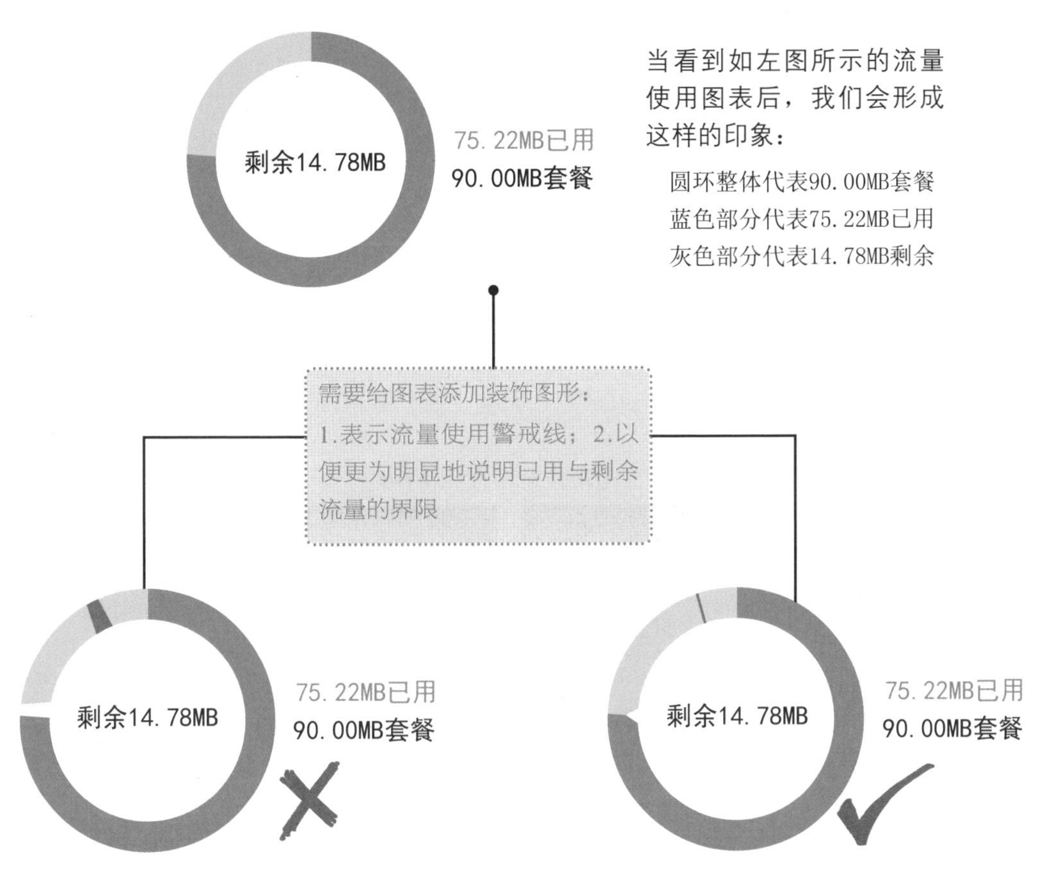

不当的装饰图形，不利于图表的理解，且容易产生歧义：白色部分代表了另一个数据？而红色部分也可能代表其他数据？此时会误以为它们并非单纯的装饰图形。

适当的装饰图形，更加利于理解——白色部分呈现三角箭头状，标明了已用与剩余流量的界限。

红色部分呈现线状，且使用了有警戒作用的红颜色，代表了警戒线。

其实这便是由于装饰图形的使用不当，使得图表的连续性被破坏后所产生的错误理解。不当的图表被运用在手机界面之中，也会影响用户对于界面信息的理解，如下图所示。

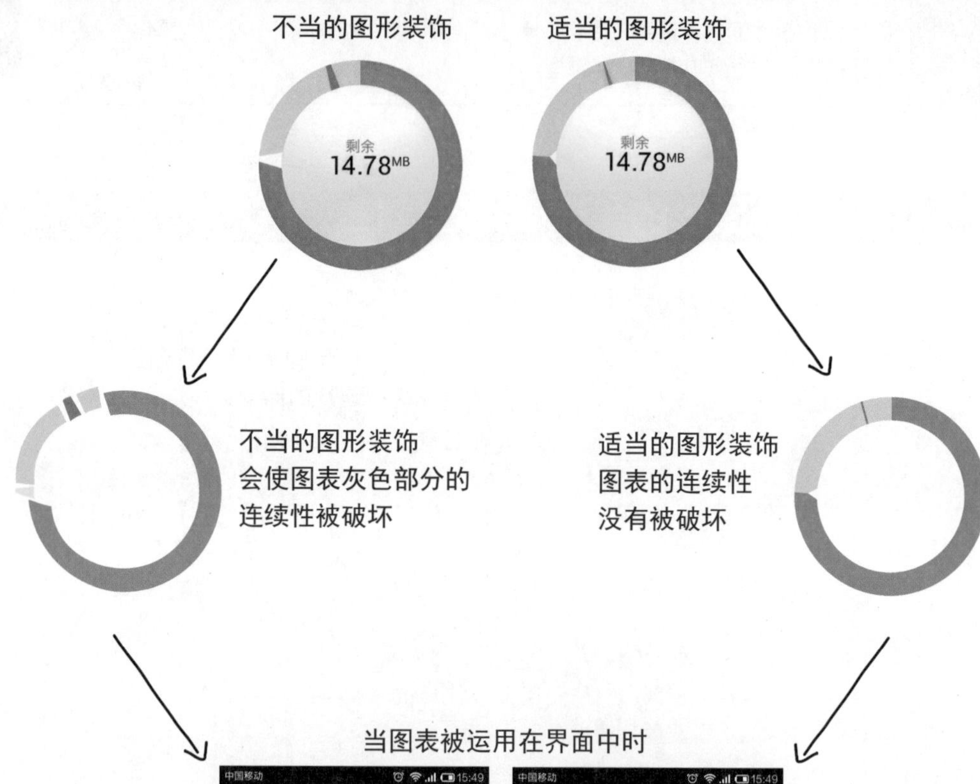

装饰图形面积过大时，用户会误以为它们与蓝、灰部分一样，代表图表中的某些数据；同时，它们也破坏了在图表中应该为一个整体，且代表剩余流量的灰色部分的连续性。

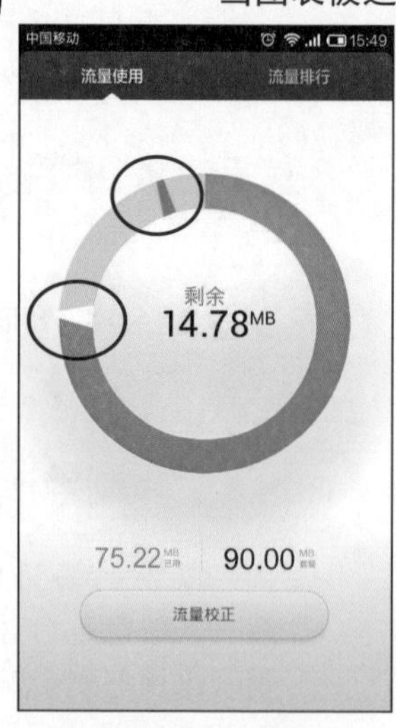

界面中信息传递的
连续性被破坏

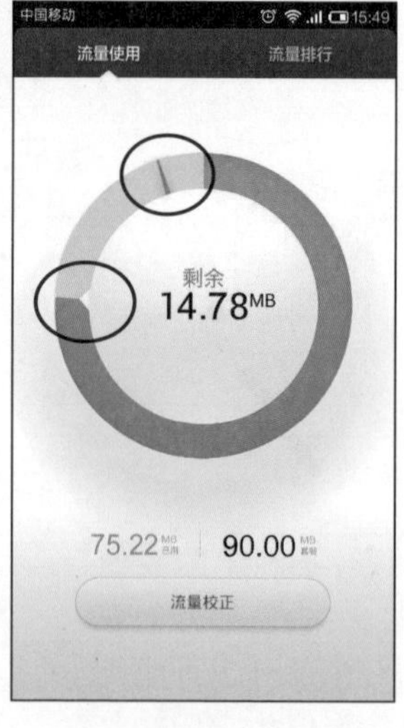

界面中信息传递的
连续性没有被破坏

装饰图形的面积适当，没有破坏灰色部分的连续性，使用户够明白它们是用于标记的图形，并不具备任何数据信息。

法则二 添加背景装饰图形增强整体感

有时，我们需要对原本为一个整体的图形进行分割，以此来使其具有一定的形式美感或是增加更多的说明信息。

而分割必定会破坏整体性，如下图所示，虽然连续性原理有时会让我们将这些分割的信息联系在一起，但此时不妨将这种联系更加明确地表现出来，如添加背景装饰图形，以此来增强用户对于元素感受的连续性。

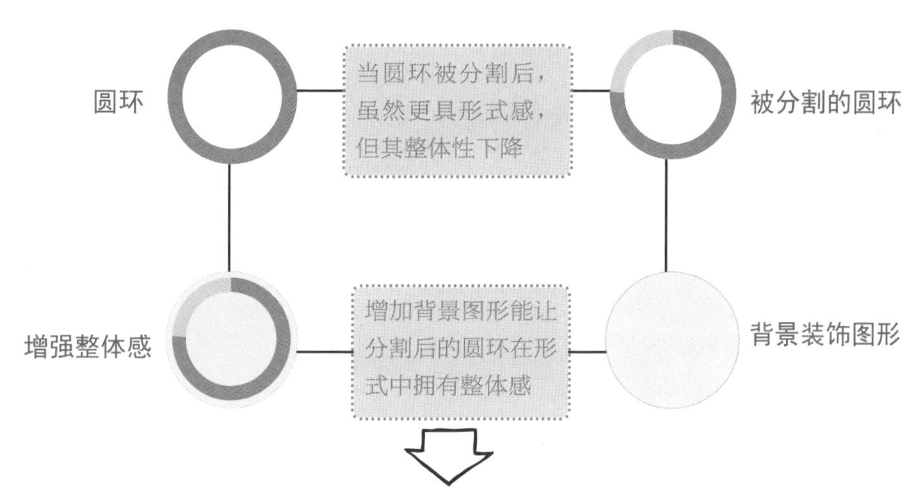

通过上图可以得到如下图所示的“增强整体感公式”，而该公式同样适用于界面设计。

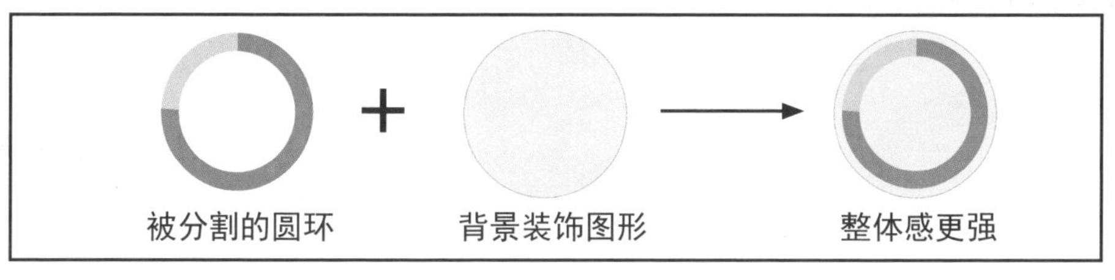

如在通话记录界面中，利用背景装饰图形，既能增强同一部分文字信息之间的联系，也能增强分散信息的连续性与整体感。

仍然以法则一中的圆环图表为例，添加适当的装饰符号虽然不会破坏圆环的连续性，但却对圆环的整体感造成了细微的影响，此时，添加背景装饰图形能够更进一步强调与突出圆环的整体感，增强用户对圆环的连续性感知，让用户更加明了界面中所传递的信息。

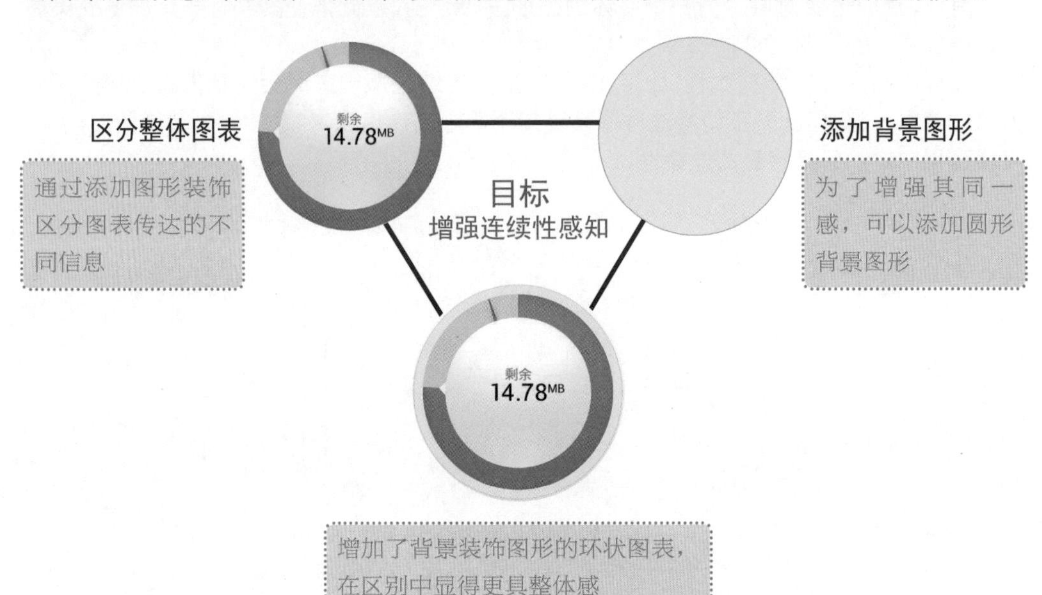

中国移动 15:49
流量使用 流量排行
剩余
14.78MB
75.22 90.00
流量校正

适当大小的指针警戒线

适当大小的三角形指针

背景装饰图形的添加

▲ 小米2S手机中流量统计界面

将圆环图表放入手机界面中后，可以更加直观地感受到，适当的装饰图形以及背景图形的添加对界面信息传达的重要性，如左图所示。

界面解析

我们虽然在视觉上具有连续性感知的能力，但是不适当的分割也会破坏我们的感知力。

因此，在进行界面视觉设计时，当在整体图形中有了区分表现时，则要注意把握元素间的搭配与大小比例，避免破坏连续性感知。

除此之外，添加适当的背景装饰图形也能让元素更具整体感。

法则三 适当的交互说明让连续感更明显

除了利用适当的装饰图形增强界面中相关联元素的连续性以外，在进行界面设计时，必要的交互说明不仅能使用户更加明白界面中某个部件的操作与使用方法，同时还会增加用户对于界面中元素的连续性感知。下面通过对手机音乐播放器设置界面的设计来进行相应的了解，首先来简单了解滑条部件的结构。

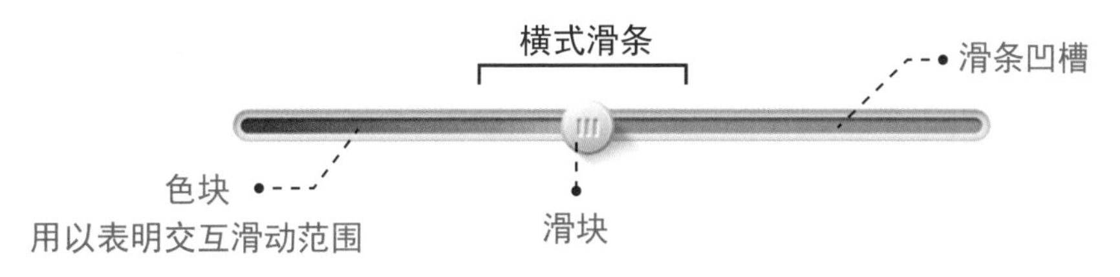

当滑条被运用到界面中时

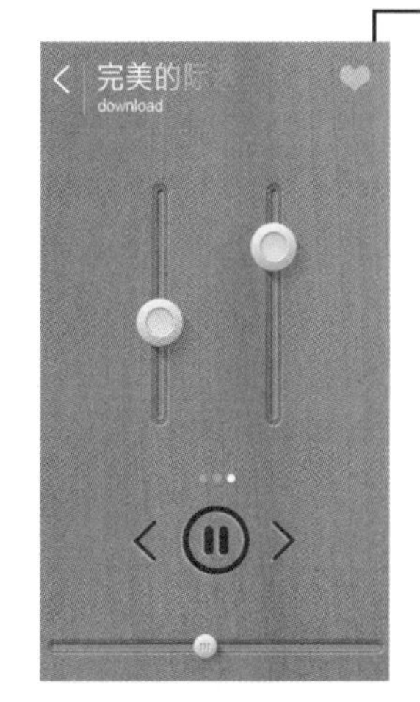

没有适当的色块与文字交互说明

当“设置界面”中没有适当的色块与文字交互说明时，用户无法理解与认知在交互时，滑条滑动的意义，也无法直观地感受到交互时，滑条所产生的变化。

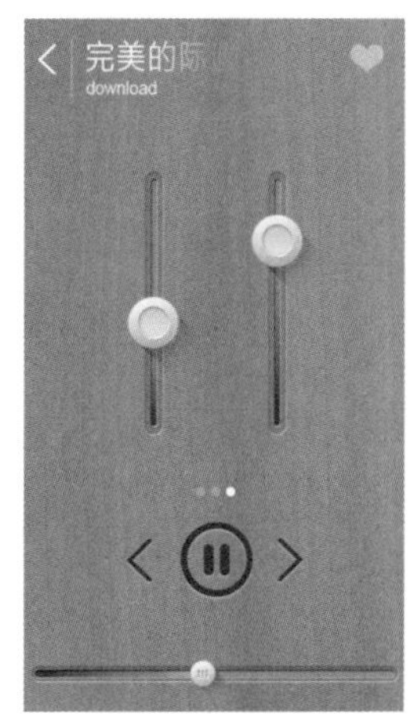

没有适当的文字交互说明

当“设置界面”中有适当的色块交互说明却没有文字交互说明时，用户虽然可以直观地感受到交互时滑条所产生的变化，却无法通过视觉去认知滑条滑动的意义与滑动后会产生什么样的变化及效果。

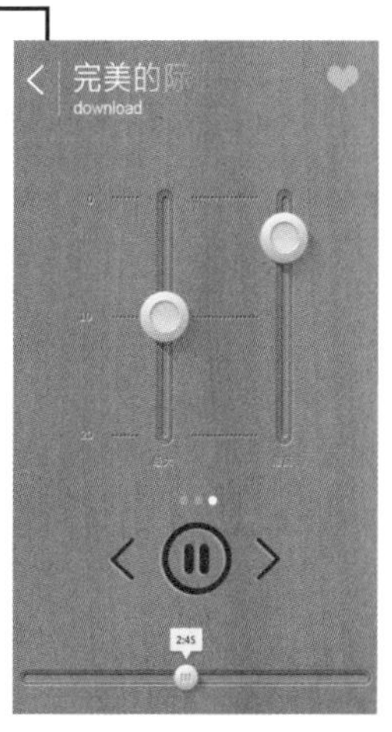

没有适当的色块交互说明

当“设置界面”中有适当的文字交互说明却没有色块交互说明时，用户可以通过文字说明理解滑动滑块的意义，却无法直观地感受到交互时滑条所产生的变化，无法产生较佳的交互体验。

对于滑条的设计本身而言，便是利用了视觉感知的连续性原理，即使滑条被滑块所遮挡，且有色块的装饰以表明交互滑动的范围，但这并不影响我们对于滑条整体性的理解。

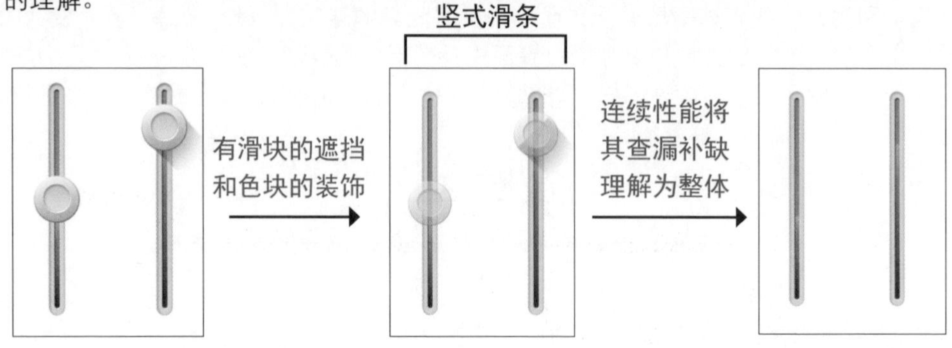

而当滑条被应用在界面中时，添加更多的说明才能使用户在与滑条交互时，形成对其更为完善的连续性理解。

没有适当的交互说明，让用户无法直观地了解到滑块的操作意义，失去交互感，即使用户通过实际操作了解了滑块滑动会产生的变化，但没有说明与标记，用户也很容易忘记操作与变化的对应关系，或者应该操作到哪一步，从而失去交互的连续性。

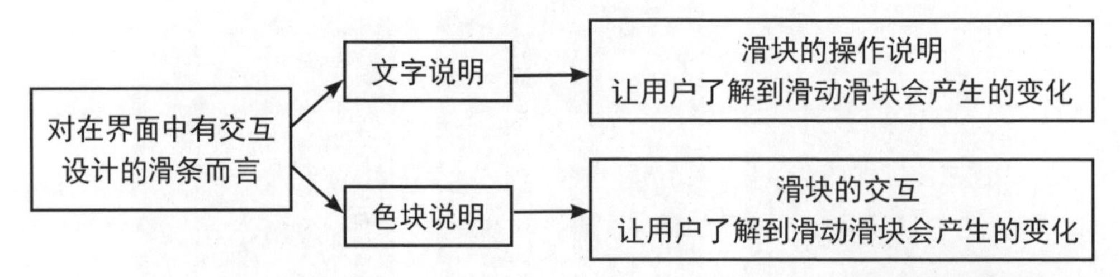

界面解析

当滑条被运用在界面中时，在适当的地方添加必要的说明，连续性原理能让这些说明与图形结合在一起。同时，这些说明也在一定程度上给界面中的元素带去了更为清晰的连续感，使用户明白元素意义的同时，更好地完成交互操作。

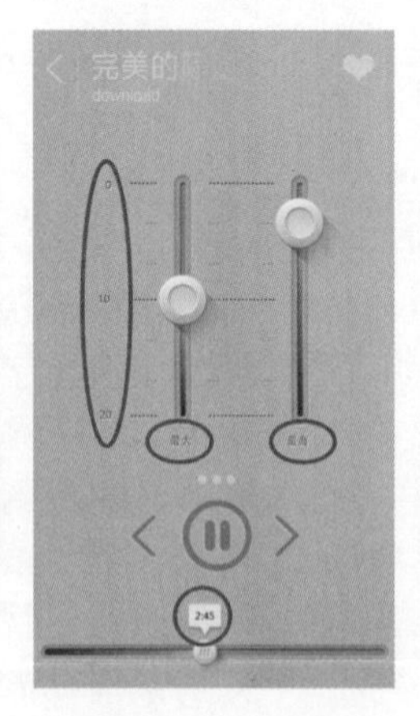

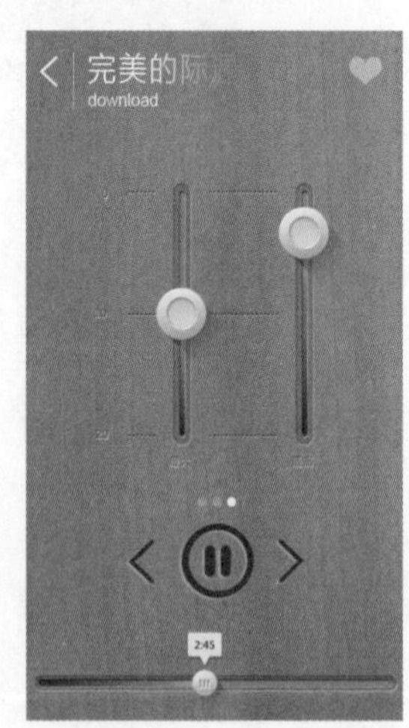

▲ 音乐播放器设置界面

封闭性与简化对称性原理

我们的视觉通常还具备封闭性与简化对称性的感知现象。与连续性相似，我们的视觉有时会将原本没有封闭的事物看成是封闭的，并且会将一些复杂的组合以最为简单的方式去理解与观察。当这两种原理被运用到界面视觉设计中时，又会产生些什么法则呢？下面便来进行详细了解。

法则一 封闭性带来的界面美化

下面这个图示，通过直观的方式让我们了解到封闭性对视觉感知所产生的影响与效应。在我们眼中的真实图形虽然仍然具备其造型形态，但却形成了封闭的构成元素。

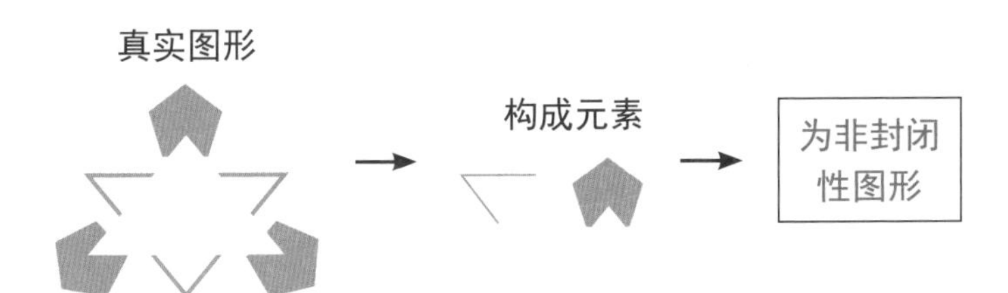

真实图形

真实的图形为非封闭性图形，同时也由一些非封闭性元素组成

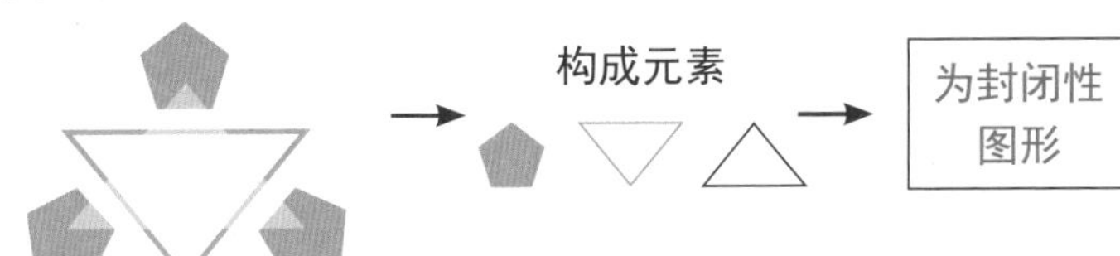

视觉中所形成的图形

在我们的视觉中，这些非封闭的构成元素，像是变成了闭合的三角形与五边形

由于视觉系统强烈地倾向“看到物体”这一个方面，因此它能将一个完全空白的区域解析与封闭为一个完整图形，这便是封闭性原理。这样的原理同样适用于移动UI视觉设计之中，如右图所示，两种表现形式有没有影响你对元素组合的理解？同时，你觉得哪种表现形式更为美观？

封闭 好的 几点开会呢？

非封闭 好的 几点开会呢？

当我们将上页中的元素组合放置在聊天对话的界面中时，你会发现，两种表现方式我们都能理解：图片就是头像，绿色方框就是对话框，由于封闭性感知的作用，界面即使不封闭，我们也能感知它们是相对应的。

然而相比之下，你是否觉得非封闭的表现方式更加美观，并且其与对话的场景与形式也更为贴切？因此，我们在进行界面视觉设计时，有时可以利用封闭性原理省去不必要的装饰添加，更加美化界面。

不考虑封闭性视觉感知

如果不考虑封闭性原理对视觉感知的作用，我们可能会设计出如左下图所示的界面。

界面中对话框与头像封闭在了一起，以便于用户明白头像与对话框的对应关系。

考虑封闭性视觉感知

其实，人为地将头像和对话框封闭在一起，是没有必要的。如右下图所示，对话框与头像并没有封闭，但在用户的视觉与理解中，会自动将它们形成封闭的对应关系，从而更好地理解界面信息。

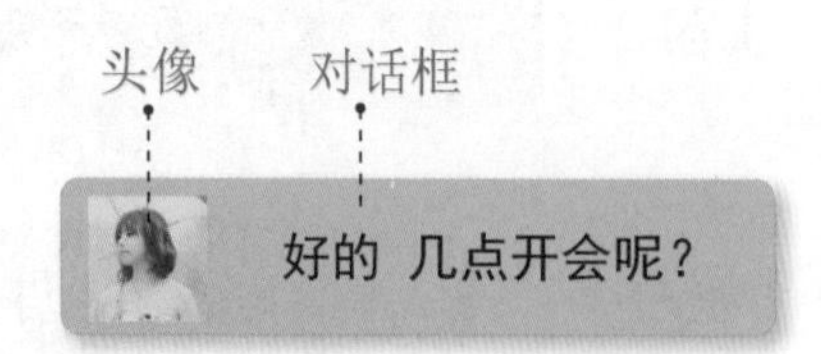

通过人为的设计将两者“封闭”在了一起，然而这样的封闭真的有必要吗？

好的 几点开会呢？

即使没有人为的封闭设计，但在封闭性也会使用户感知到它们就是一个封闭的整体。

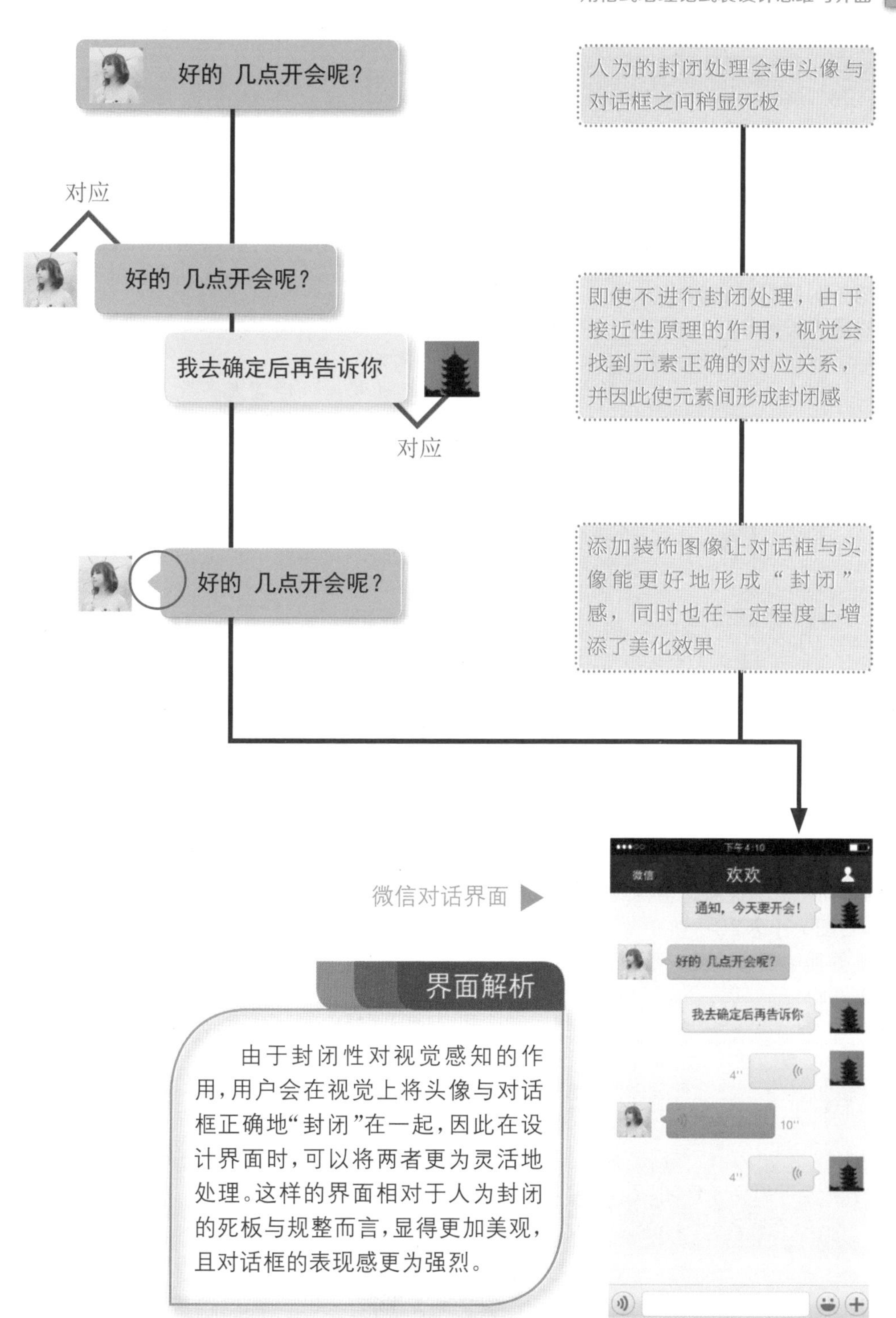

界面解析

由于封闭性对视觉感知的作用，用户会在视觉上将头像与对话框正确地“封闭”在一起，因此在设计界面时，可以将两者更为灵活地处理。这样的界面相对于人为封闭的死板与规整而言，显得更加美观，且对话框的表现感更为强烈。

法则二 简化对称性让界面更为简洁

我们的视觉还会产生简化对称性现象，把握好这个原理，能简化界面中不必要的细节以及多余信息的添加，让界面在简洁中，更加便于用户的浏览与操作。首先通过简单的图示了解下什么是简化对称性原理。

看到下面这个图形时，在第一时间你对它的组合形式的感知是什么？

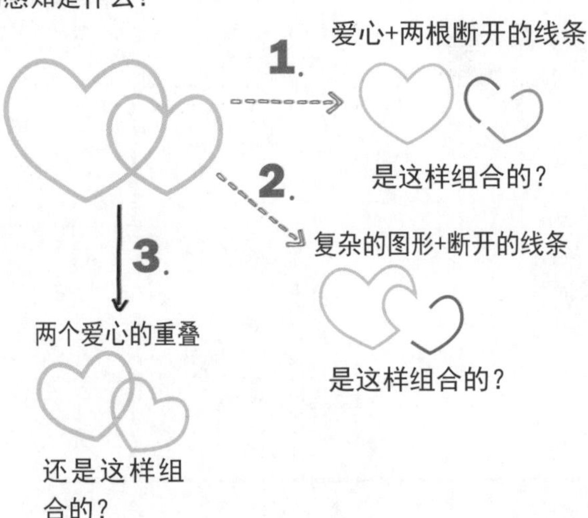

相信大多数人在第一时间的感知为第三种组合方式，在第一种与第二种方式中，其组合图形过于复杂，且不具有对称相似感，而第三种方式中两个相似爱心的重叠更为简单且富有“对称”感，因此它通常为我们第一时间所感知到的组合形式。

视觉经验会在第一时间自动将数据或事物向着简化的方向解析与组织，并赋予它们对称感，这种视觉经验便为简化对称性原理。

当用户在看到某移动设备的界面，并对其进行理解时，简化对称性原理也会对视觉形成影响，如右图所示。右图为小米2S手机中收音机功能界面，当你看到位于界面中下方的图形组合时，你会形成什么样的视觉感知？

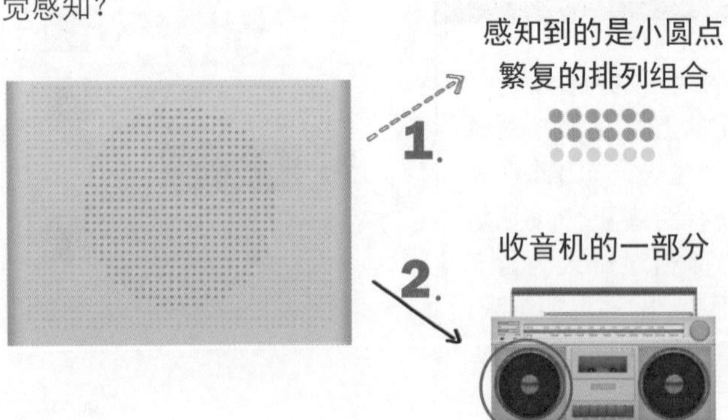

相信大多数人会在第一时间形成如上页图中所示的第二种感知方式，这便是由于简化对称性原理的作用，人们不会将该图形看作是或者说理解为复杂的小圆点组合，而是会结合界面中的信息与内容，对其进行相应的理解，如下图所示。

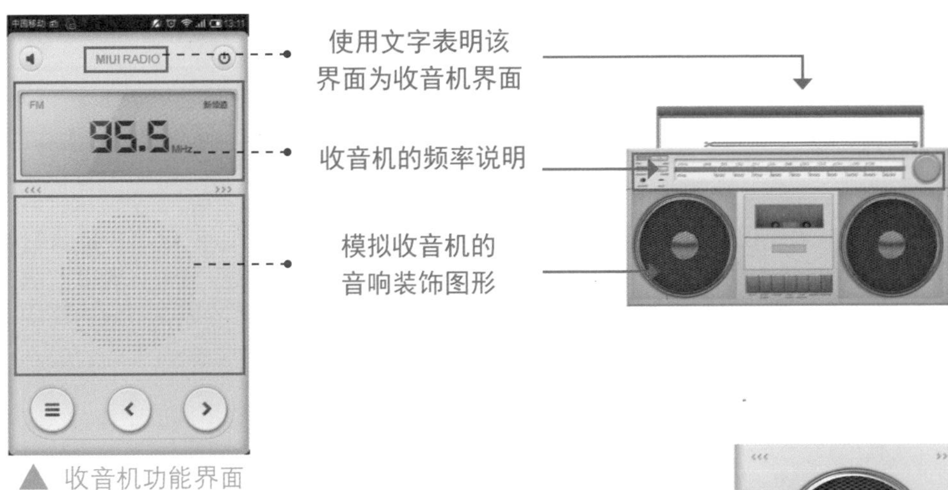

▲ 收音机功能界面

在进行收音机功能界面的设计时，如果不考虑简化对称性对视觉的作用，那么我们便可能不会利用小圆点的组合去模拟收音机的音响，因为我们害怕这样设计之后，用户会因为无法简化理解图形组合，而将其单纯地看作为一个个小圆点。因此，我们会避免这样的设计，从而设计出如右图所示的图形。

过于复杂的图形装饰显得呆板与繁复

过于复杂的装饰图形

简洁的装饰图形

界面解析

在进行手机收音机功能界面中装饰图形的设计时，可以在模拟真实收音机造型的基础上，对其进行适当的简化与变形，并不用担心会产生这样的情况——因为没有使用真实图形，而导致用户无法理解界面中装饰图形的意义。

因为简化对称性原理的作用，用户在感受到界面信息后会正确理解装饰图形所代表的含义。因此，在界面中没有必要使用过于拟物的复杂图形，否则反而会使界面显得生硬。

5.4 主体与背景原理

在进行移动UI视觉设计时，经常会使用到主体与背景的原理，什么是主体与背景原理？而在对主体与背景进行设计时，又有着哪些法则呢？下面便来进行相应的了解。

法则一 发挥背景的诱导性

主体与背景原理是我们的视觉系统组织数据的一种感知方式，它指出并让我们意识到，我们的大脑会将视觉区域分为主体和背景两个部分。主体是指在一个环境中占据主要注意力的所有元素，而该环境中剩下的部分则为背景。如下图所示，界面在不同的环境中会形成不同的主体与背景。

不同的环境　　不同的背景　　不同的主体

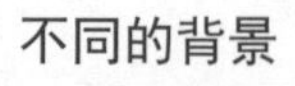

该如何给如下图所示的主体选择与设计背景环境呢？

选择下图中的背景图案？

还是选择下图中的背景图案？

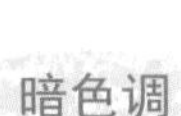

暗色调

亮色调

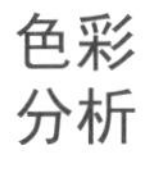

风格分析

主体的设计突显了迷幻的游戏主题

背景图片给人神秘悠远感

背景图片给人可爱清新感

▲ 手机游戏界面

界面解析

通过上文的对比分析后，不难发现，背景一不论色彩或是风格都与界面中的主体相呼应，相比之下背景二与主体则显得格格不入。

如左图所示，在设计背景时，我们需要注意发挥背景的诱导性，使用户能通过背景更好地感受到游戏环境的氛围，而不搭调与没有诱导性的背景会让界面缺乏游戏的代入感。

法则二 别让背景装饰与主体脱节

发挥背景的诱导性法则告诉我们，在设计界面中的背景环境时，需要发挥其诱导性，突出界面的氛围与主题，它告诉了我们一种方法，从色彩和风格的角度去设计与界面主题以及主体相匹配的背景。

别让背景装饰与主体脱节法则，其目的与法则一的目的一致——更好地传达界面的信息，方法却略有不同，下面便来进行相应了解。

在以如下图所示的对话框作为界面的主体时，应该如何设计界面的背景？

不好的方案

方案一：
直接使用色块作为背景

缺点：主体显得孤立，在主题意义上与背景缺乏联系感。

较佳的方案

方案二：
直接使用与主体相关的背景

优点：主体与背景不脱节。
缺点：不对背景进行处理，不能很好地突出主体。

最佳的方案

方案三：
采用与主体相关的背景并降低其亮度透明度

优点：主体与背景相联系且能很好地突出主体。

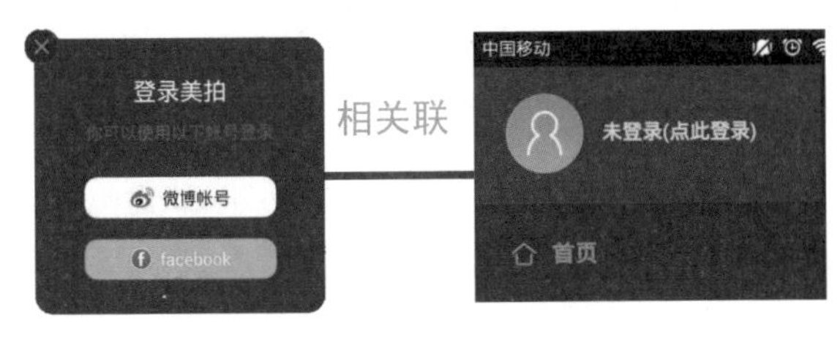

主体为登录提示对话框　　背景为APP登录界面

通过上文中的对比分析不难发现，方案一中单纯使用色块作为背景，会使得界面中的主体显得孤立与唐突。鉴于这一点，或许我们会选择与主体相关的背景，如左图所示。

然而两者应该如何组合在界面之中？是如方案二所示直接使用相关的背景？还是如方案三所示，降低背景的亮度或透明度后再将背景与主体相组合？通过去色后的对比，相信我们能够更加明确地给出选择的答案，如下图所示。

▶美拍APP登录提示界面

界面解析

综上所述，在对界面中的背景进行设计时，不能忽略其与主体的关联。用户因此才能更好地把握主体与界面的关系。同时，也需要适当调整主体与背景之间的明暗等对比度，让主体与背景不脱节的同时，进一步突出界面的主要信息。

背景承托主体，在这种层次与分工明确的前提下，主体与背景有了更为紧密的联系。

5.5 共同命运原理

前文中所讲述的六个格式塔理论都是针对静态、非运动图形和对象而言的，而共同命运原理则涉及运动的物体，它与接近性原理和相似性原理相似，都与“我们的视觉系统会有着给对象进行分组来感知事物的倾向”相关。不同的是，共同命运原理还指出了一起运动的物体会被感知为属于同一组或是彼此相关这样一种视觉现象。

法则一 去掉多余的装饰说明

共同命运原理能让我们将共同运动的物体分为一组，也因为有了这样的视觉现象，当我们在进行界面设计时，有时并不需要添加过多的说明去标明共同运动间的物体是有联系的，我们的视觉会自动形成一种感应，如下图所示。

滑动手机屏幕

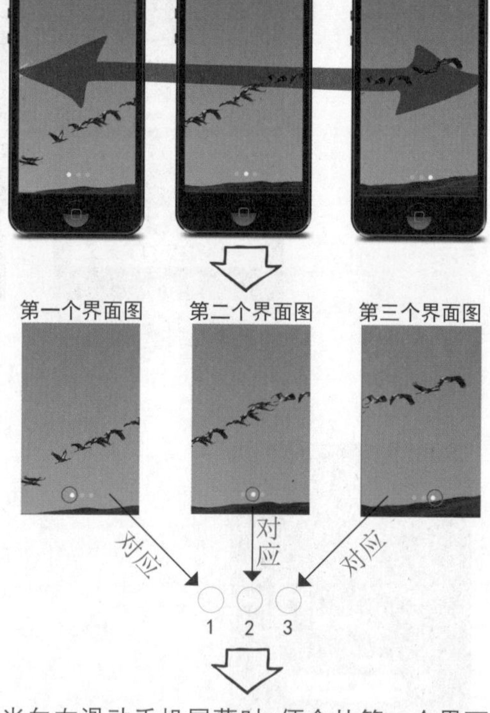

即使没有过多的说明，我们仍然能找到屏幕中的图片与三个装饰小圆形之间的对应关系，如右图所示

现象

当向左滑动手机屏幕时，便会从第一个界面跳转为第二界面，同时第二个小圆形也会变亮；继续向左滑动屏幕，又会从第二个界面变为第三个界面，第二个小圆形变暗，第三个小圆形变亮。

结论

在上页中的三个界面中并没有过多的对应说明，但通过这种简单的示意和共同的运动变化，我们也很容易分辨清楚小圆形与界面的对应关系，也因如此，很多时候在进行界面设计时，我们可以避免多余的装饰说明的出现。

手电筒功能界面模拟了真实手电筒造型与操作，当用户点击界面中的“○”按钮后手机的手电筒功能便会开启，按下“|”按钮手机手电筒功能又会关闭，在这一过程中，界面中的按钮与实际操作变化便形成了共同命运。

案例对比分析

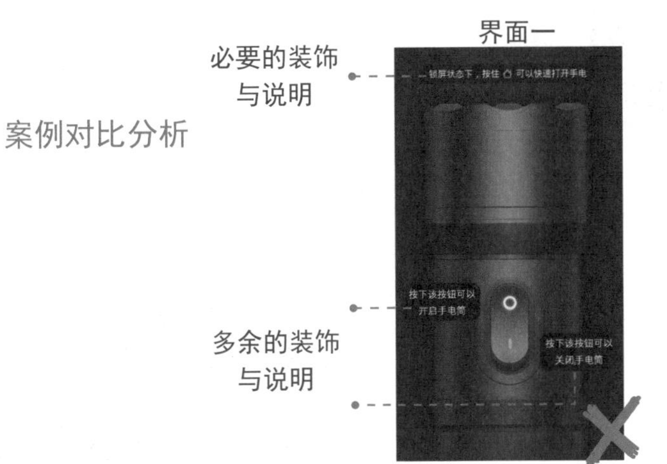

▲ 小米2S手机中手电筒功能界面

多余的装饰与说明

对于开关的表示符号而言，由于人们常用“○”代表开启，“|”代表关闭，因此在用户的意识中早已经形成了“○”便代表开启、“|”便代表关闭的感受。

在这样的前提下，结合共同命运原理，在界面中即使没有文字说明，用户也能轻易体会到按钮与开关操作的对应关系。

因此，界面一中的说明文字显得多余，还在一定程度上破坏了界面的美观，让原本简洁的界面显得累赘。

必要的装饰与说明

相比之下，界面上端的说明文字则是必要的，因为在界面中没有任何一个按钮能与该文字说明中的操作形成共同命运，如果没有该说明，用户则无法获取文字说明中的操作方法。

同时，将说明文字放置在界面上方，也不会破坏界面中手电筒的表现与完整性，界面这样的布局较为合理。

法则二 界面元素与操控习惯的连接要合理

如前文所述，在没有文字说明的界面中，当按钮与操作之间共同命运的连接建立在用户的意识形态之上时，用户能凭借习惯的经验感知对界面进行正确的操作，然而当这样的连接被改变时，如果没有文字说明，用户则很可能会做出一些错误操作，如下图所示。

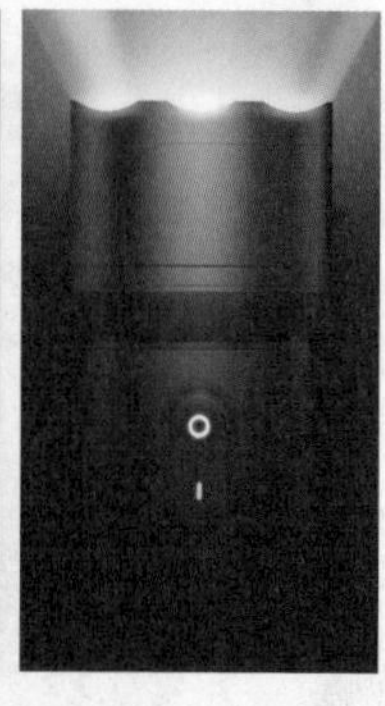

合理的共同命运连接

"O"代表开启
"|"代表关闭 ——→ 人们的意识形态

相关联
对应一致

"O"代表开启
"|"代表关闭 ——→ 界面中相关的设置

意识形态与界面设置相对应的连接让界面即使没有文字说明也能使用户进行开关的正确操作

不合理的共同命运连接

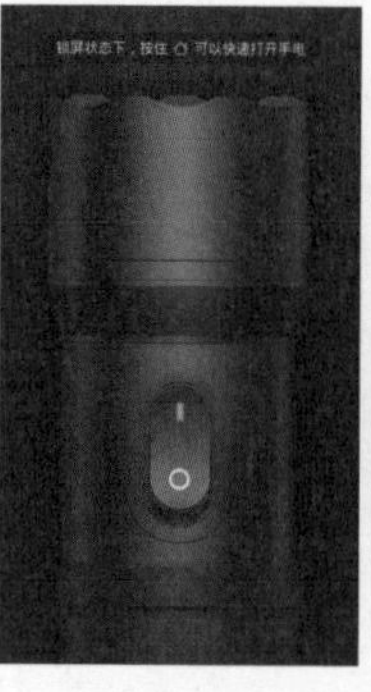

相反，不对应的连接界面若没有文字说明，用户可能会被经验所左右，将开按成关，将关按成开

"O"代表开启
"|"代表关闭 ——→ 人们的意识形态

相违背
相反不一致

"|"代表开启
"O"代表关闭 ——→ 界面中相关的设置

▶手电筒功能界面

界面解析

综上所述，在共同命运原理的作用下，可以省去界面中不必要的多余说明，当然这也是需要建立在共同命运合理的连接之上的。

比如，在对界面中的元素进行设计时，我们需要正确把握元素间的对应关系，并让这种关系符合人们的经验与习惯，这样一来，通过共同命运原理的作用，界面可以省去过多的说明，同时又不影响用户对界面的正确理解与操作。

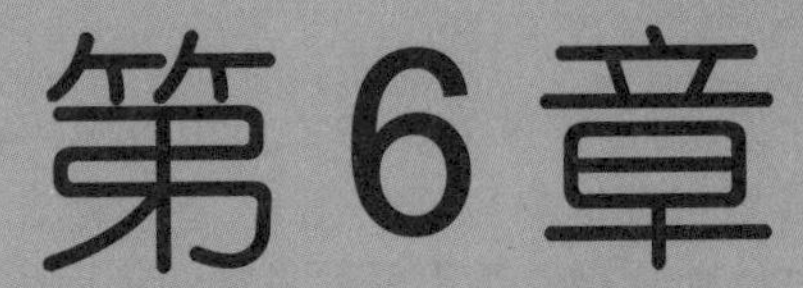

第6章 图表化表达、界面空间与操控趣味

- **学会在界面中应用适当的图表类型，让界面信息能更为流畅地传达给用户**
- **在应用图表的基础上，学会合理装饰与设计图表**
- **制作动态图表，增强互动趣味**

6.1 利用信息可视化图表浓缩界面内容

信息图表是近年来逐渐兴起来的一种设计表达，又可称其为信息可视化图表，其最大的特点就是将一些冷冰冰的数据及信息用丰富的设计语言表达出来，让信息能够清晰传达的同时又给人们赏心悦目的感受，从而引起人们对于信息接收的兴趣。

如今，这样的表达方式还可以应用在移动UI视觉设计之中，所谓一图胜千言，在界面中恰当地利用信息可视化图表，不仅能让有限的界面传达出更多的信息，其直观明了的表现方式也能让用户更为便利与快捷地对界面中的信息进行有效的接收。

可以说信息可视化的表现方式非常符合如今人们快节奏的生活方式与热衷于读图的阅读习惯，合理地运用这种方式能让界面得到美化，同时也方便了用户对界面的驾驭。下面便来具体了解下如何在界面中运用信息的可视化图表。

法则一 少告诉，多展示

在传达界面中的信息时，利用图表的方式可以让传达更为简洁明了且清晰，如下图所示，在三个界面中使用了三种不同的图表让信息变得可视，丰富了界面表现形式的同时也让界面中信息的传达更为直观。

条柱状图表

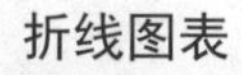

折线图表

饼状图表

▲ 电量使用情况界面

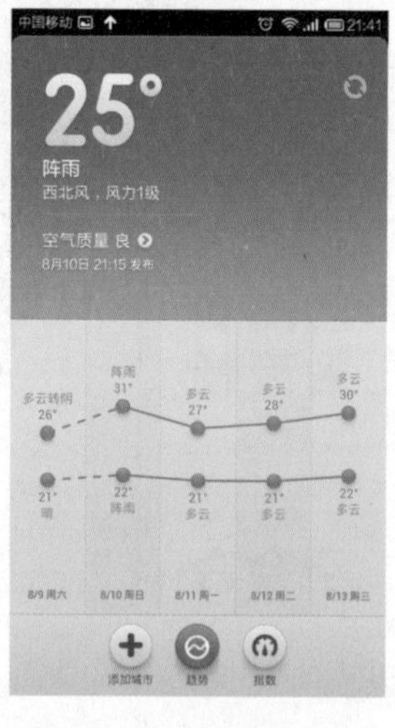

▲ 天气趋势分析界面

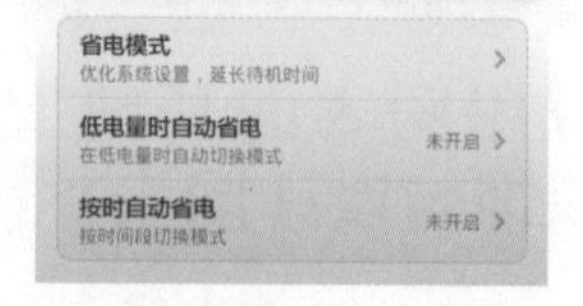

▲ 省电优化界面

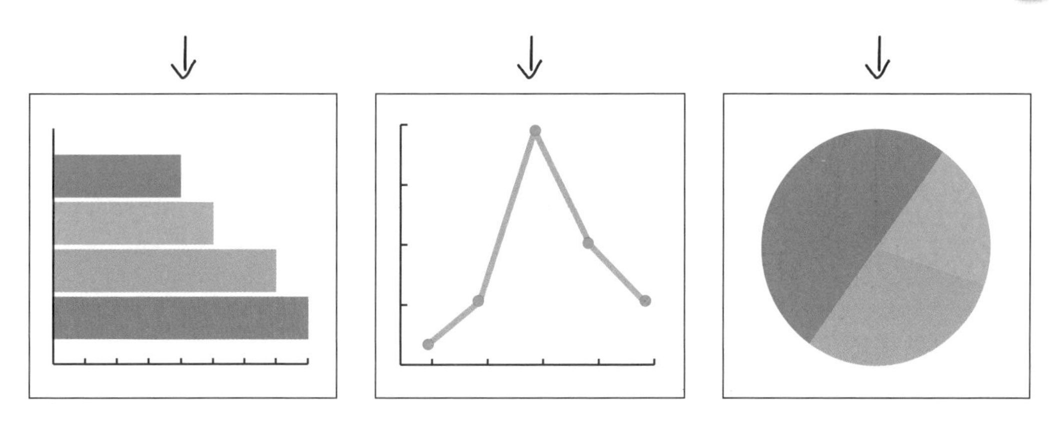

在上图不难发现，这三个界面采用了不同的图表去表现界面中的信息，除此之外，这些界面的图表并没有过多的文字说明，而是利用图表中不同元素的组合和对应数据的搭配以及简单的文字叙述给用户展示了界面中所需要传达的信息。其实这便是进行界面图表设计的法则之一："少告诉，多展示"，如下图所示。

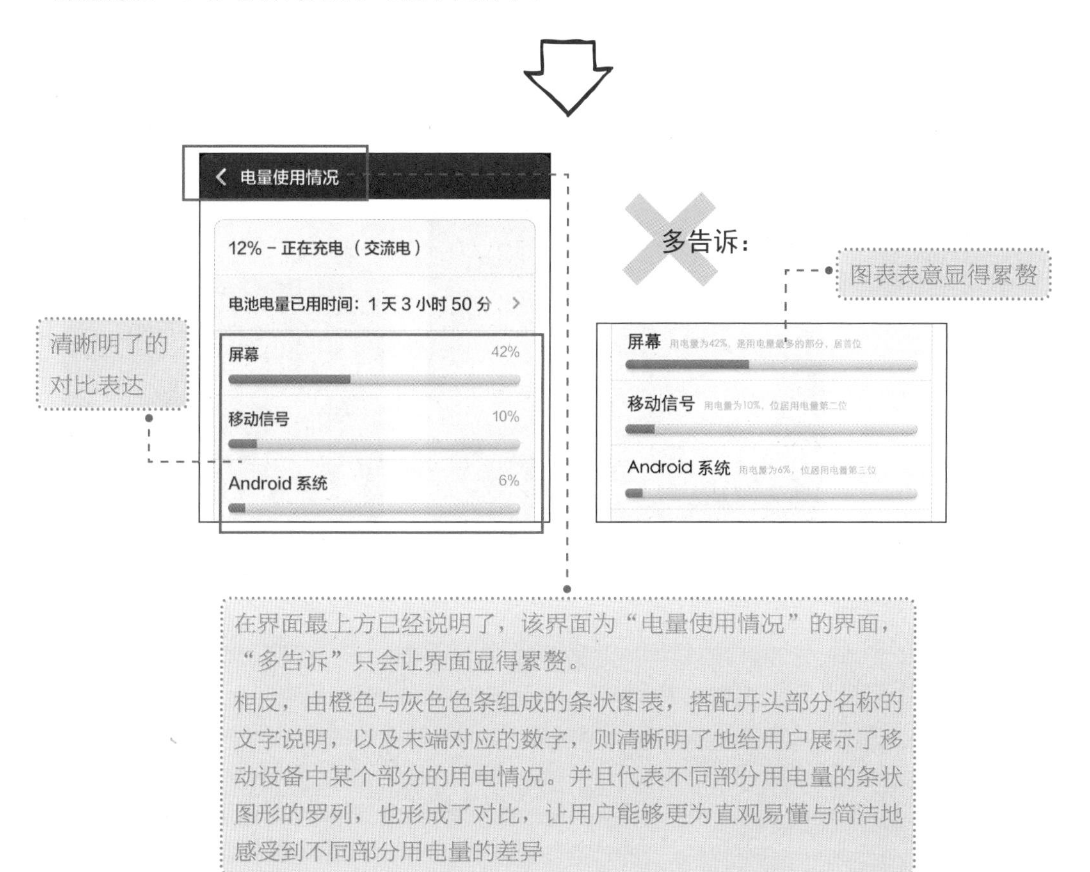

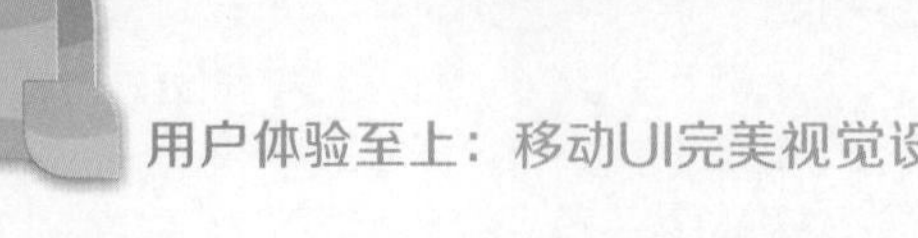

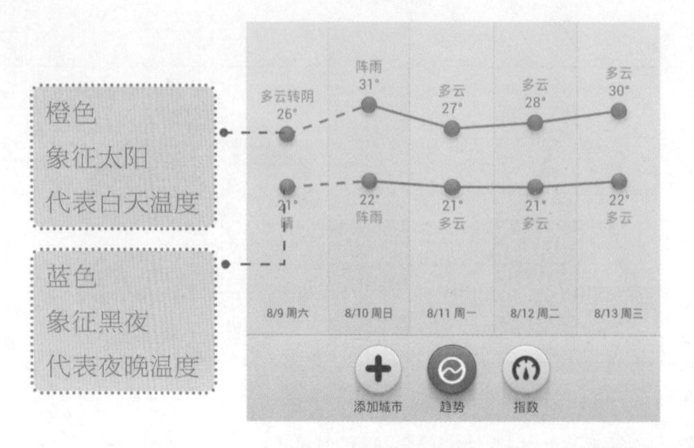

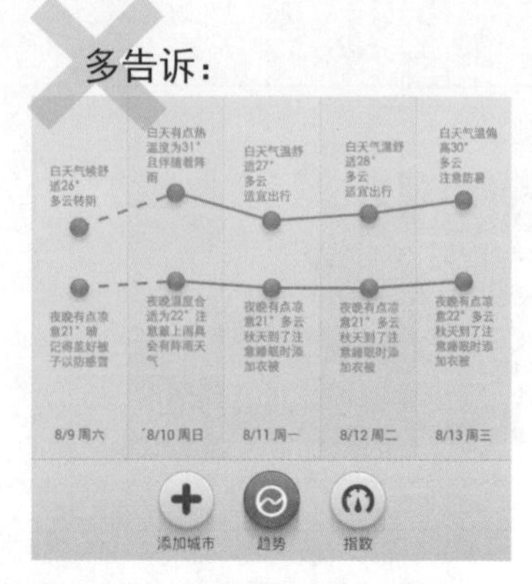

该界面为天气趋势图，折线图的上下浮动非常明了与直观地给用户展示了5天中天气的变化趋势，因此“多告诉”中过多的文字说明，在缺乏展示效果的同时，也不符合该板块的定位，只会增添用户的阅读与浏览负担，显得多余。

除此之外，图表中还利用了具有代表性的颜色来区别白天与夜晚的温度趋势，如左上图所示。两条折线的使用也让白天与夜晚天气气温的对比变得直观清晰

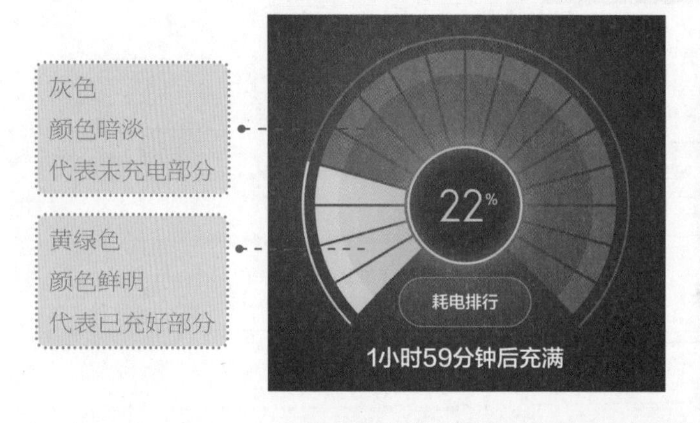

同样的道理，在“省电优化”界面中，饼状图结合少量文字说明与具体的数字信息，同时采用不同色块区分充满与未充满电，这样的表达也较为清楚地给用户展示了移动设备的充电情况，如左上图所示。

相反，右上图中，“多告诉”中的一串文字则显得不具备吸引力与说明感，相对于这一串文字而言，用户更容易接受来自图表对信息与情况更为简单而明了的展示说明

界面解析

综上所述，当界面对信息进行图形图表化的表现时，我们应尽可能将这种可视化直观与明了的表现方式利用起来，多使用清晰直接的图形元素为用户展示抽象信息与数据的情况，而不是采用过多的文字去叙述或告诉用户信息的状况。

因此我们说，在以图表为主的表现形式中，过多的文字信息会增添用户的阅读负担，同时也会破坏图表的表意的简洁性，让界面显得繁复。

法则二 打破常规去表达

在上一小节中我们认识到了三种常见的图表类型——条柱状图表、折线图表与饼状图表，不难发现，我们在界面中运用这些图表时，其实都是进行了相应的改进与美化的，如下图所示。

条柱状图表

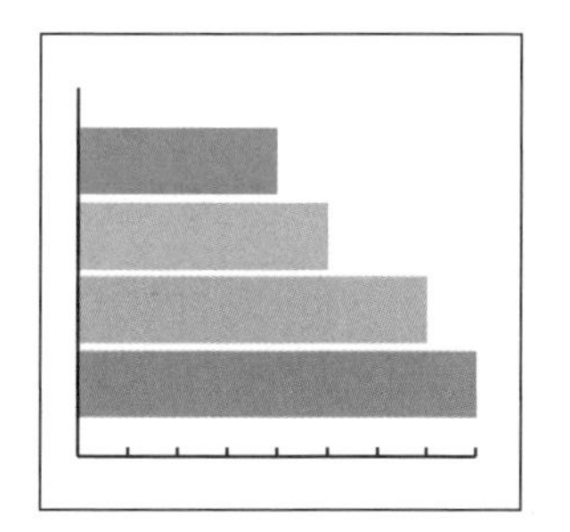

折线图表

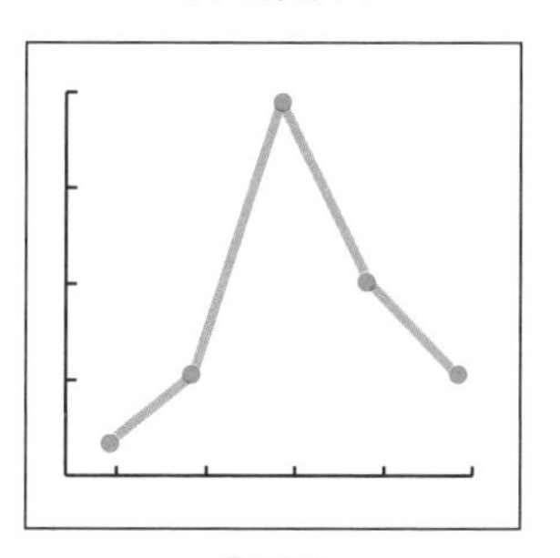

饼状图表

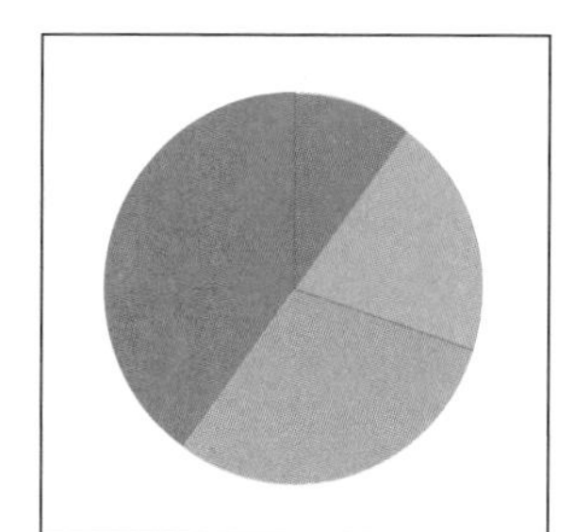

应用到界面中后

单独的一根条形有了两种色彩

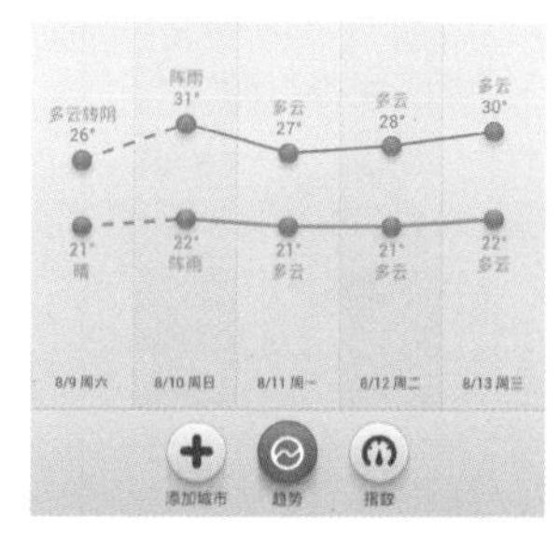

变成了双折线

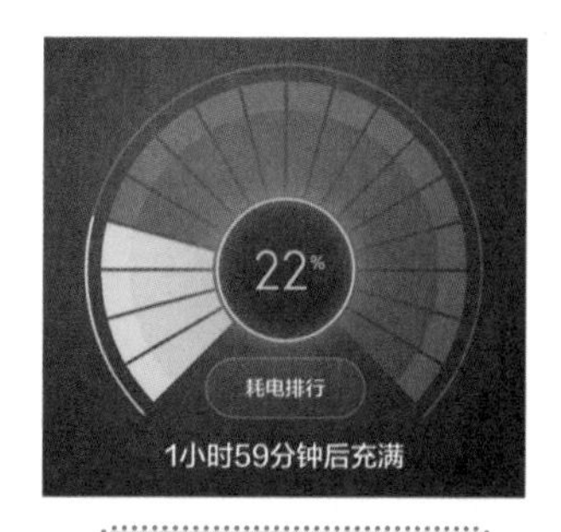

饼状图表有了间隙与缺口

通过上文的对比不难发现，当图表被应用到界面后其表现形式发生了相应的变化，这告诉我们，有时我们可以根据界面信息传达与内容的实际情况去设置与合理地对图表的表现方式进行相应的改变，从而更加贴切、明了且富有视觉感地表现出界面的信息，因此，有时也会出现一些根据界面所需而打破常规的图表的表现与设计方式。

如左图所示的界面为瘦身旅程APP中的我的体重大事件界面。放眼望去，界面给我们第一印象是简洁而鲜明，就像在沙滩上或沙漠里留下的一串串足迹，清晰地记录了一个个有关体重的大事件，这种流水时间轴式的表现方式也与APP中的名称“旅程”这个词相贴合。

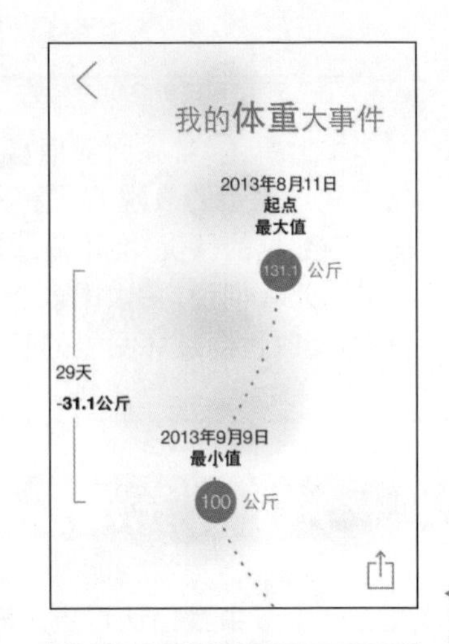

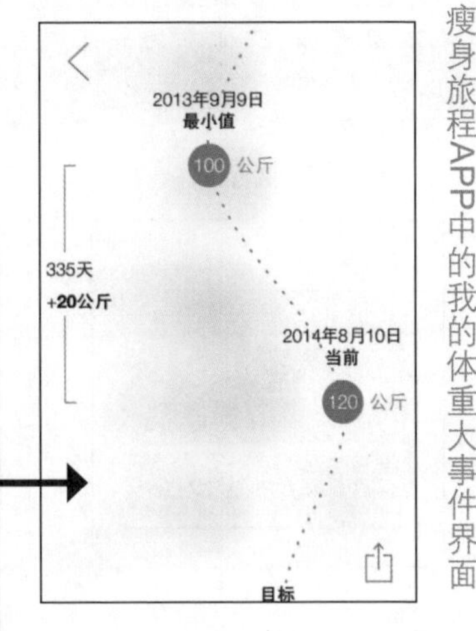

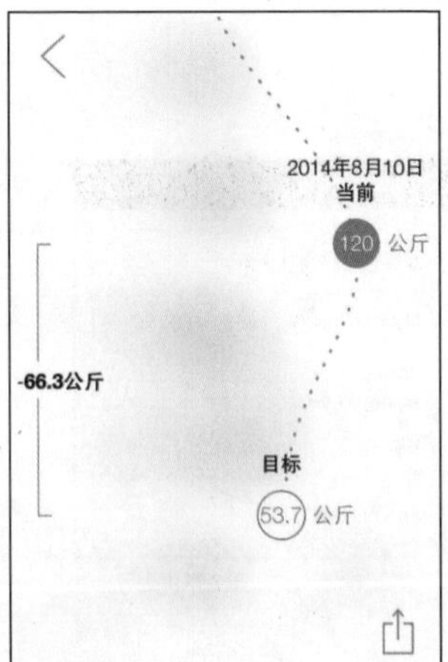

瘦身旅程APP中的我的体重大事件界面

2013年8月11日
起点
最大值
131.1 公斤
29天
−31.1公斤
2013年9月9日
最小值
100 公斤
335天
+20公斤
2014年8月10日
当前
120 公斤
−66.3公斤
目标
53.7 公斤

常规时间轴式图表

相比于同样是流水时间轴式的表现方式，界面中的图表显得更为贴切与生动

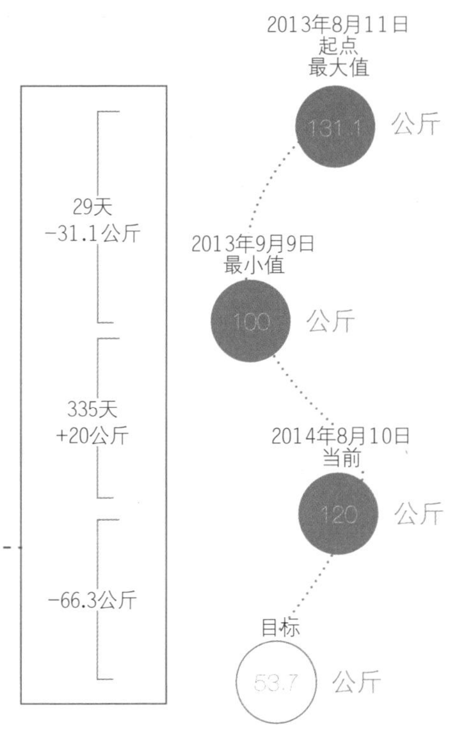

其实左图的图表便体现了"打破常规去表达"这一法则。图表改变了常规时间轴式图表的规整感，让图表的表现形式更加符合界面信息与内容的传达。

打破常规体现在：

❶ 圆点线的使用

采用圆点线联系每个时间界面中的大事件，让事件与事件间像是留下了一串足迹一般，这样的表现不仅丰富了图表的形式感，也与"瘦身旅程"的APP定位相吻合

❷ 曲线的使用

连接的线段除了使用圆点线的形式以外，还采用了曲线，而非直线的表现方式，曲线带来的浮动感，与体重变化的波动形态相吻合，同时曲线也让图表显得不那么僵硬与死板，增强了用户阅读与信息浏览的乐趣感

打破常规也要保持图表中信息的清楚表达，在该图表中很好地体现了这一点。

清晰表达体现在：

❶ 附加说明简单易懂

图表中左侧的附加说明，注明的范围恰当，使用户一眼便能了解到自己的体重发生了什么样的变化

❷ 信息选取恰当

图表中选取了最有代表性的4组数据形成体重大事件，避免了数据堆积而带来的繁复感，也突显了大事件的重点信息

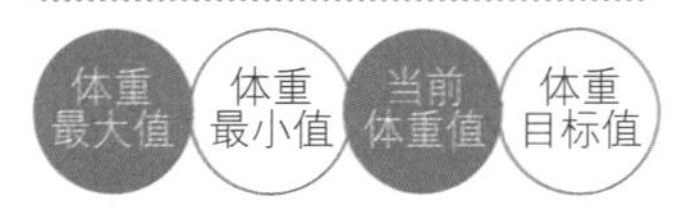

❸ 用色的简洁

界面只使用了黑、白、蓝三种色彩，显得简洁清晰

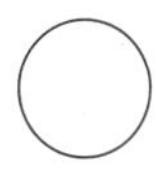

界面解析

综上所述，在对界面中信息进行图表化的表现时，可以适当地打破常规图表的形态模式，对图表进行相应的改进，从而使其与APP所传达的主题更加贴切，同时，也不能忘记设计图表的目的，是更为清晰与明了地表达界面信息。设计图表时，在打破常规的同时这项原则不能被打破。

法则三 让视觉形成焦点

界面中的信息总是会有轻重主次之分，当这些信息被采用了图表化的方式进行表现后，其轻重主次的关系依旧存在。因此，在对图表进行设计时，同样需要注意突出重点信息。此时我们可以采用视觉焦点的形式，让重点信息得以突显，如下图所示，界面中的“圆形”其实便形成了“焦点”，吸引着我们的视线。

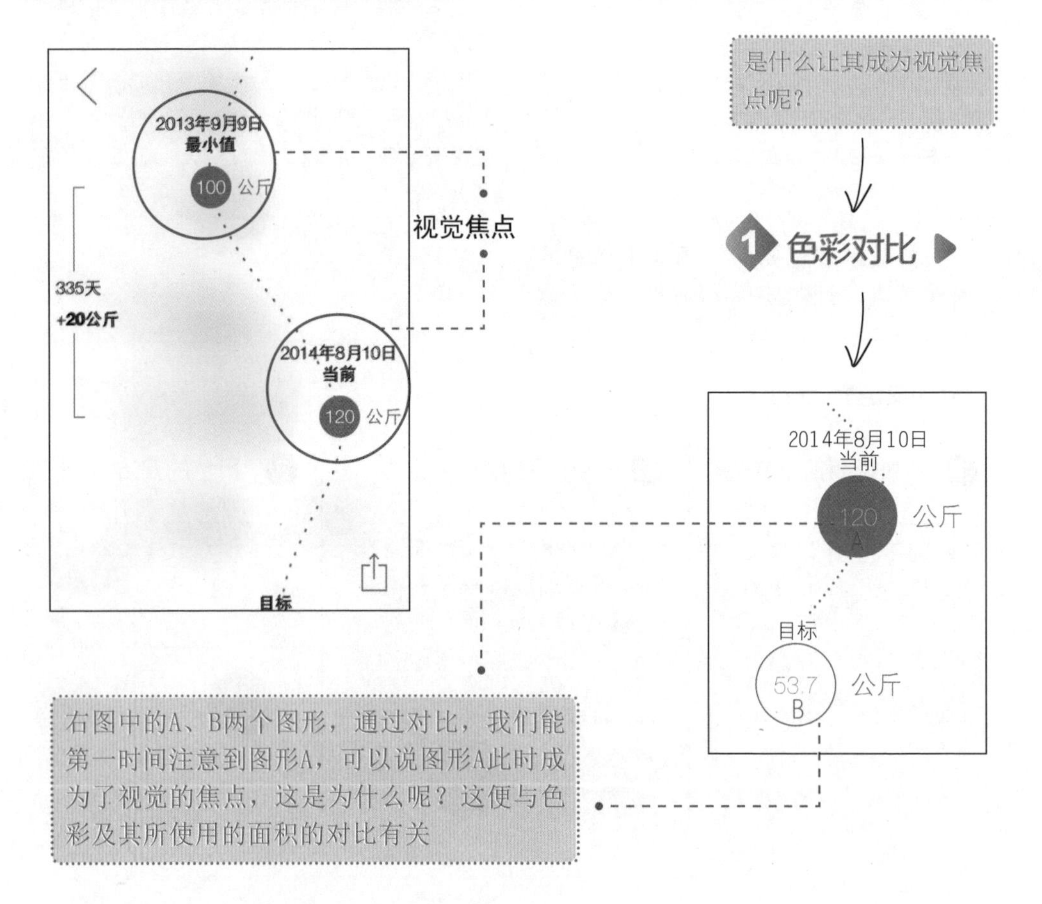

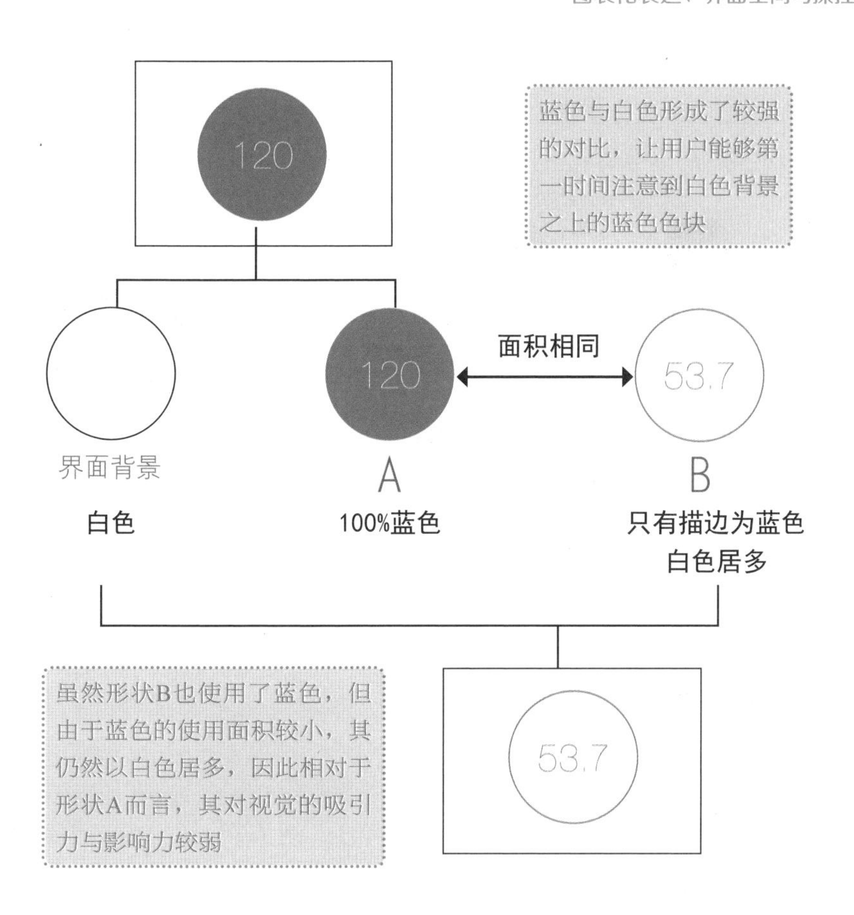

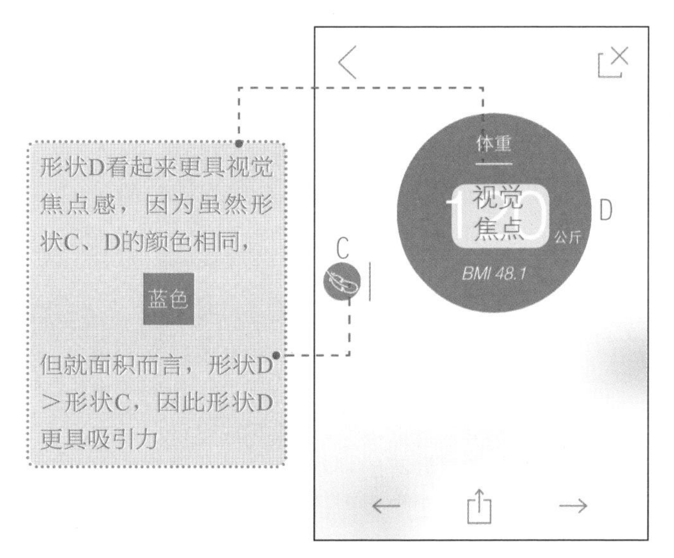

❷ 面积对比

通过上文的对比可以看到，对于面积相同的元素而言，影响其成为视觉焦点的因素便在于色彩的对比：越大面积地使用对比越明显的色彩，元素成为视觉焦点的可能性则越高。

除此之外，对于色彩相同的元素而言，改变元素的面积也能使其成为视觉的焦点，如左图所示。

在对界面中的图表进行设计时，也可以利用上文中所提到的两种方法，既让界面中图表的重点信息更加突出，又让图表的表现富有变化的层次感，不仅能满足用户视觉的享受，也能让信息的传达更加清晰明了，如下面的案例所示。

部分一：好友头像
对比对象

部分二：“我”的头像
对比的中心对象

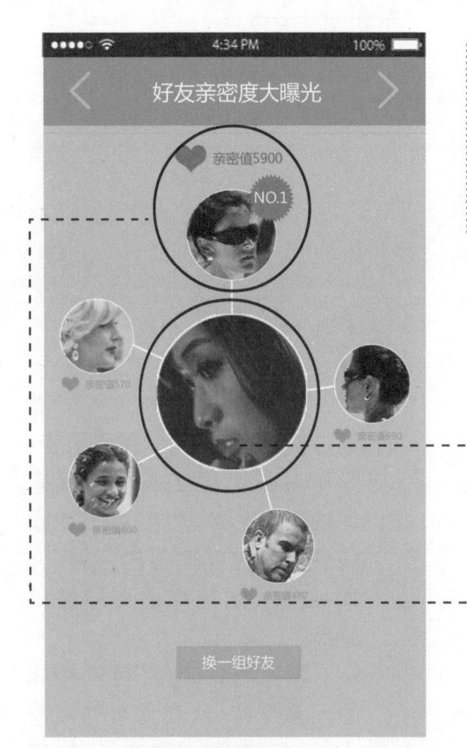

▲ 改良前

左图为好友亲密度大曝光界面，界面中采用了放射图表的表现方式展现了“我”与好友间的亲密度值，我们可以将图表大体分为如上所示的两部分。在界面的图表中由于颜色与面积等区别，让界面中的图表形成了如下两个视觉焦点

视觉的第一焦点

“我”是图表的中心，所有对比都是围着“我”来展开的，因此在设计时，它的面积可以最大，让它成为视觉的第一焦点。

视觉的第二焦点

相对于“我”而言，所有的好友都可以被看作图表中的被比对象，他们的地位是平等的，然而通过对比总会有一个亲密度最高的好友，为了能让用户能够更加清楚地看到该好友，我们需要让其设计成为视觉的第二焦点。

为了形成视觉的第二焦点
界面采用了以下方式
让亲密度最高的好友头像得到了区分与突出

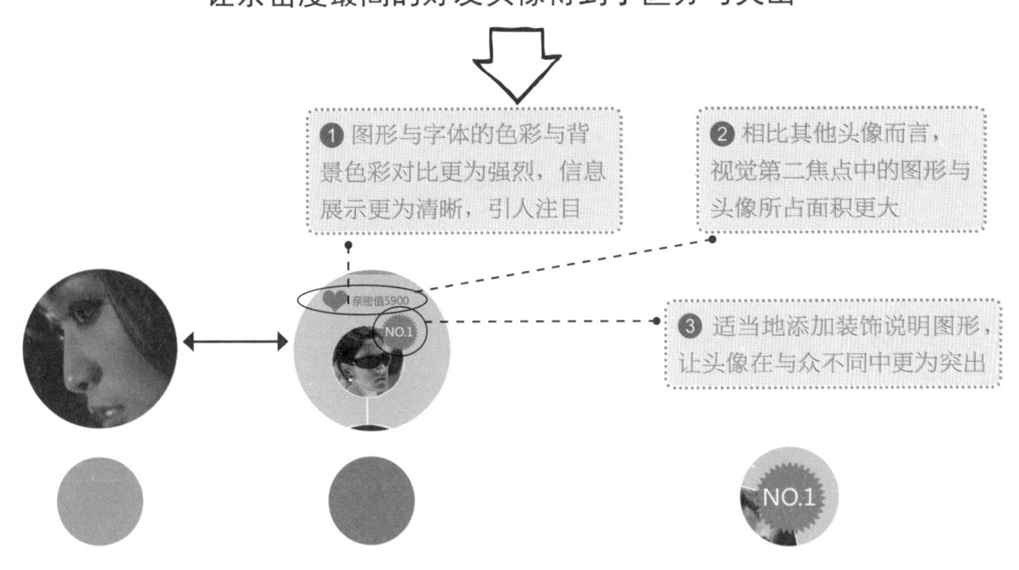

上述的方式与方法已经让界面中的图表形成了视觉焦点，而且这样的焦点可以变得更为醒目，从而让界面的层次感显得更加丰富，也让用户更加明确界面的重点信息，如左图所示。

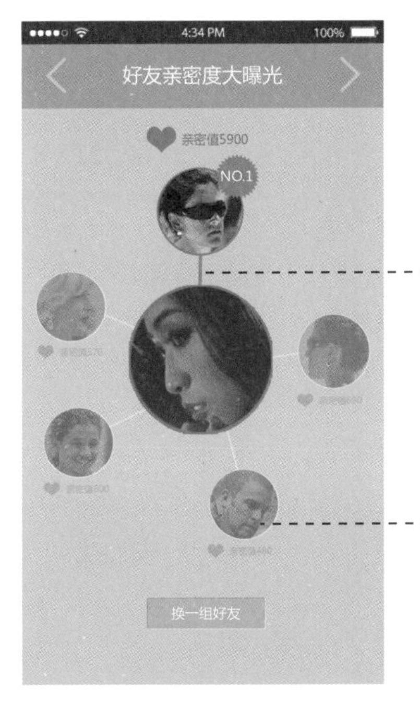

▶ 好友亲密度大曝光界面

▲ 改良后

1 进一步更改色彩

将图表中指向第二视觉焦点的引导线条以及其头像的描边色彩进行更改，让它们与其他头像进行区别，从而获得突出感

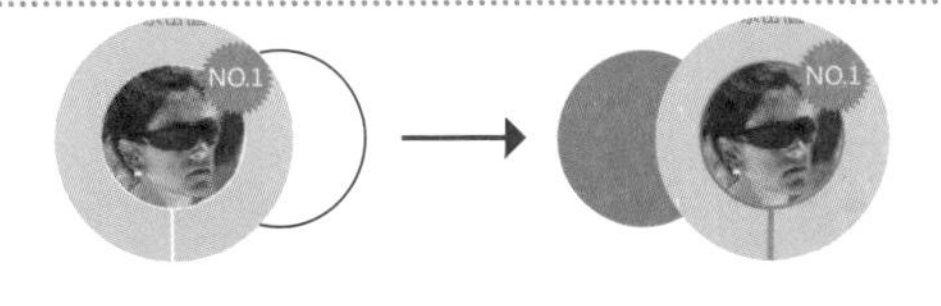

2 调低非焦点信息的透明度

降低图表中非视觉焦点信息的可见度，从而突出焦点信息

界面解析

综上所述，产生视觉焦点能让界面中图表信息的表达更富有层次与主次之分，从而让用户能够更为高效与便捷地对界面中的信息与数据进行接收。

通过前文所述，我们可以将让界面中的图表产生视觉焦点的方法归纳为以下五个字：对比与区别——较强的对比能突出重要信息，而区别于一般信息的设计也能让重点信息更为显眼。

法则四 清晰的文字说明让信息气味更浓郁

在“少告诉，多展示”的法则中我们可以了解到，过多的文字说明会让图表显得过于累赘，然而可以想象，如果没有文字说明又会让图表显得空洞。

因此，我们在给图表安排文字说明时，文字说明可以简洁以避免让图表的直观性受到影响，在此基础上，我们也需要注意文字说明的清晰与贴切度，这样图表中的信息气味才会更为浓郁，如下图所示。

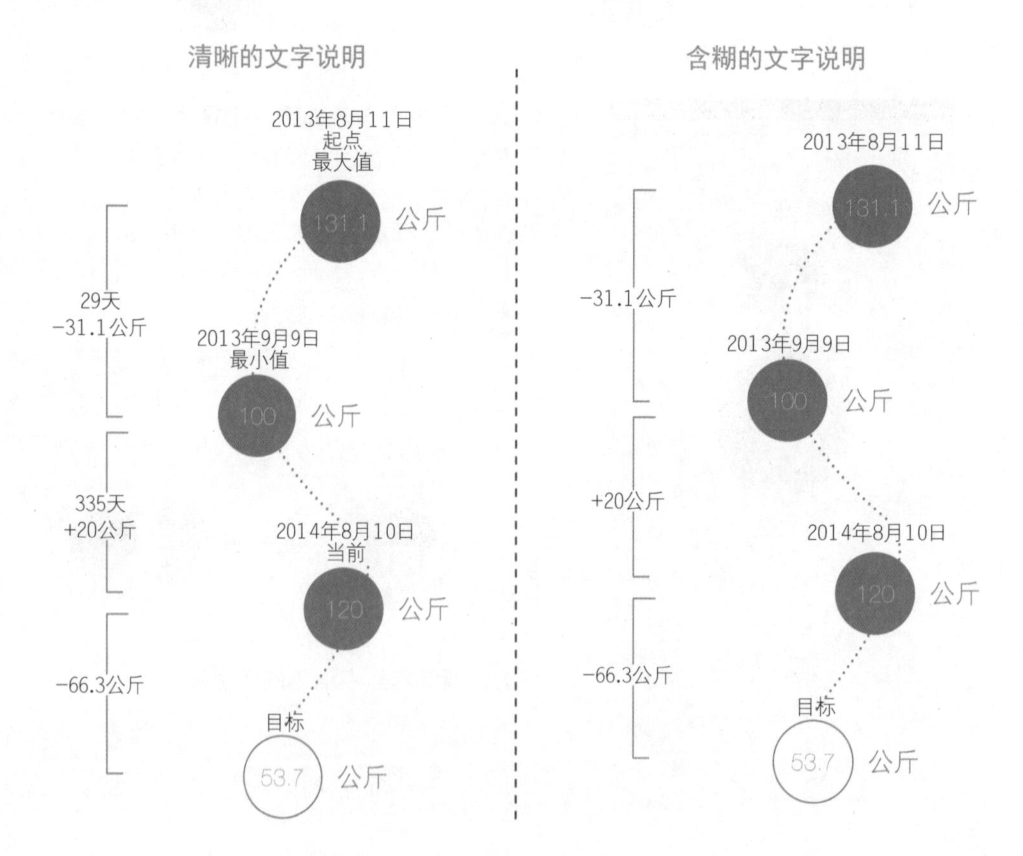

1 不清晰的文字说明导致信息缺失

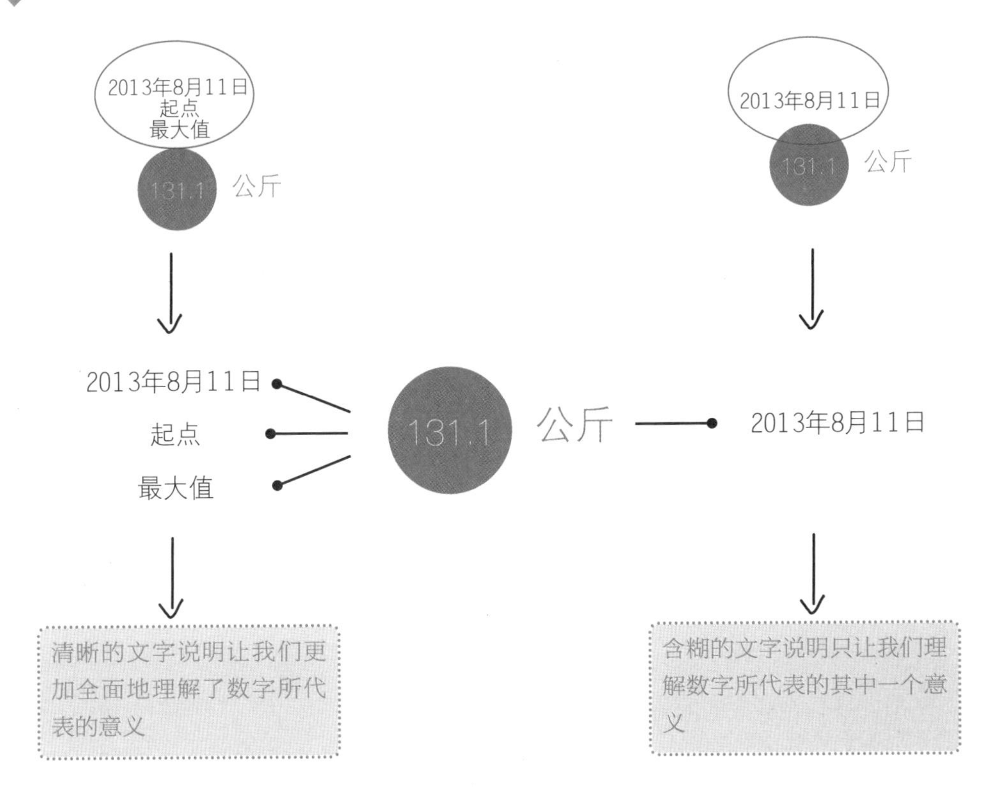

2 不清晰的文字说明减少了信息的丰富性

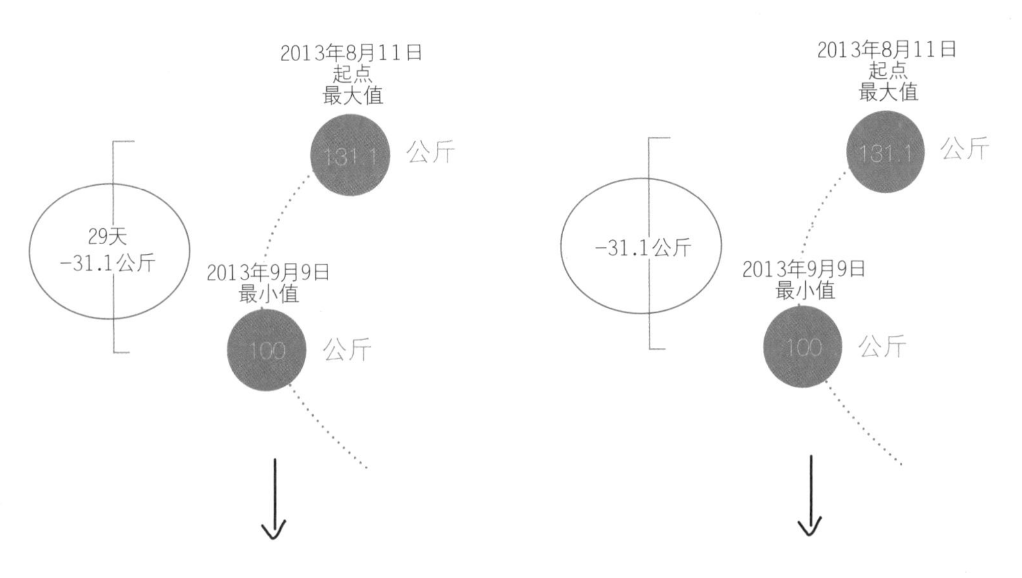

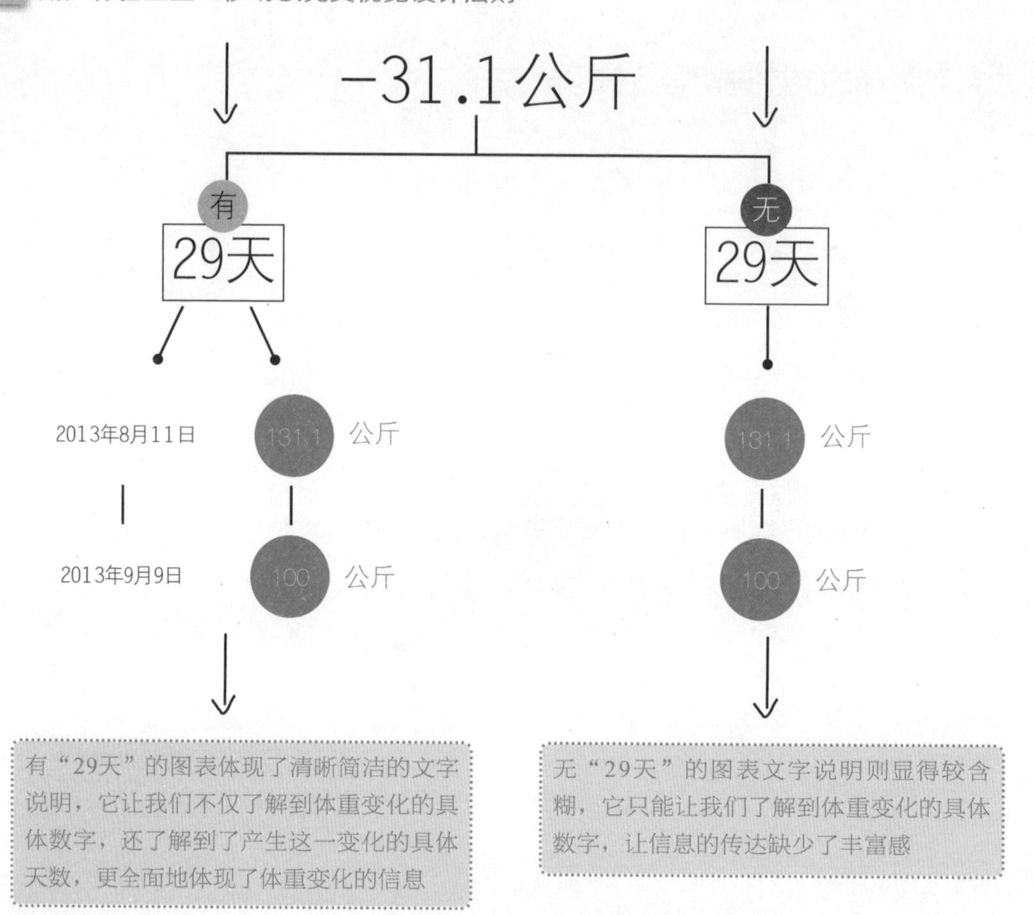

3 图文搭配的用色能让文字说明更清晰

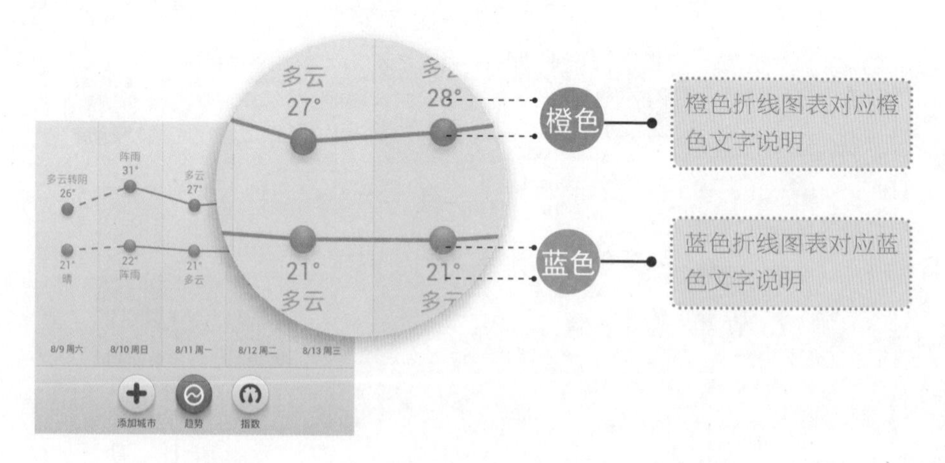

上文中的两个方法告诉我们，适度添加与图表内容相贴切的文字说明，能让文字说明信息更为清晰且更为有力地传达图表内容。

除此之外，“贴切”还体现在图文用色的搭配之上，如上页中的界面部分截图所示，界面中的图表拥有两条颜色不同的折线，其中橙色折线对应的文字说明为橙色，蓝色折线对应的文字说明为蓝色，这也形成了一种图文呼应的搭配关系。这样的表现方式让图文的对应关系更加明确，同时也让文字说明变得更为清晰，从而更加有效地给用户展示了天气信息。下面的界面案例也很好地使用了上文中所叙述的方法。

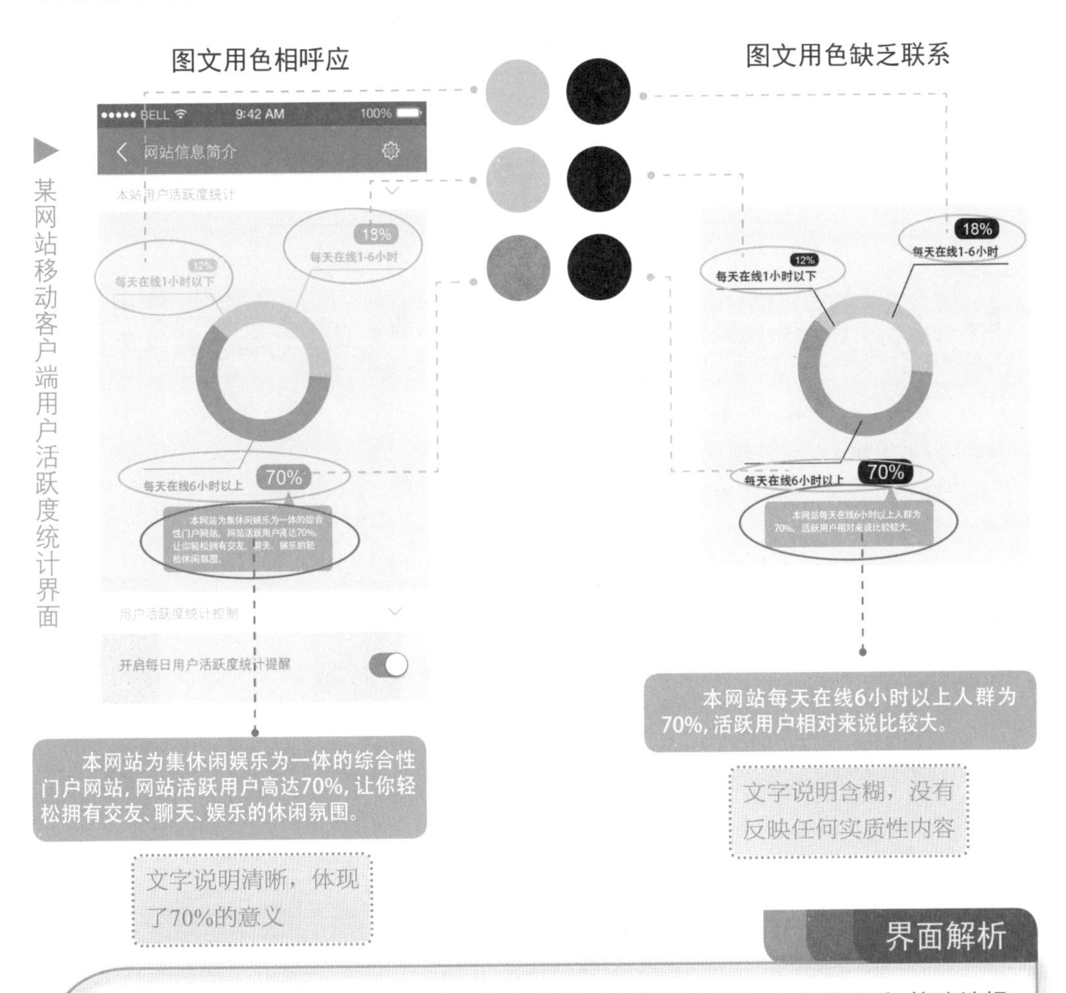

▶ 某网站移动客户端用户活跃度统计界面

界面解析

通过上文的讲解我们可以了解到，在给界面中的图表添加文字说明时，简洁地提取文字内容的重点信息，结合界面中图表内容有效且对应地将它们体现在图表中，能让文字说明显得清晰明了，从而增强图表中的信息气息，也让界面在信息的传递方面显得更为有力与明晰。

6.2 利用颜色加强图表视觉效果

在6.1节中已经谈到了一些与界面中图表的颜色使用相关的小技巧，我们已经可以意识到，适当地调节图表中不同元素的色彩能在一定程度上起到突显图表重要信息、加强图表信息表现力的效果，而本章我们将以此为基础继续来看看如何利用好图表中的色彩，去加强图表的视觉表现力。

法则一 选择符合信息表述的颜色

什么是符合信息表述的颜色？
我们可以大致将其分为如下所示的两种情况

色彩的使用
符合人们的经验习惯

色彩的使用
符合一致性原理

以本书第3章中所提到的界面为例，界面中“√”与“×”这两个符号的颜色使用便符合人们的经验习惯。

▲“多邻国”英语学习APP中的练习界面

绿色

代表“正确”

绿色为中性色，具有和平的意义，人们习惯将其与正确联系在一起

红色

代表“错误”

红色显得刺激，具有警示作用，人们习惯将其与错误联系在一起

符合经验习惯的图形配色，会带给用户色彩符合信息表述的观感体验。除此之外，当我们在对APP进行视觉设计时，有时会为一些元素设计一套特定的颜色方案与定位，在APP所有的界面中保持这些颜色使用的一致性，也能让用户获得色彩符合信息表述的观感，如下图所示。

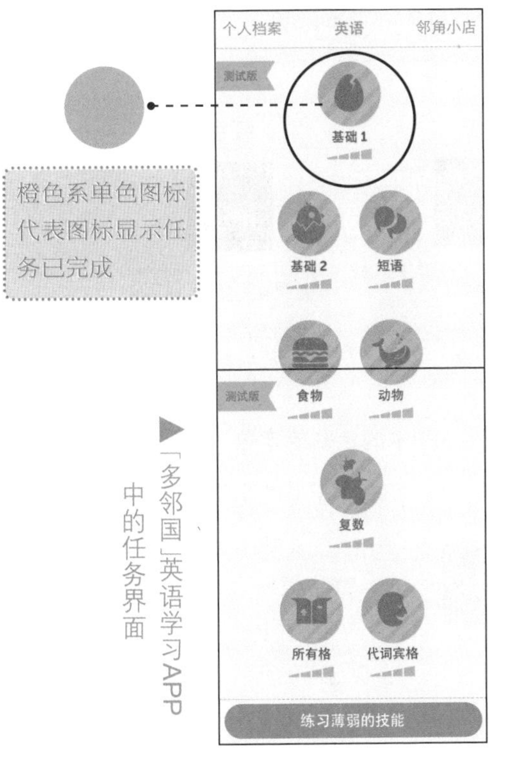

▲「多邻国」英语学习APP中的任务界面

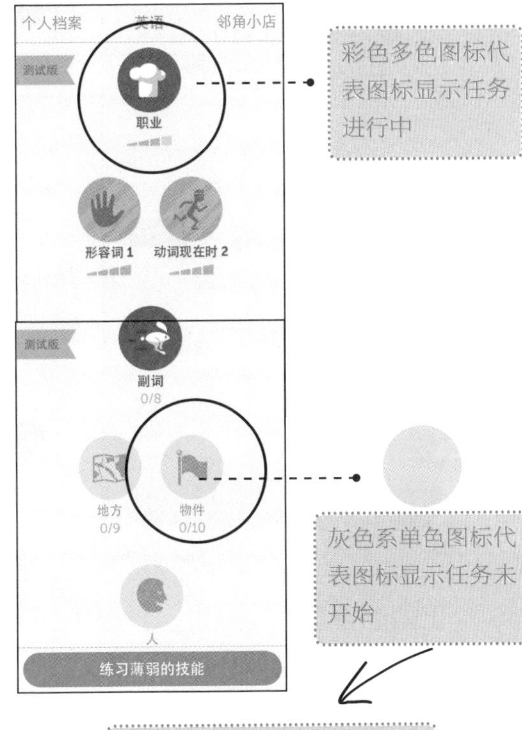

这样的颜色设定也被统一用在了APP的其他界面之中

您巩固了 2 项技能！

您现在可以更加快速和准确地运用这些技能了。

继续

达到目标前任务进行中的图标为多色

达到目标后任务已经完成的图标为橙色系单色

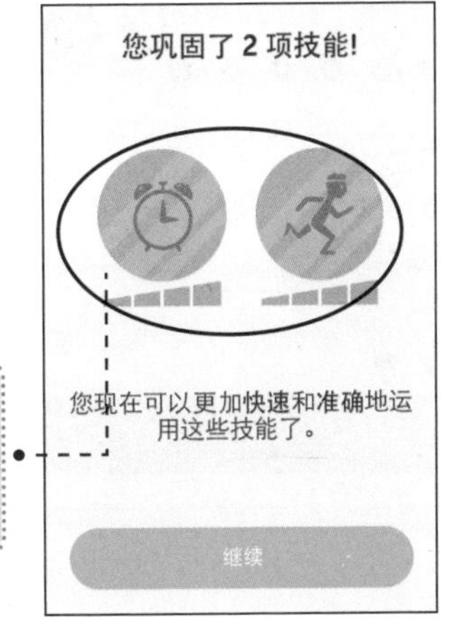

▲「多邻国」英语学习APP中新技能获得提示界面

在该英语学习的APP中也有图表的界面，在图表中同样存在着对元素与信息进行色彩搭配的设置，此时可以结合该款APP对于色彩的定位与设定，以及用户的一些经验习惯，给界面图表的元素选择符合信息表述的色彩，如下图所示。

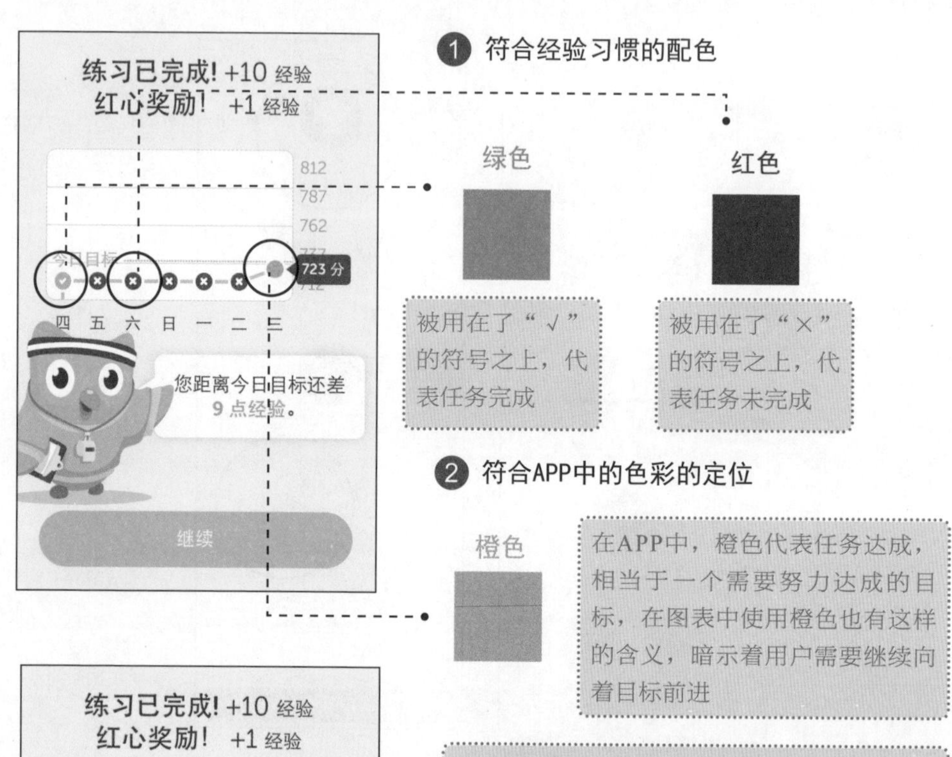

练习已完成！+10 经验
红心奖励！ +1 经验
812
787
762
今日目标
734 分
712
四 五 六 日 一 二 三
您今天实现了目标。
干得漂亮！
继续

在达到目标后，橙色图形会变为绿色图形，代表任务进行完毕，与图表中前一个绿色图形的含义相吻合，这也体现了图表中图形与色彩使用的一致性

▶「多邻国」英语学习APP中的完成任务提醒界面

界面解析

综上所述，给图表中的元素选择符合信息表述的色彩，能彰显图表与整个APP色彩使用的一致性，让界面中图表的用色不会唐突，从而给用户带去流畅的阅读体验。同时符合信息表述色彩的使用，也在一定程度上迎合了用户的认知经验，因此用户能够正确且高效地对图表中所传递的信息进行理解。

法则二 合理利用色彩的对比突显信息

在前文的讲解中我们已经提到通过色彩对比可以让图表具备视觉焦点，其实视觉焦点也可以看作是图表中需要突出的重点信息。在本小节中，我们将进行更为深入的学习，在认识色彩对比的基础上，看看如何合理地利用色彩的对比来突显图表中的信息。

图表的形式多种多样，其中便不乏如下图所示的表格形式图表。下图的界面为“课程格子”APP中的“我的课程”界面，该界面通过表格图表的形式罗列了一周的课程内容，而其中便不缺乏对于色彩的使用。

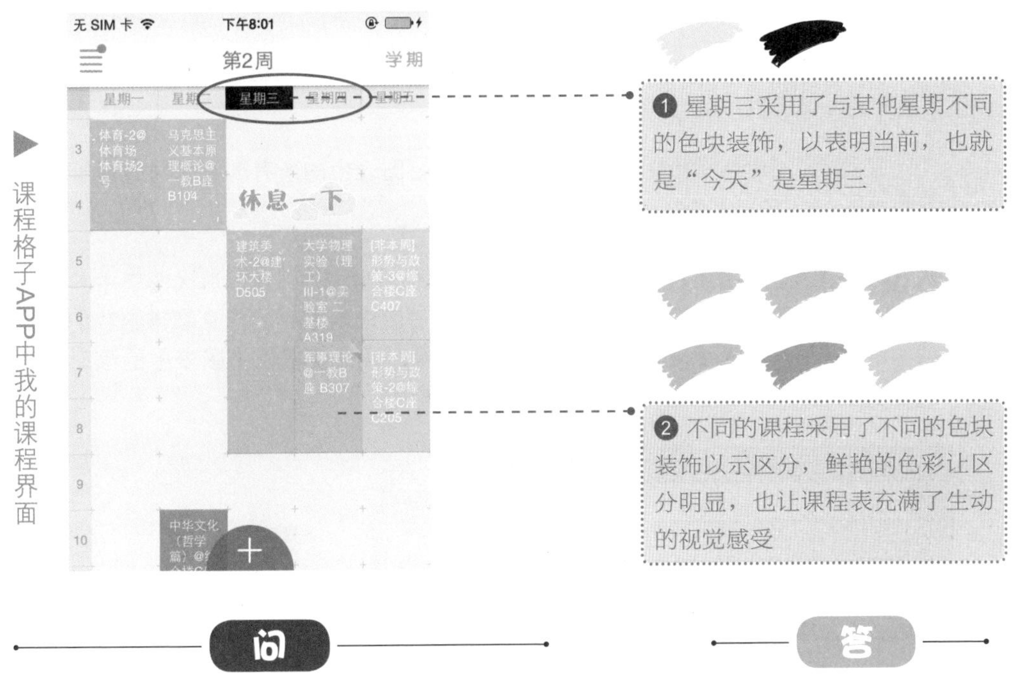

▶ 课程格子APP中我的课程界面

问

可能有读者会提出这样的疑问：为什么不将星期与第几节课也采用鲜艳的色彩去表现？这样课程表不就更加生动了吗？

	星期一	星期二	星期三	星期四	星期五
1					
2					
3					
4					

答

这样的做法其实并不恰当，而这便涉及色彩对比的合理利用，如果课程图表中全部都采用了彩色的形式，则会出现如下页图中所示的情况。

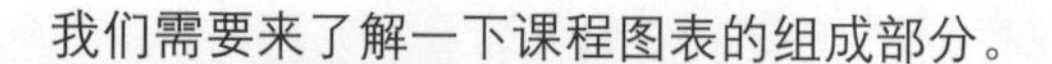

我们需要来了解一下课程图表的组成部分。

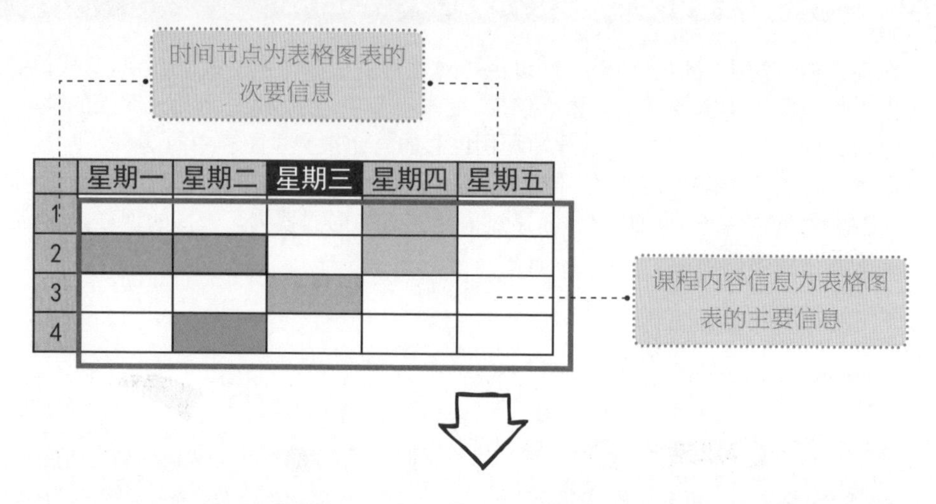

回到上页中所提到的问题，为什么不将表格图表中的所有内容都设置为鲜艳的彩色？

如下图所示，如果表格图表中全部采用相似的鲜艳的彩色，那么图表中将会没有了色彩色相、纯度、明度的对比，这样便使得图表中所有的信息都带给我们一致的视觉感受，没有了轻重缓急的变化感，这样的设计使得表格图表中的信息也没有了主次之分，显得一致。

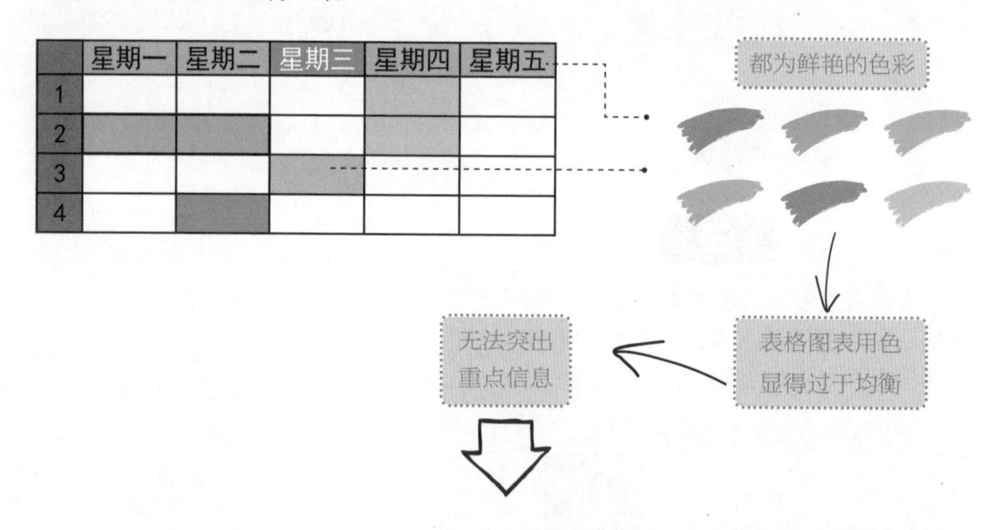

因此我们需要色彩的区别与对比去突显重点信息，而如何突显呢？

首先来对比下面几组色彩，选出你认为最能吸引你的一组色彩。

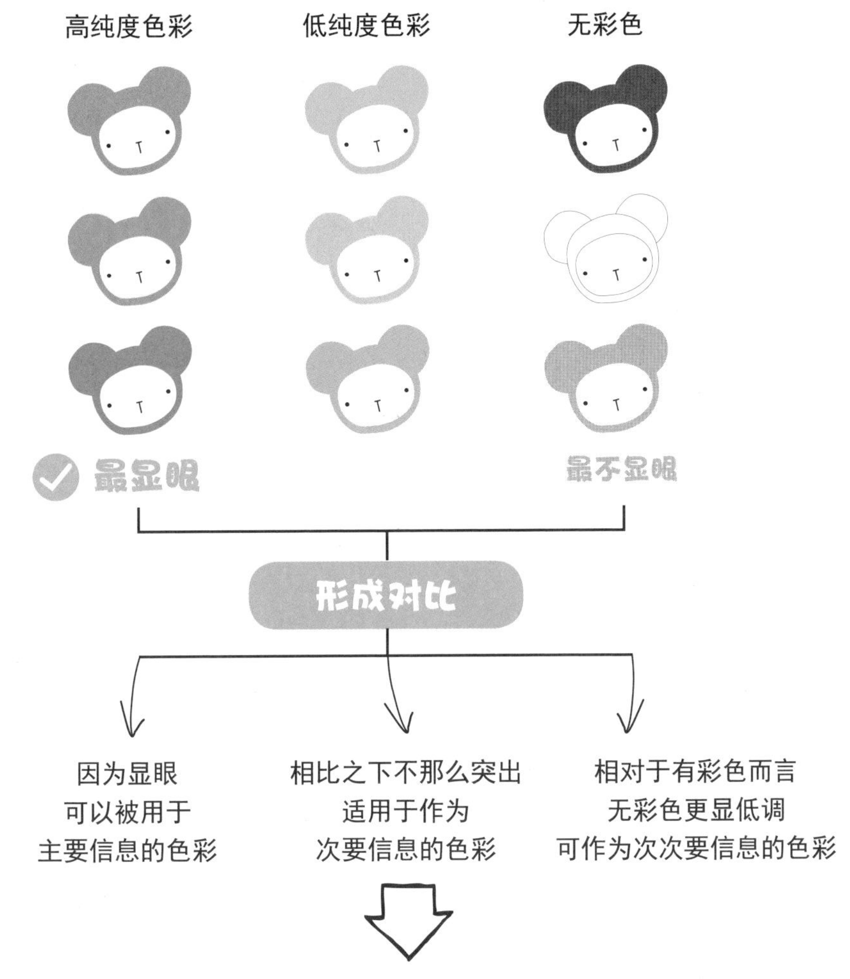

需要注意的是，上面所形成的视觉感受，适用于背景为低纯度色彩，且最好为高明度无彩色的环境，若换了一个背景环境，我们的视觉也会形成不一样的对比感受，如下图所示。

高明度无彩色——白色环境中高纯度色彩最显眼

高纯度环境中高纯度色彩则变得最不显眼

如上面的分析所示，虽然在不同的环境中三组色彩会带给我们不同的视觉感受，但总的来说，这三组色彩都在差异中形成了对比，并产生了不同的视觉感受，形成了不同的视觉层级感。

在对界面中图表不同的信息进行颜色的设计时，我们也可以利用这样的对比，让界面中图表的信息具有主次的层次感，从而更加便于用户对信息的浏览，如下面的界面所示。

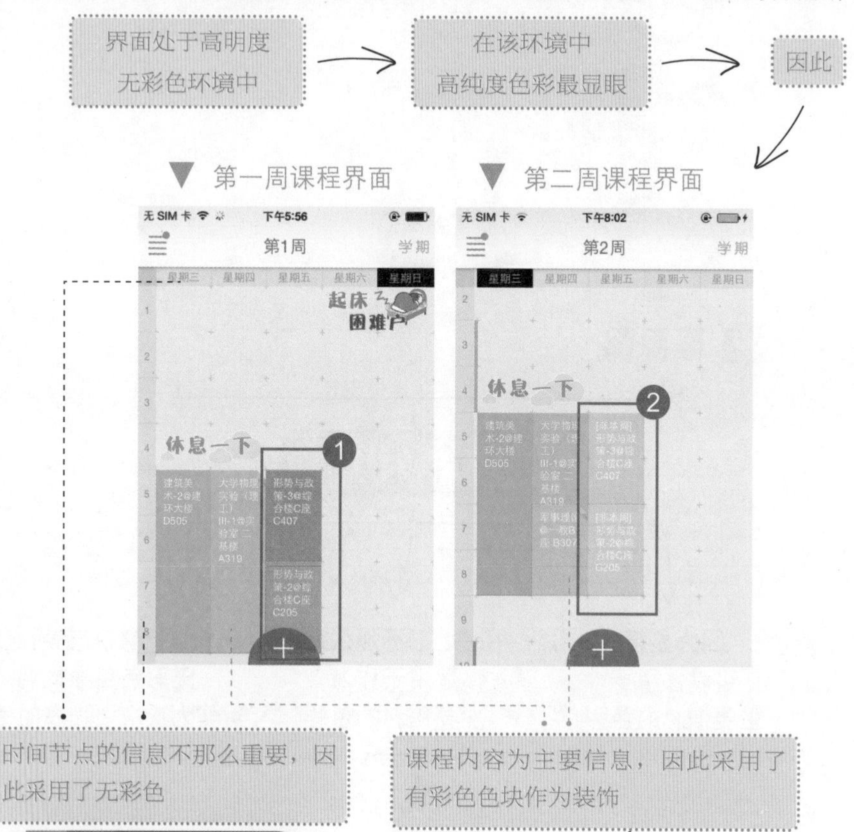

界面解析

综上所述，合理地利用色彩的对比区分，能让图表中不同的信息产生富有层次感与主次之分的视觉感受，这样的感受引导着用户在第一时间把握图表中的重点信息，增加了图表对信息的表述的合理性。

其中有些课程为单周课程，一周有下一周则没有，对于这些课程而言，在不同的时间节点中也使用了颜色的调整以示区别，如上图中❶❷小点所示。

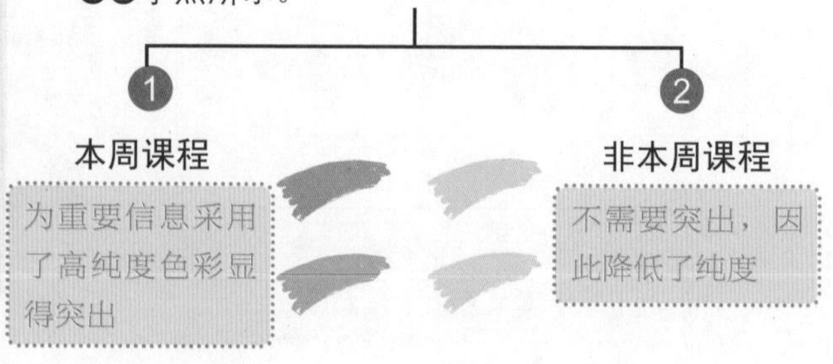

动态图表为界面增添表现力

界面中的图表不仅可以为“静态”的，它也可以是“动态”的。首先界面本身便具备与用户进行“互动”的特点，因此让图表也“动”起来，显得合情合理。除此之外，不同情境下，同一图表为了与界面中传达的信息相吻合，从而产生了色彩、数据等元素的变化，这样的动态感也能在丰富图表表现力的同时，更加增添用户对图表的理解。下面我们便来对这些动态图表进行一一的了解，从中我们也可以获取一些界面图表设计的方法与灵感。

法则一 前后变化增加操控与参与感

其实在移动设备的界面中包含着许多连接其他信息的“桥梁”、进入其他媒介的“大门”，我们需要开启它们才能进入更为广阔的天地，了解更多的资讯信息。正因如此，用户与界面之间便会产生互动——用户操控界面，界面呈现用户所需信息。

在对界面中的图表进行设计的时候，在界面中有时我们也可以设置这种互动，让图表的表现更具生动感，让用户对于图表中信息的接收也显得更加主动与富有乐趣，同时这样设计也避免了图表因为信息过载而不能产生明晰的对比的情况，如下图所示。

互动前

通过柱状图清晰展示了每天流量使用对比情况

互动后

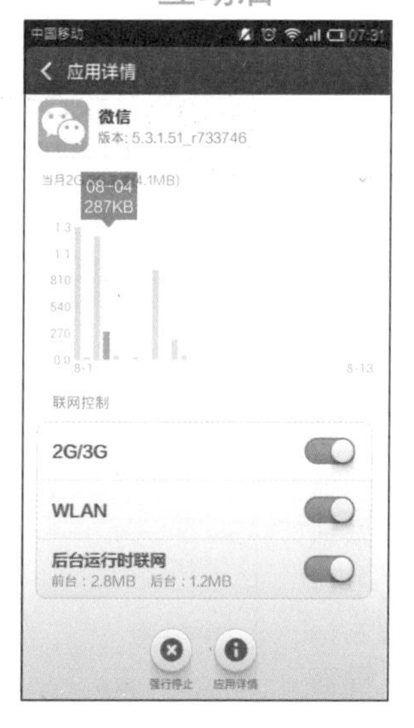

互动后可以看到每天流量使用的详细情况

小米2S手机网络助手应用中微信流量使用情况界面

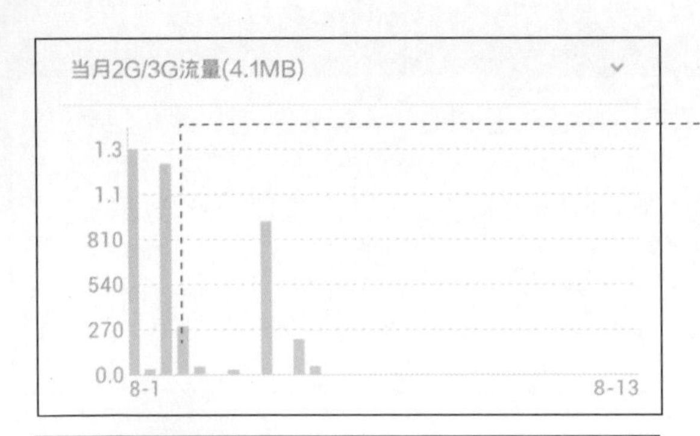

没有点击互动的界面中的图表

通过高低不同的柱状方块，清晰地展示了每天流量使用情况及使用对比情况，图表显得简洁而直观

点击后

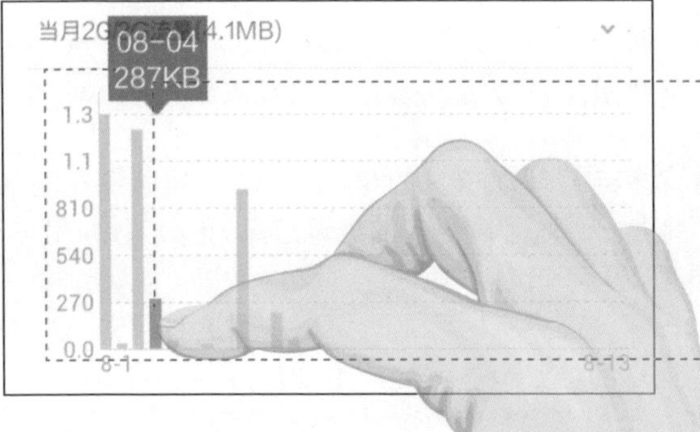

❶

柱状方块变成了绿色，与其他柱状方块有了色彩区别，以表示其为选中方块

❷ 08-04 287KB

柱状方块上方出现了与之对应的具体流量使用数值信息，让用户可以进一步了解流量使用详情

问

试想想如果将上面两个图表中的内容放在一起后会怎么样？

答

那么图表中的信息肯定会密密麻麻地堆积，用户不仅不能看清楚信息的分布情况，也减少了与界面中图表互动的乐趣，如右图所示。

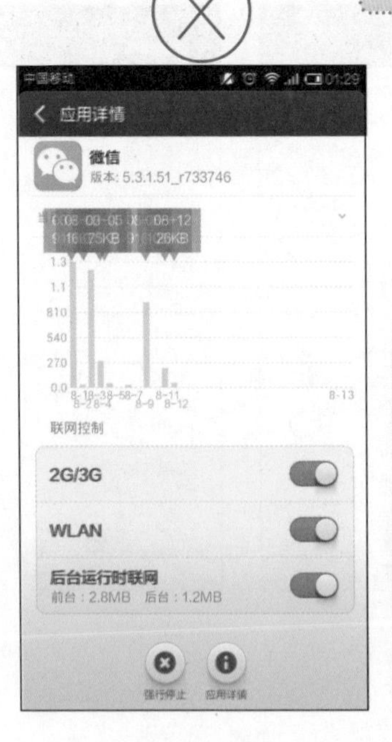

界面解析

综上所述，有时界面和图表的空间极为有限，此时采用互动前后具有变化的图表表现形式，不仅能让信息数据更为清晰地呈现，同时也能增添用户的操控与参与乐趣，图表在“动感”中富有了视觉的表现力与互动的形式感。

法则二 添加动态设计博取用户关注点

除了法则一中通过互动而带来的图表的“动态”感以外，让图表在适当的情况下进行色彩、数据等元素的转变，也能让图表充满“动感”，不仅如此，这样的图表还能更加贴切地传达信息，让用户获取到信息时，找到正确与重要的关注点，如下图所示。

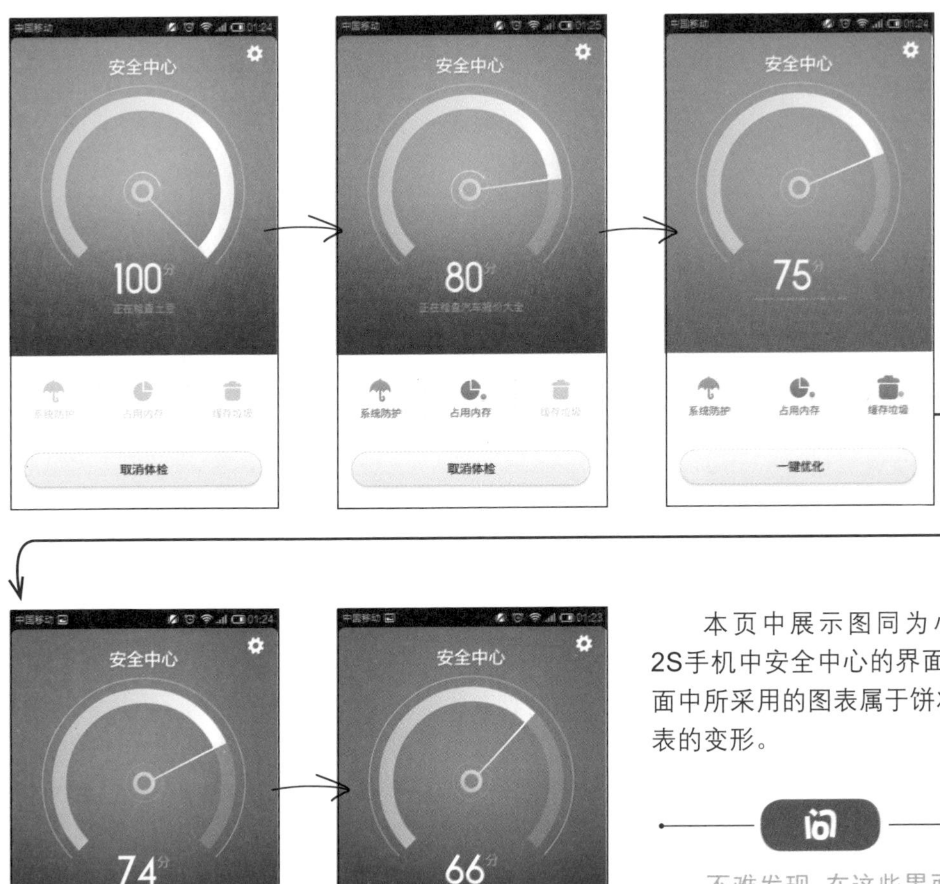

◀小米2S手机中安全中心界面

本页中展示图同为小米2S手机中安全中心的界面，界面中所采用的图表属于饼状图表的变形。

问

不难发现，在这些界面中都使用了同一个图表，然而该图表却不是静止的。

观察这些图表，请思考图表是如何发生着动态的改变的？你又是否明白这些变化的意义以及界面所传递的信息呢？

其实观察后我们还是很容易明白图表产生变化的意义与信息间的对应关系，下面通过分析我们来进一步了解下图表这种动态方式的设计原理。

图表中指针的角度在变

图表中圆环白色区域

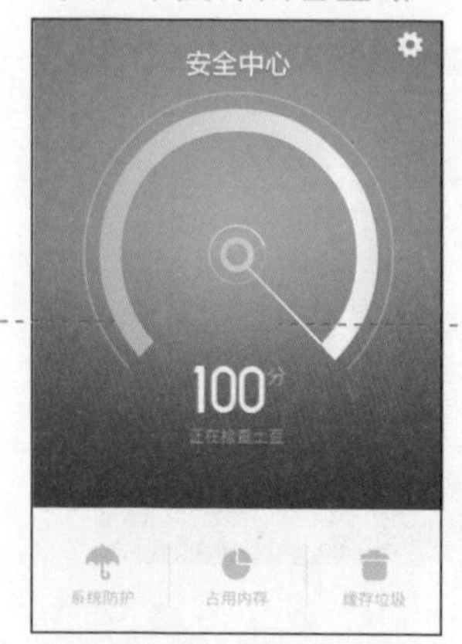

分数值在变

检查内容信息在变

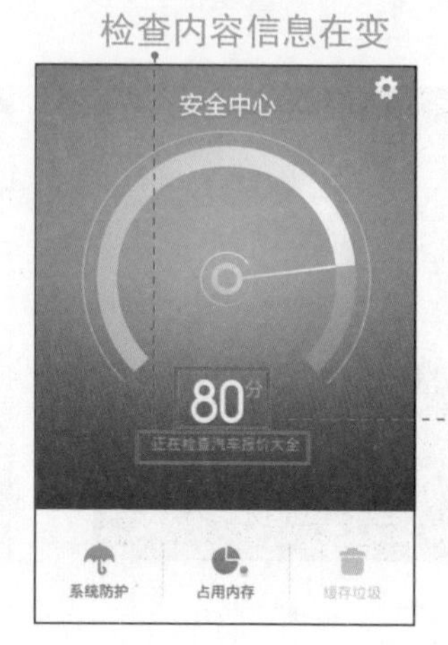

界面背景色彩在变

图表下方的图标在变

检测结束，图表中圆环白色区域根据得分情况进行了相应变化与定格

界面解析

虽然图表中的众多元素都在发生着变化，但它们之间却存在着一致的变化对应关系，如下表所示，这样一致与明确的对应关系，让图表的动态表现显得合情合理。

同时，图表通过动态的变化更加生动地诠释了手机进行检查的全过程，这样的动态设计让用户能够更为直观与清晰地看到检查情况的变化，同时也丰富了图表的表现力，吸引了用户对图表的关注度。

	对应关系		
分数信息	80 分以上	75 分左右	75 分以下
界面背景色彩	绿色	过渡色	蓝色
圆环白色区域	全为白色	白色范围变小	白色范围更小
指针变化情况	随着白色区域的变化而变化		
图表下方图标	图标为灰色代表没有开始检查	随着检查的深入图标逐渐变为彩色	

第7章

界面布局与用户体验

- 学会格式化界面布局——合理规划界面中信息的层次，适当地安排界面中元素的位置关系

- 了解与认识界面导航的主要布局形式

- 学会进行细节处理与添加，让界面布局更为人性化

7.1 格式化布局

前文中第2~6章的内容，我们分别以界面中的文字、图片、图形图案、色彩、图表这些详细的元素为描述对象，从微观的角度出发，给读者讲解了与移动UI视觉设计相关的法则。

本章则站在宏观的立场，给读者展示如何从整体上把握移动UI视觉设计，其中第一大点便是：对界面的布局进行格式化的设计。这里的格式化主要是指让界面的布局更加合理与具有格式感，让界面在规整与符合逻辑的设计中，给用户带去较佳的视觉浏览与操控体验。下面我们便来对其中的一些法则进行详细的了解。

法则一 合理划分信息的层次

下图的两个界面曾经出现在第6章里，这两个界面不仅说明了给图表添加交互设计的好处及优点，同时也体现了合理划分界面中信息层次的重要性，如下图所示。

不合理的界面布局

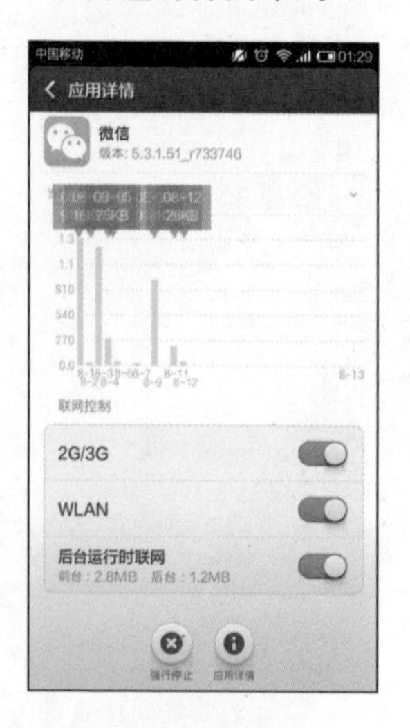

合理的界面布局

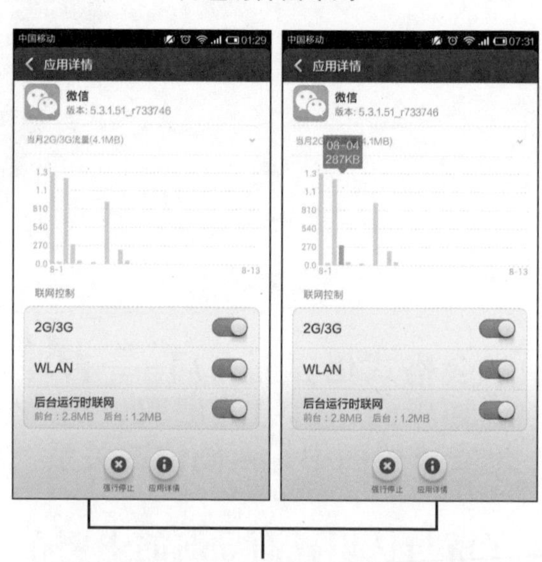

不合理的信息划分导致了界面中出现信息拥挤堵塞的现象，让信息在可视化时产生了重叠与叠加，使用户无法看清楚信息的分布情况，界面也显得杂乱无章

合理的信息划分让界面的布局显得合情合理，避免了信息过载的现象，使用户能够清晰明了地接受界面信息，界面显得干净而清爽

合理划分信息的层次还体现在信息界面的变化之中，相信对于下面几个界面我们并不陌生，它们便是早期的信息界面，用户通过这样的界面对短信息进行收发、储存与阅读。

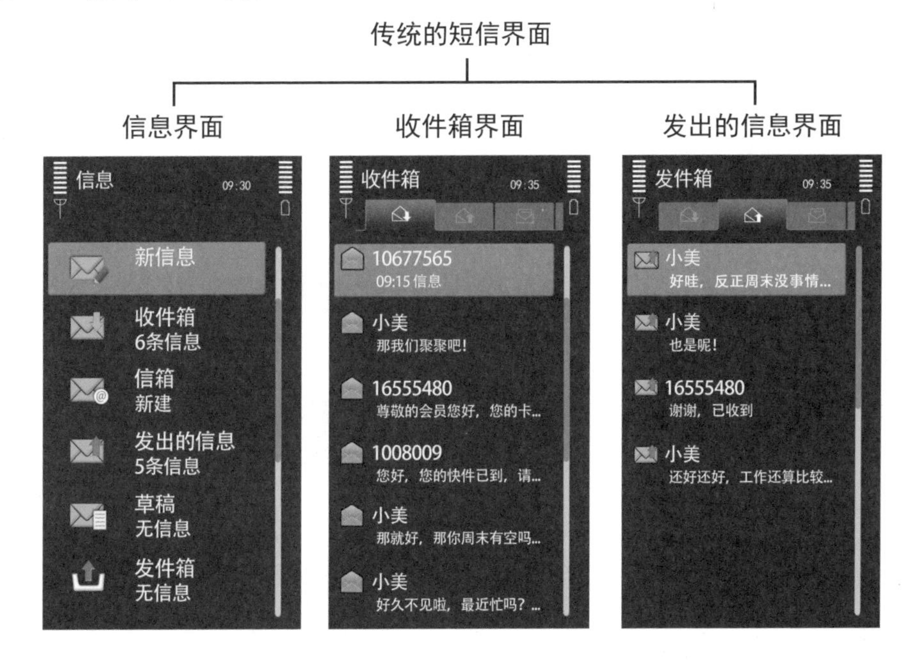

然而这样的界面你用起来方便吗？

先来看看如今我们常使用的信息界面，如下图所示。

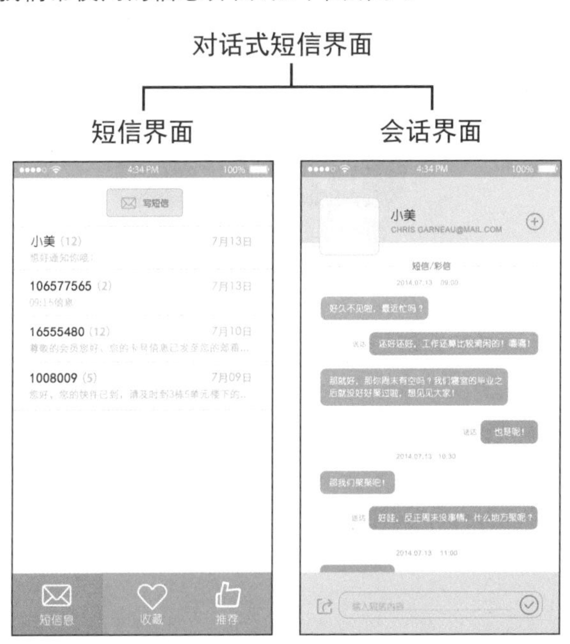

不难发现，传统式短信界面与对话式短信界面有着本质的区别，其主要便体现在对于界面中信息层次的划分之上，首先来看看传统式短信界面对于信息是如何划分的。

对于传统式短信界面而言，短信信息被大致分成了如下图所示的几个板块，这样的划分看似合理与周到——界面有可以写信息的入口——新信息；也有接收信息的地方——收件箱……但这看似全面的划分，却并不利于用户对于信息接收的流畅度，它让需要联系的信息被封闭在了独立空间中。

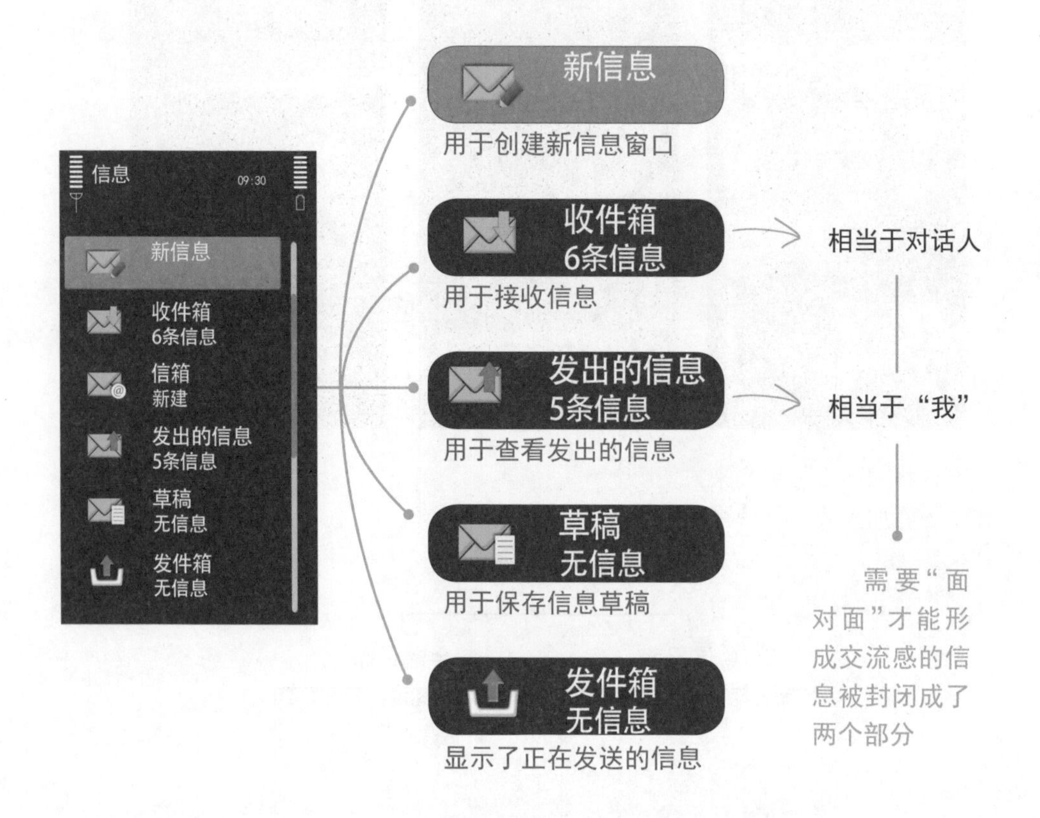

短信界面其实就是短信功能的包装与载体，我们知道，短信功能就是一种用于人与人之间沟通和交流的社交工具，它就相当于将语言转换成了文字的一种对话方式。

因此，打个拟人化的比方，上面界面中所出现的“收件箱”就相当于对话的人，而“发出的信息”则相当于“我”，这两者之间联系是可想而知、显而易见的。然而在传统式短信界面中，这样的对话方式却被阻断与隔开，我们需要通过选择不同的入口才能分别看到这两个部分的内容。

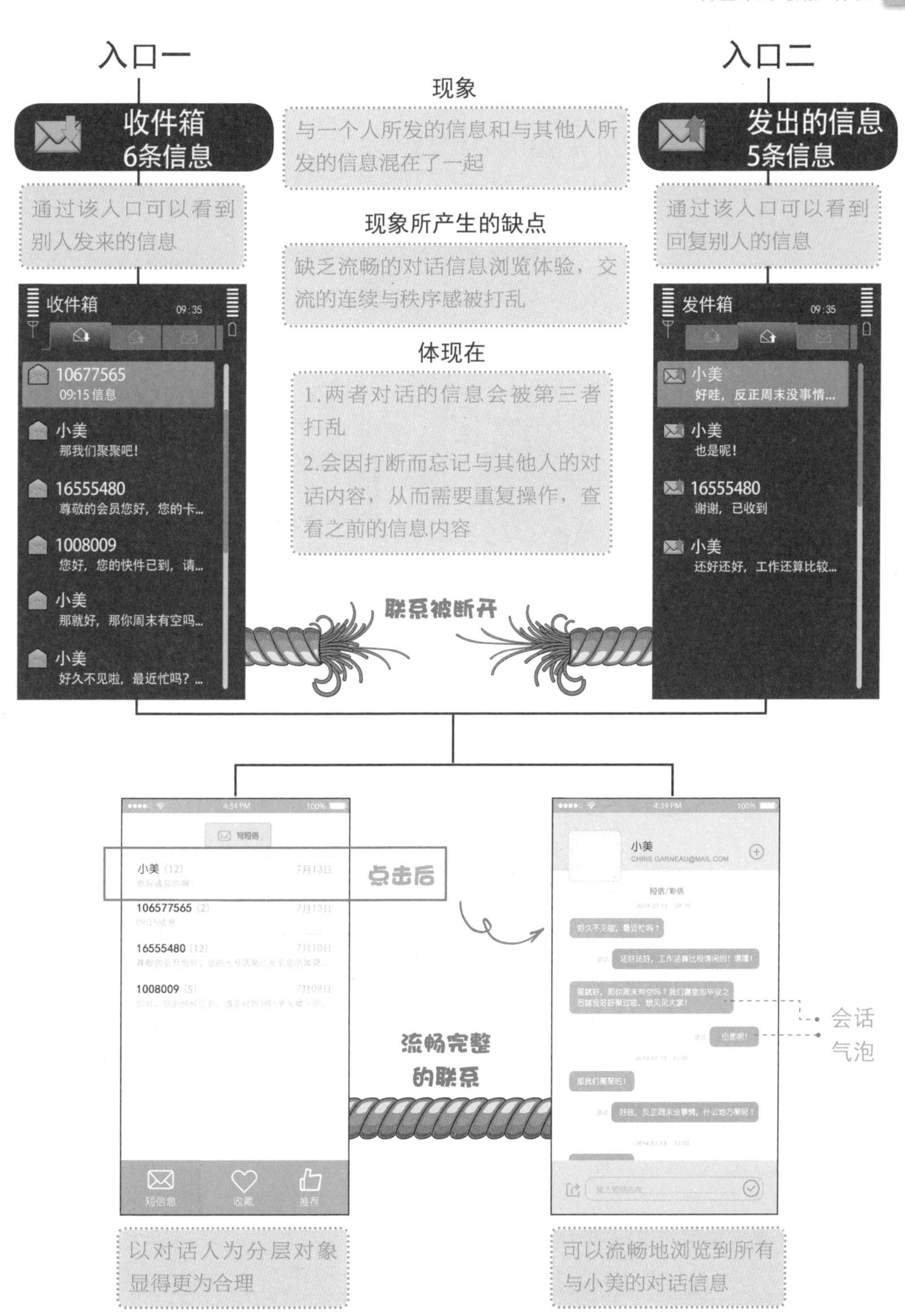
入口一
收件箱
6条信息
通过该入口可以看到别人发来的信息
收件箱 09:35
10677565
09:15 信息
小美
那我们聚聚吧！
16555480
尊敬的会员您好，您的卡...
1008009
您好，您的快件已到，请...
小美
那就好，那你周末有空吗...
小美
好久不见啦，最近忙吗？...
现象
与一个人所发的信息和与其他人所发的信息混在了一起
现象所产生的缺点
缺乏流畅的对话信息浏览体验，交流的连续与秩序感被打乱
体现在
1.两者对话的信息会被第三者打乱
2.会因打断而忘记与其他人的对话内容，从而需要重复操作，查看之前的信息内容
入口二
发出的信息
5条信息
通过该入口可以看到回复别人的信息
发件箱 09:35
小美
好哇，反正周末没事情...
小美
也是呢！
16555480
谢谢，已收到
小美
还好还好，工作还算比较...
联系被断开
小美 (12) 7月13日
106577565 (2) 7月13日
16555480 (12) 7月10日
1008009 (5) 7月09日
短信息
收藏
推荐
点击后
小美
流畅完整的联系
会话气泡
以对话人为分层对象显得更为合理
可以流畅地浏览到所有与小美的对话信息

上页中两组界面其实告诉了我们合理划分界面信息层次的重要性。通过对比可以感受到，第一组界面为不合理的信息划分，它不能给用户带去良好的使用与视觉体验。

相比之下，第二组界面则合理地划分了信息层次，对话式短信界面让人与人的交流感变得更加亲密，也便于用户对于短信息内容浏览的流畅体验。其中会话气泡的使用，也在视觉上增添了界面表现的形式感。

界面解析

通过上面两幅漫画我们可以更为直观与深刻地感受到，两种不同的信息划分方式形成界面后，所会带去的不同的用户体验——不合理的信息划分形成了一道“墙”，造成沟通与交流的障碍；而合理的界面信息划分却会让沟通无障碍。

综上所述，我们可以认识到对界面中信息合理划分的重要性，在进行移动UI视觉设计时，我们也需要记住这一点，并根据实际所需与设计要求合理地对界面进行信息规划与分层。

法则二 巧用首屏展现信息

当我们在使用一个APP产品的时候，不难发现它会包含许多界面，其中便不乏启动完成APP后，第一时间出现在用户眼前的界面，我们称之为APP的主界面，也是我们这里所说的“首屏”。

对于首屏的设计而言，也有着一定的布局技巧，这样APP才能在第一时间抓住用户眼球，同时，巧妙的布局也能让用户快速地了解到APP的功能，让用户在较为全面地了解APP的同时也更好地理解APP，从而带来更为流畅的操作与信息浏览体验。首先来了解通常情况下APP首屏的布局结构，如下图所示。

通常情况下，APP首屏都会分为上中下三个部分。根据APP需求与功能的不同，这三个部分会放置或安排不同的信息与内容，也会有着不同的造型设计。下面通过不同的APP来具体地认识下不同首屏的信息展现情况。

1 天天P图APP的首屏

2 碰碰APP的首屏

3 百度音乐APP的首屏

只有中间部分的首屏

有三个部分的首屏
且下方部分具有特殊造型设计

上方部分：APP名称介绍

上方部分：搜索与导航栏

中间部分：APP功能图标与导航栏中的标题对应

中间部分：展示具有特色的APP信息内容

界面中只存在中间部分采用图标的形式清晰地展示了APP的功能分类

下方部分：APP导航栏

下方部分：APP特色功能展示区域

上面的三个界面分别展示了三种不同的首屏信息分布方式。虽然信息展示的方式不同，但它们都起到了相同的作用，那就是让用户能够明确APP的功能与特色，这也是首屏信息在设计时需要把握的原则。除此之外，适当地给首屏中的某些信息板块进行造型设计也能增添界面的美感与独特感。

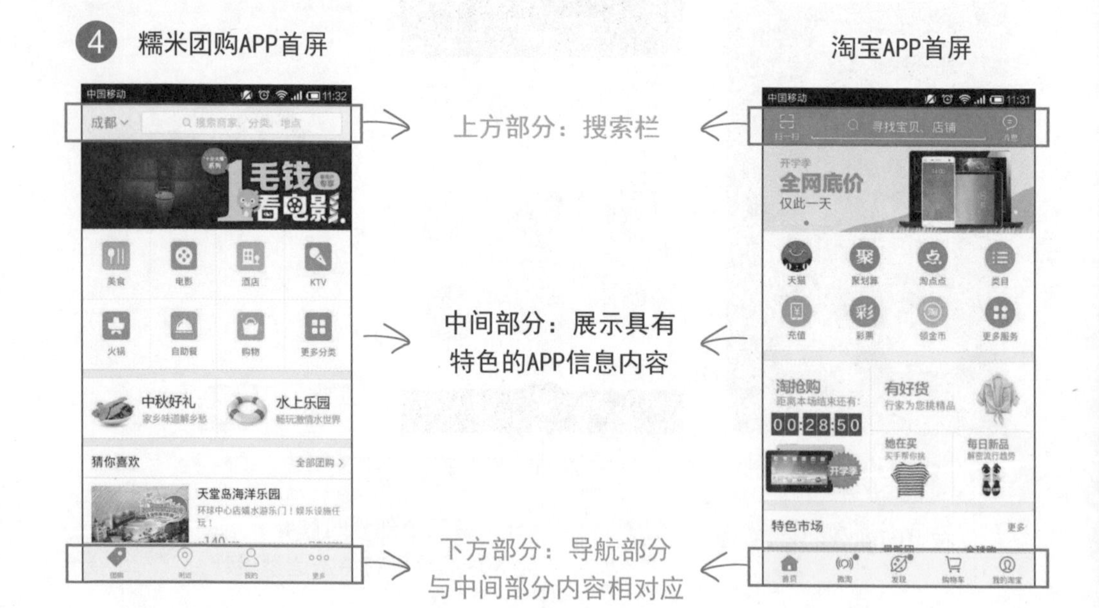

糯米团购APP与淘宝APP其实都同属于消费类APP，对于这类APP的界面而言，其主要目的是向用户展示商品，并引导用户进行消费。

因此在界面首页的上方部分通常会出现“搜索栏”以方便用户找寻所需消费的物品；而中间部分则就像是商店里的玻璃橱窗一样，为精品的展示地方；下方部分导航栏的设置，则可以让用户感受到更多与APP相关的功能，从而获取更多的便利。

5 金山词霸APP的首屏

对于一些功能较为简单与专一的APP而言，其首屏可以利用一些图片去丰满界面空间以及博得用户眼球，这样的设置在提升界面美观的同时，也丰富了界面的内容，让用户可以在学习的同时通过欣赏美图得到精神的愉悦与放松，如上图所示。

介绍完了不同APP中不同首屏的信息展现情况后，我们来总结下这些界面中信息展示的一些小技巧。

1 彩色图标——色彩丰富引人注目

如天天P图APP中的首屏，采用了彩色图标的形式，图标用色活泼丰富，造型简单明了。这样的设计让界面在视觉上形成了生动感，同时图标的形式也将APP的功能表现得一目了然。

2 打破常规的图形设计

通常情况下我们会采用方块的图形去作为首屏中上下两个部分的背景图形，而在碰碰APP与百度音乐APP中却打破了常规，进行了细微的调整，这样能使得界面更富有形式感。

当然图形的改造也需要结合界面的实际情况，如下图所示。

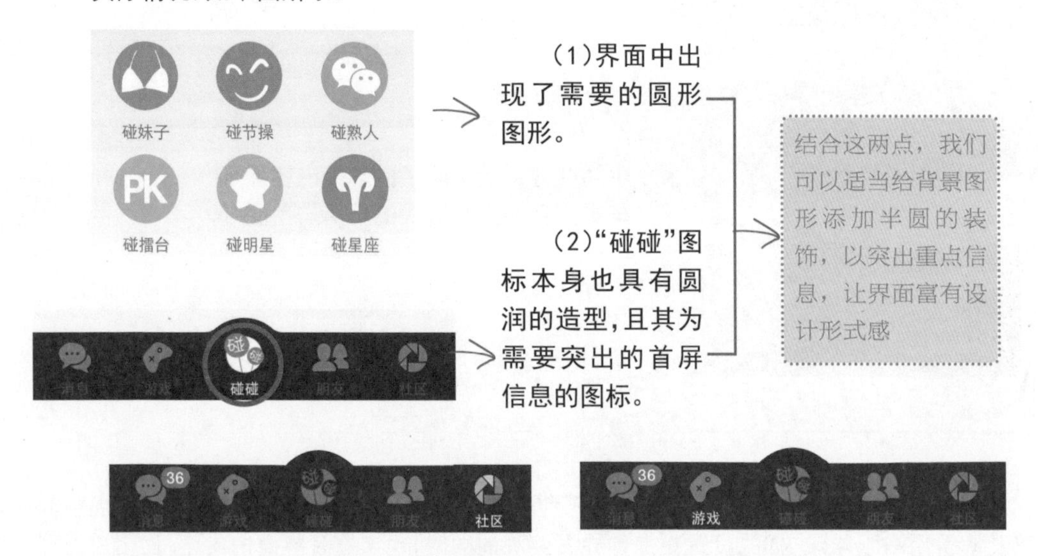

在碰碰APP中选中导航栏中的其他图标后并没有出现半圆装饰，如上图所示，这更印证了前文的两点分析——图形改造需结合界面内容与实际情况。

同样的设计也体现在百度音乐APP首屏的下方部分中，如下图所示，界面中下方部分板块的内容设计与APP密切相关，体现了两种不同的音乐收听分类形式，同时采用大体呈现圆形状的"PLAY"键图形将两者隔开，这样的设计显得具有形式感，如下图所示。

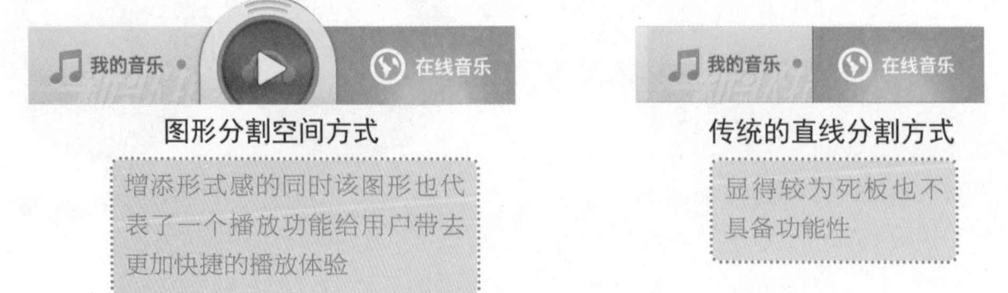

3 内容安排需要方便用户且具备吸引力

对于首屏中不同部分的内容安排也需要根据APP所需进行设计，如消费类APP首屏不同部分的内容则需要注意以下几个细节，从而达到使用方便且吸引用户、促进消费的目的。

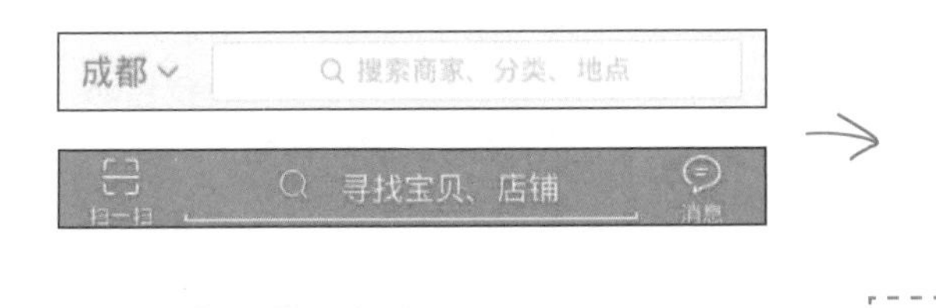

（1）首屏上方部分需设置搜索栏以方便用户第一时间找到所需服务或商品。

（2）首屏中间部分附加功能搜索按钮需明确清晰，以方便用户进行操作。

（3）内容分类板块需明确、具有吸引力且能突出APP特色。

“猜你喜欢”“特色市场”等板块的添加在一定程度上展示了APP的贴心功能添加特色，引起了用户的兴趣，也方便与丰富了用户对信息的浏览与浏览途径。

4 添加更多的功能与合情合理的板块内容

如前文所述，有时适当添加一些图片可以起到丰满界面空间以及博得用户眼球的作用，而在金山词霸的APP首屏便采用了此方法。同时图片也配以相应的英语学习短文，以与APP学习的功能相切合，这样合情合理的板块设计让学习变得更新鲜与轻松。

点击按钮后
可与好友分享图文搭配的英语学习内容

界面解析

通过对前文中所介绍的五种类型的APP首屏进行了解后，我们可以大致了解到通常情况下APP首屏中信息是如何分布与布局的。虽然根据APP功能的不同，首屏的布局会有细微的调整，但大多数情况下都呈现上中下三个部分。

其中，巧妙地利用首屏的布局可以达到清晰与快速地给用户展示APP的功能并吸引用户眼球的目的。因此，我们主要针对前文中的五种APP，将首屏布局的技巧总结为四点，其目的都在于让界面美观的同时，给用户带去对使用的便利体验。

法则三 将重点放在看得见的地方

除了合理划分界面信息的层次，巧用首屏展现界面信息以外，将界面的重点信息放在看得见的地方，也是界面格式化布局的重要法则。

以金山词霸APP主界面为例，金山词霸作为一款词典软件，其主要功能便为查询词汇意义与翻译，因此主界面中的重点信息应该为查询板块，如左图所示。

界面重点信息板块

本小节所提到的法则与我们前文所学到的利用界面中元素间的色彩、大小尺寸的面积对比等去突出界面的重点信息相似，如下图所示。

重点信息与界面背景色彩过于接近缺乏对比，不能突出

重点信息部分尺寸面积过小，无法在界面中得到有效突出

与前文所学的突出界面重点信息的目的一致，“将重点放在看得见的地方”其目的也在于突出界面中的重点板块，只不过是又换了一种方法，那便是利用界面信息布局的位置关系。下面还是以金山词霸APP主界面为例，来看看如何利用布局突显界面重点。

重点板块放置在界面偏下方

由于经验习惯的影响，通常用户都拥有从上到下的阅读浏览习惯，因此将重要信息放在界面偏下方，用户需要花去更多的时间才能看到重要信息，该部分信息无法得到有效突出。

重点板块放置在界面侧边

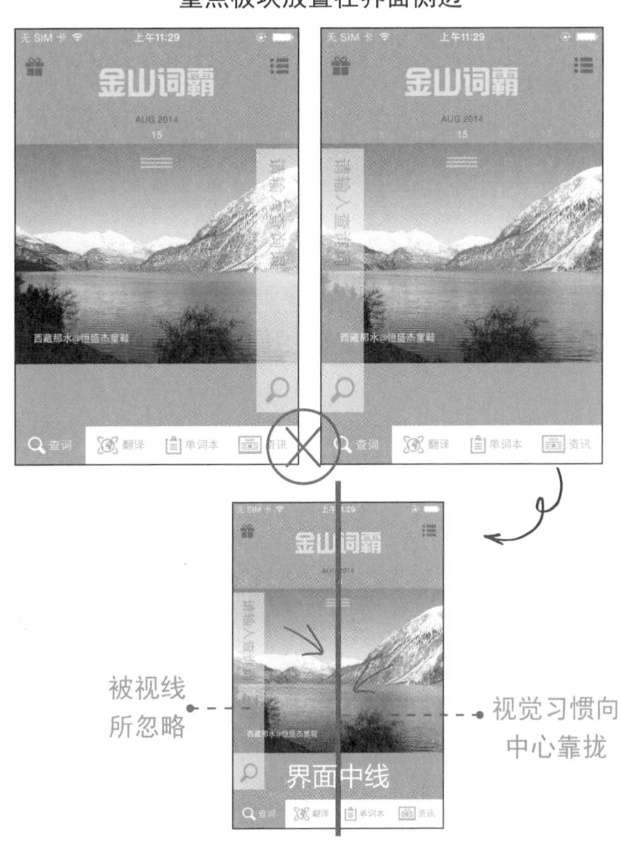

同样是受到视觉经验习惯的影响，大多数用户在阅读浏览时都会不自觉地将视觉靠向界面中心，因此将重点信息放在界面的侧边，会使得用户容易将它们忽略。

界面解析

综上所述，为了迎合用户的视觉与阅读浏览的经验习惯，对于金山词霸的主界面而言，我们需要将重点信息放置在界面偏上方，且以界面中线为对称轴的位置，这样用户才能第一时间捕捉到产品最重要的功能信息。

其实这也告诉我们，对界面中的信息进行合理布局，将重点放在看得见的地方，不仅能在第一时间突出界面重点，也更加便于用户对于移动产品的理解与使用。

7.2 界面导航的布局形式

界面导航的布局也可以被理解为界面的导航模式，不同的界面会采用不同的导航模式，但这些导航模式都是移动产品用于开启一个个功能大门的钥匙。

通过导航，用户可以进入到产品更多的界面空间，从而体验产品更多的功能。认识导航布局形式，不仅能启发我们在进行移动UI视觉设计时的设计思路，合理地安排导航布局，也是让用户更加容易地完成任务与认识移动产品的关键所在。

法则一 跳板式布局

跳板式布局也被称为“快速启动板”，其特征是界面中的菜单选项按钮其实就是进入各个产品功能的起点。常见的布局形式有3×3、2×3、2×2和1×2的网格形式，如下图所示。其中，3×3的布局形式其实就是我们常说的九宫格式布局形式。

3×3网格形式

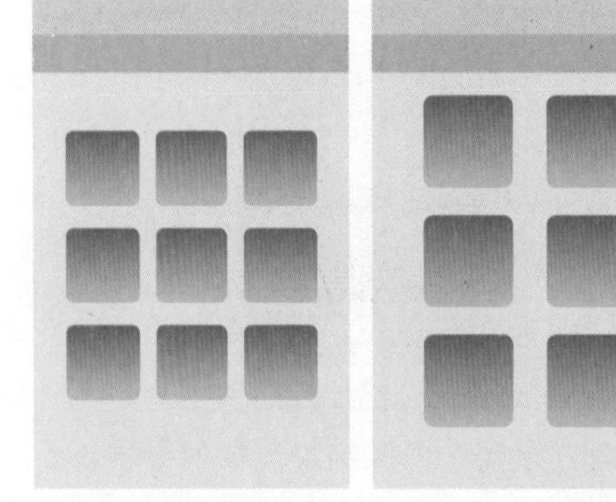

2×3网格形式

2×2网格形式

1×2网格形式

虽然跳板式布局有以上几种常见的网格形式，但在实际的设计过程中，不一定非要拘泥网格布局，对于一些功能较多的产品而言，可以设计更多的网格去布置选项按钮。除此之外，网格也不一定非要等比等大小，我们可以成比例地放大某些选项，以彰显其重要性，让界面拥有主次之分，如右图所示。

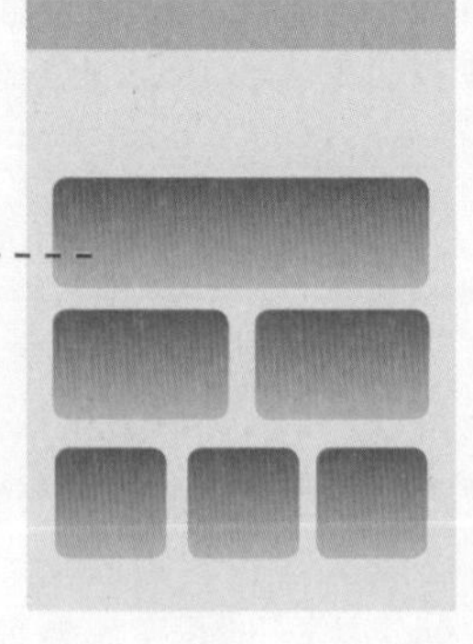

不拘泥形式的网格布局

下面几个界面则展示了菜单选项按钮划分较多的跳板式布局——在这几个界面中，都将图标按钮放置在了等大小的网格之中，界面布局显得规整与统一。

N代表横向网格的行数不定，根据菜单按钮的多少还可能增加

3×4网格形式

▲ 风行视频的频道界面

3×N网格形式

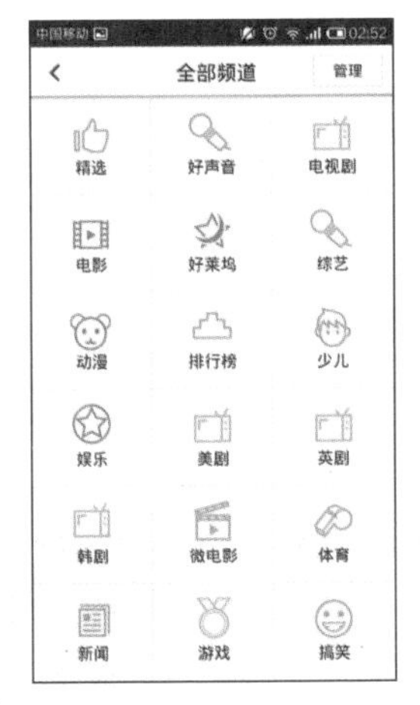

▲ 腾讯视频的频道界面

4×N网格形式

▲ PPTV聚力的频道界面

界面解析

跳板式布局会形成界面间频繁的切换，比如当我们选择了电影频道后想切换为电视剧频道时，会形成这样一个操作过程：通过主导航界面进入电影频道→退出该频道后回到主导航界面→进入电视剧频道，当我们想再次选择其他频道时，又必须重复以上动作进行界面的切换。

对于频道界面而言，这样的布局设置是较为合理的，因为我们可能会花去较长的时间去浏览某个频道内容后再进行频道的切换，时间的间隔不会让我们感到操作的频繁与反复，但对于那些需要短时间内进行多次切换的界面而言，这样的布局则显得不合适。

法则二 列表菜单式布局

滑轮布局模式　　列表菜单式布局模式

▶碰碰APP中碰附近的人界面

左图两个界面中的信息内容是一致的，却采用了两种不同的布局方式，通过对比可以了解下什么是列表菜单式布局。

不难发现，列表菜单式布局呈现罗列的布局形式，界面空间被划分为等行距的列表形式，界面信息从上到下依次并有序地在界面中分布开来。

列表菜单式布局模式的变化形式也较为丰富，主要有以下几种形式。

分组列表　　增强列表　　个性化列表

▲ 微信发现界面

▲ 阿里巴巴搜索历史界面面

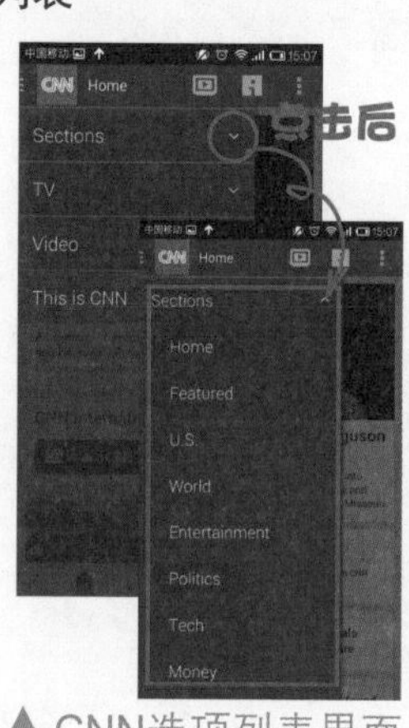

▲CNN选项列表界面

▲ 小米2S手机授权管理设置界面

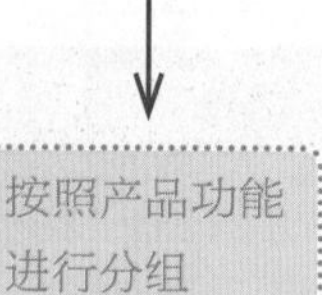

在简单的列表菜单之上增加搜索、浏览等功能后形成的列表形式

独特的列表形式

界面解析

列表菜单本身的结构特性使它很适合用来显示较长或拥有次级文字内容的标题。而在运用列表菜单式布局时需注意，列表菜单式布局与跳板式布局有着一定的共同点：它们中的每个菜单项都是进入应用产品各项功能的入口点，因此使用列表菜单布局的应用产品可以在所有次级界面中提供一个选项按钮，以方便用户用来返回主导航界面的菜单列表。

法则三 选项卡式布局

导航中选项卡式布局其实指的是导航栏采用了选项卡的表现形式，我们可以将其进行两种不同的分类，如下图所示。

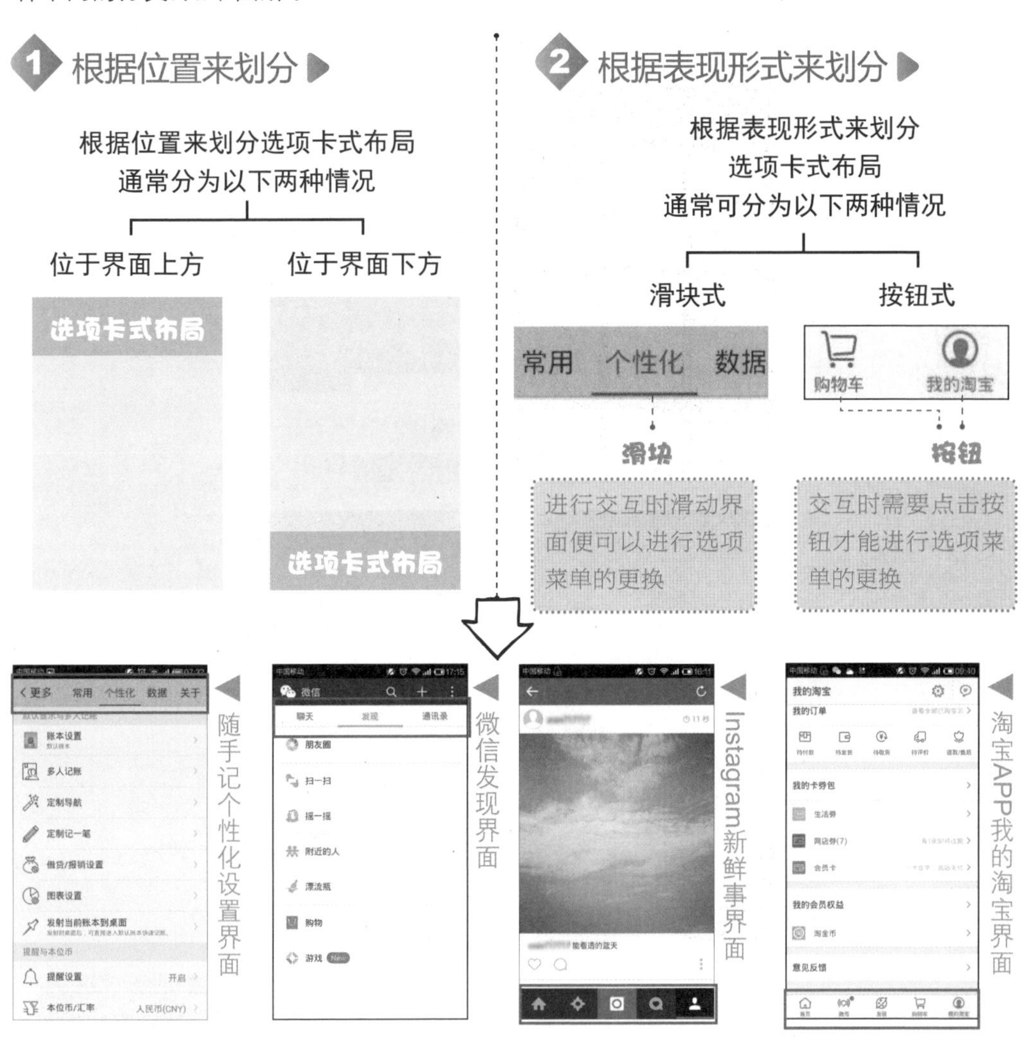

界面解析

采用选项卡式布局的导航栏能明确提示用户移动产品的信息分类，并对用户的操作形成指引的作用。同时，在设计时需注意区别选中与没选中的菜单选项，这样更能让用户明确自己所处的界面环境。

法则四 陈列馆式布局

陈列馆式布局与跳板式布局形式类似，都是利用网格让界面中的内容更为规范。然而陈列馆式布局重在“陈列”，其中的内容与跳板式布局不同，它是通过在平面上显示详细的内容项来实现导航，如下图所示。

海报工厂时尚素材下载界面

花瓣APP浏览界面

Instagram新鲜事界面

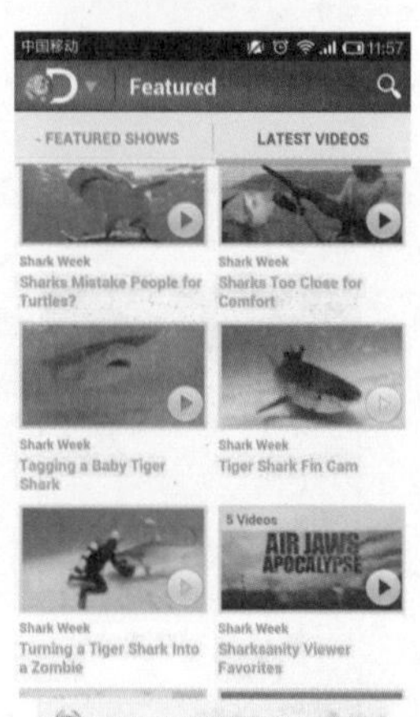

探索频道最新录像界面

界面解析

以Instagram新鲜事界面为例，点击界面中感兴趣的画面，可对图片进行进一步了解，此时，界面中图片的缩略图便起到了视觉导航作用，这也是陈列馆式布局的意义所在。

陈列馆式导航能够很好地应用于用户需要经常浏览、频繁更新的界面内容信息的布局。而在设计时，对内容进行分组能更易于用户浏览，如探索频道最新录像界面中的“FEATURED SHOWS”与“LATEST VIDEOS”的分类。

法则五 仪表式布局

▶条柱状形式的仪表布局

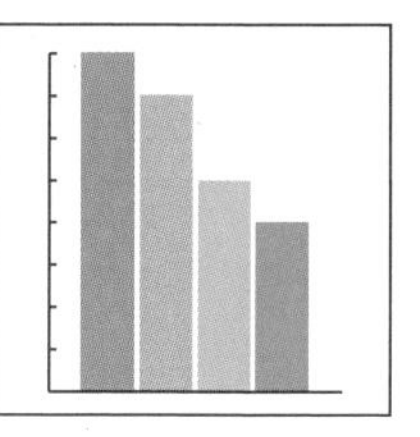

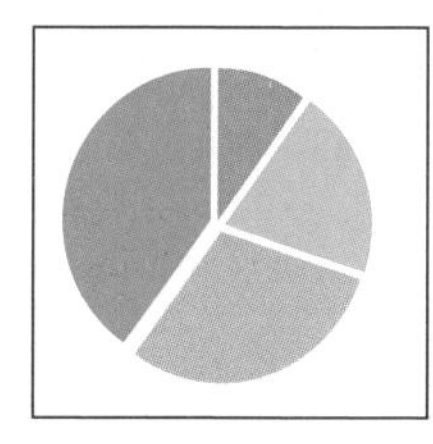

▲ 随手记APP分类支出界面

▲ 电量使用情况界面

界面解析

仪表式布局导航提供了一种度量关键绩效指标是否达到要求的方法展示。如上所示的两个界面图，通过仪表式布局分析形成对比，清晰地反映了每一项指标的情况与信息。

这种导航模式适用于商业应用、分析工具以及销售和市场应用产品中，设计时需要注意不要使用过多的仪表式布局导航，并且需要仔细研究后再决定应对哪些关键量度采用仪表式布局导航。

法则六 超级菜单式布局

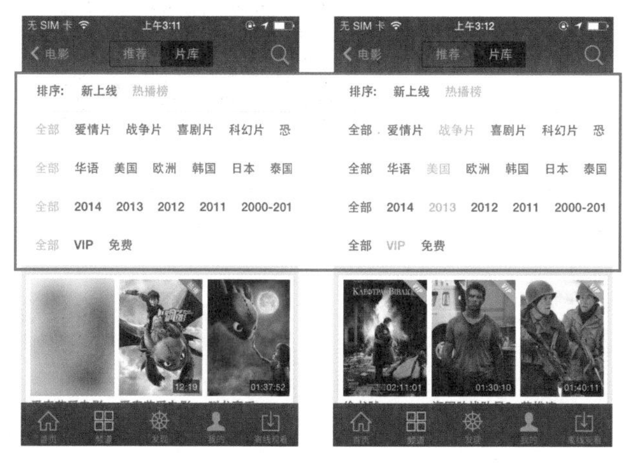

▲ 爱奇艺视频频道片库界面

界面解析

超级菜单式布局导航是在一个较大的覆盖面板上分组显示已定义好格式的菜单选项的布局形式，如左图界面中框出部分。

超级菜单相当于一个延续与附加的菜单，它在一定程度上可以精简与分流主导航中的选项，从而避免了跳板式布局导航中出现过多的选项。

法则七 隐喻式布局

采用隐喻式布局的导航，其表现形式会显得非常丰富，这种导航的特点是能够让界面与移动应用产品的整体环境更加切合，也能让用户更加真实地感受和体会应用的功能与情境，如下图所示。

▲ 开心消消乐游戏选关界面

▲ 小米2S手机录音功能界面

▲ IOS 7系统报纸杂志主界面

利用树藤隐喻了游戏关卡的选关导航

利用磁带和老式收音机的录音等按钮隐喻了录音操作导航

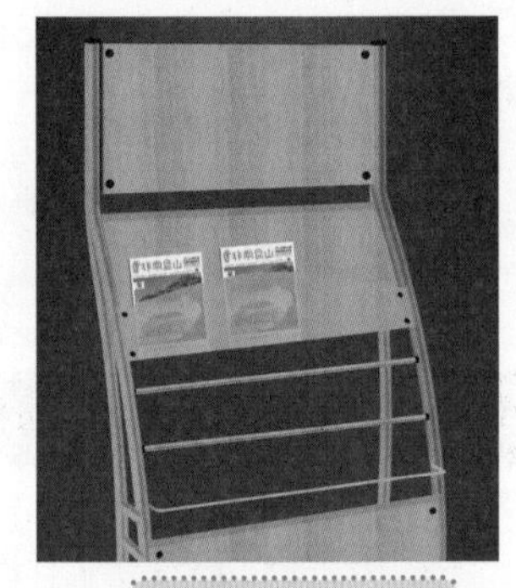

利用书架隐喻了图书选择导航

界面解析

综上所述，隐喻式布局相当于利用符合应用产品功能设定与情境的比喻、修辞、装饰手段，让界面在视觉上更富有表现的形式感，也让用户能够身临其境地感受移动产品的操作乐趣，享受到来自移动产品专属布局的独特视觉体验。

跳板式布局

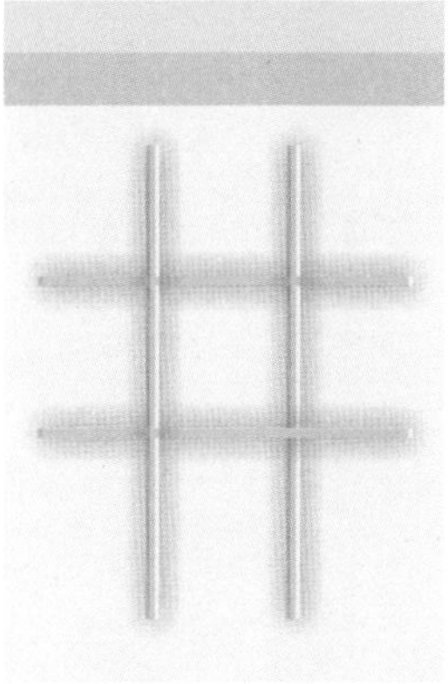

列表菜单式布局

选项卡式布局

陈列馆式布局

仪表式布局

超级菜单式布局

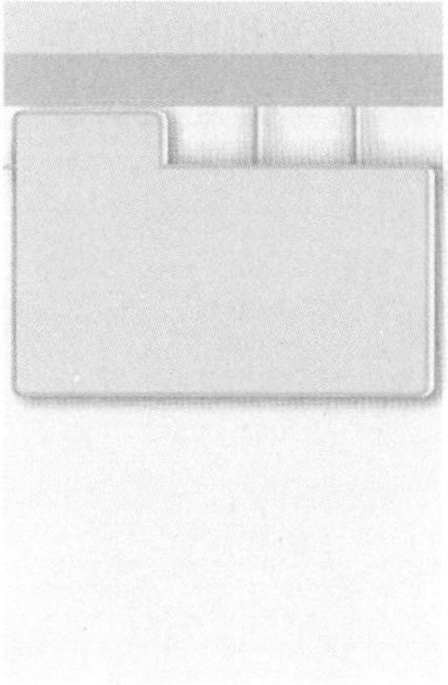

隐喻式布局

我们知道完美的导航设计不需要花去用户太多的思考时间，用户根据直觉便可以对应用程序与产品进行流畅的使用，这极大地提高了用户的效率与使用产品的舒适度，让用户拥有良好的体验。

总结前文所学内容，界面导航的布局可呈现如上所示的七种形式，这些布局形式有着各自的优点，它们显得清晰明了，会给用户带去较佳的操作体验，同时它们也在一定程度上给设计师们提供了导航设计的思路，然而它们并不是界面中导航布局的全部形式。

除了本小节所提到的七种界面导航布局形式以外，常见的界面导航布局形式还有本页所展示的另外五种形式。

而这五种布局形式分别对应了不同交互“隐藏”方式，也就是说它们与交互设计密切联系且息息相关。

在此，我们只做简单了解与展示，在本书第8章中，会详细讲到这几种布局形式与交互设计的方式。

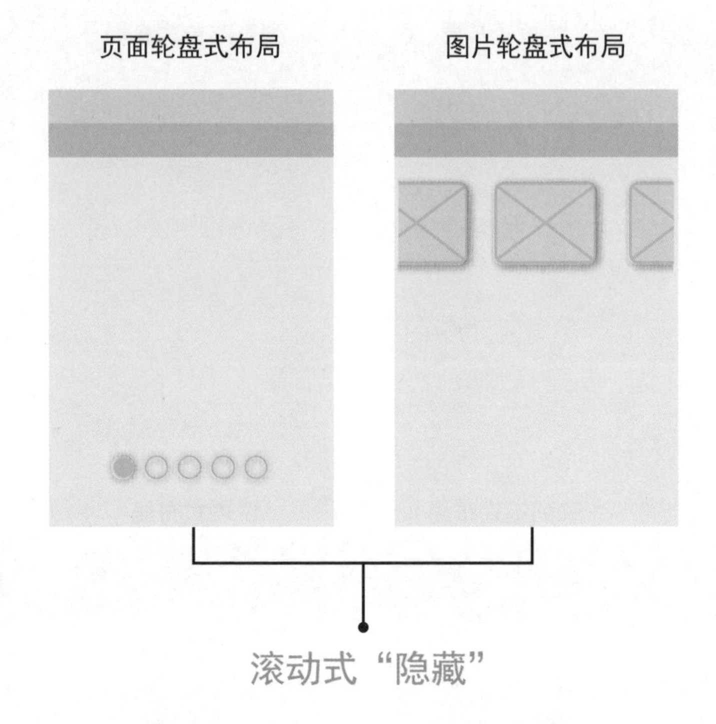

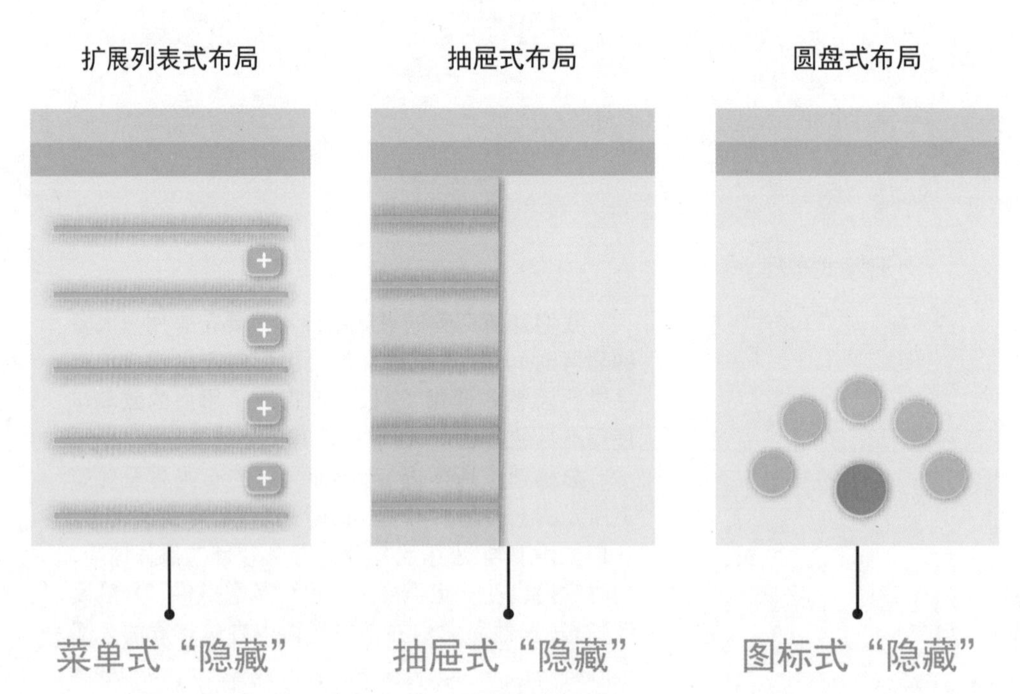

7.3 更具情感的界面布局

对界面中信息的合理布局，在一定程度上规范了界面的内容与元素间的安排，在视觉上给了用户一个干净而利落的浏览空间，在操作上也带给了用户便利与高效的体验。

除了在大体上把握界面设计布局以外，在界面中增添一些具有情感化的细节布局，也能起到美化界面、让界面具有引导性等作用，用户在接触与对这些界面进行操作时，人性化的细节添加，会让他们拥有更加愉悦的体验。

法则一 利用插图活跃界面氛围

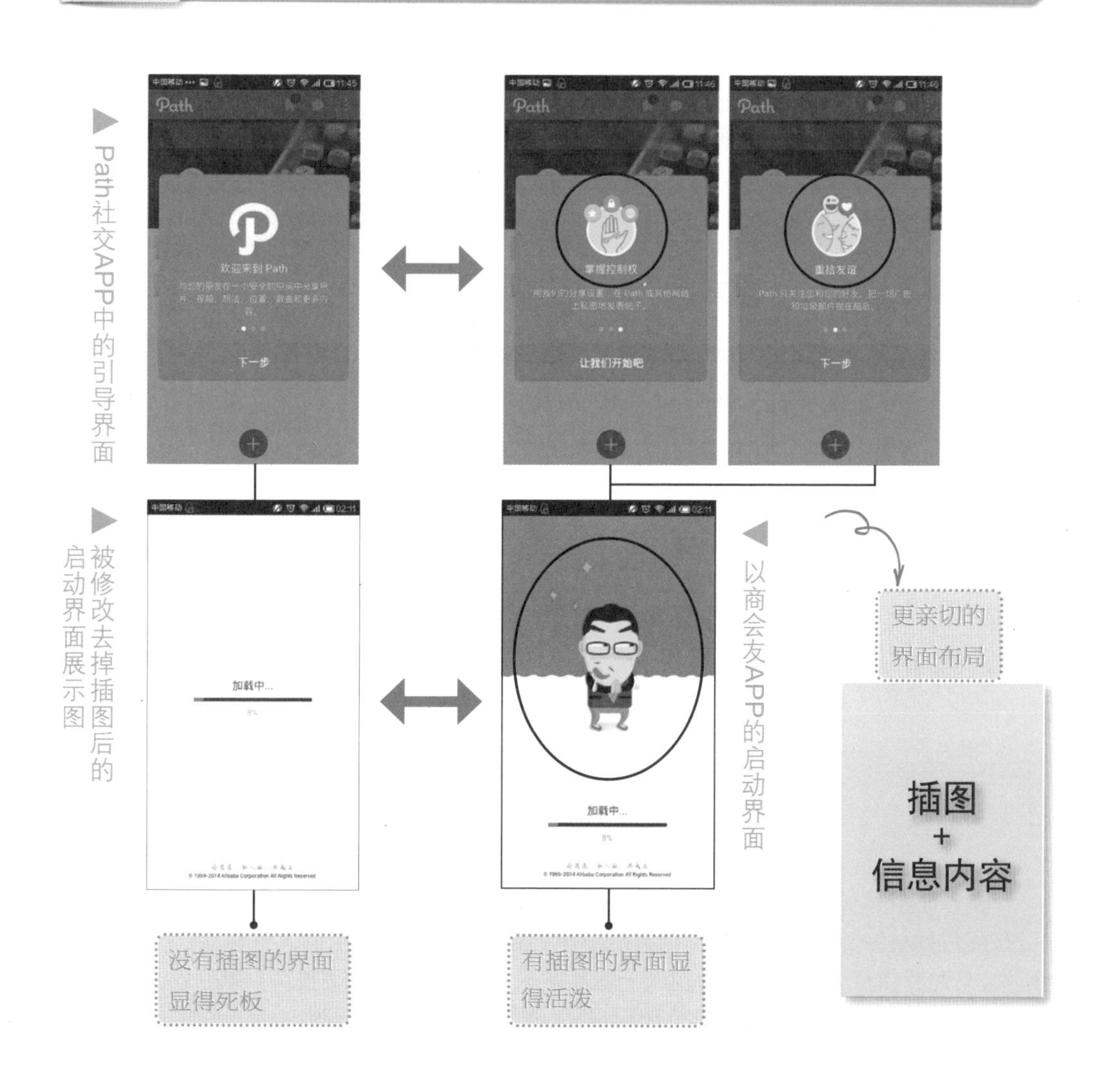

▲「多邻国」APP中的提示界面

界面解析

如上页中的界面对比所示，在界面中添加适当的插图能起到活泼界面的作用，同时也让内容信息不多的界面不会显得过于空旷，起到了饱满界面的作用。

“插图+信息内容”的表现其实也形成了一种界面布局的方式，这种布局方式常常被用在一些提示窗口界面中，如左图所示。若界面中只是用文字说明提醒，或是简单的图标如“√”“×”等可能会让界面显得冰冷，在界面空间允许的前提下加上插图，则能给用户带去更为亲切的感受。

法则二 步骤图标让布局更加人性化

除了给界面添加插图以外，添加具有步骤流程感的图标，能让用户更加明确APP的布局，给用户营造一个更为人性化与清晰明了的使用环境，如下图所示。

▲ 大姨吗APP用户注册界面

在注册账号的界面添加步骤图标，能让用户清楚明了注册账户时所需的步骤，让用户做到心中有数。

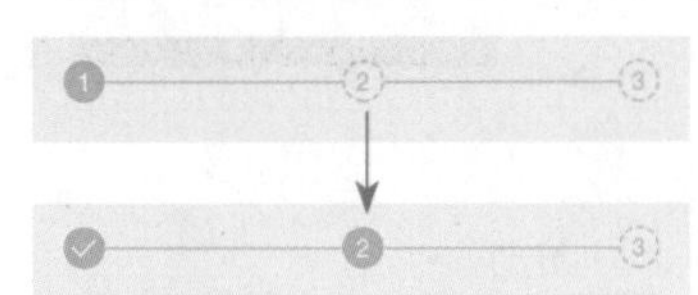

同时，又产生了交互变化的步骤图标也能让用户清晰地了解到自己操作到了哪一步。

界面解析

在界面中添加步骤图标这一细节的设置也形成了一种新的布局形式——步骤式指引布局，这样的布局能更好地引导用户进行界面的操作，显得更加人性化。结合上小节所学，有时我们可以将步骤图标加入一些插图的设计，也能让界面显得更具亲和力。

第8章

不容忽视的交互设计

- **了解交互元素与交互手势，并能通过了解对界面进行合理的视觉设计**
- **认识触控范围与移动UI视觉设计的关系**
- **认识交互“隐藏”与界面视觉布局的关系**

8.1 触控模式的设计

第7章我们从宏观的角度了解了移动UI视觉设计与用户体验的关系，其中适当的布局设计不仅能给用户带去良好的视觉享受与信息阅读浏览的体验，还能给用户在对界面进行操控时带去便利，其实这便涉及了人机交互的设计。在本章中，我们也将对它们进行一定程度的了解。

交互设计是建立在视觉设计的基础之上的——可以说界面中视觉元素的变化能增强交互感的体现；界面视觉元素尺寸的控制有时也与交互触控范围相对应，合理地控制两者能更加方便用户对界面的触控；交互设计有时会与界面的视觉布局设计相对应，不同的布局形式会采用不同的交互手势或交互呈现方式……

以上的诸多情况都说明了交互设计与视觉设计的联系，因此虽然本书的重点在于移动UI视觉设计，但我们也可以适当地结合交互设计来对移动UI视觉设计进行更加合理的优化，从而让用户能更为流畅地对移动产品或系统界面等进行操控与使用，从而提高移动产品或系统界面的价值。

法则一 设计界面交互元素让手势更加轻松

当我们在对移动设备中的界面进行操作的时候，不难发现，会存在各种各样的手势动作，有点击、双击、滑动、拖拽、下拉、摇晃等手势，如下图所示。以手机为例，通过对本书第1章的了解我们可以知道，这些手势代替了传统手机中的键盘，开启了人机交互的新时代。

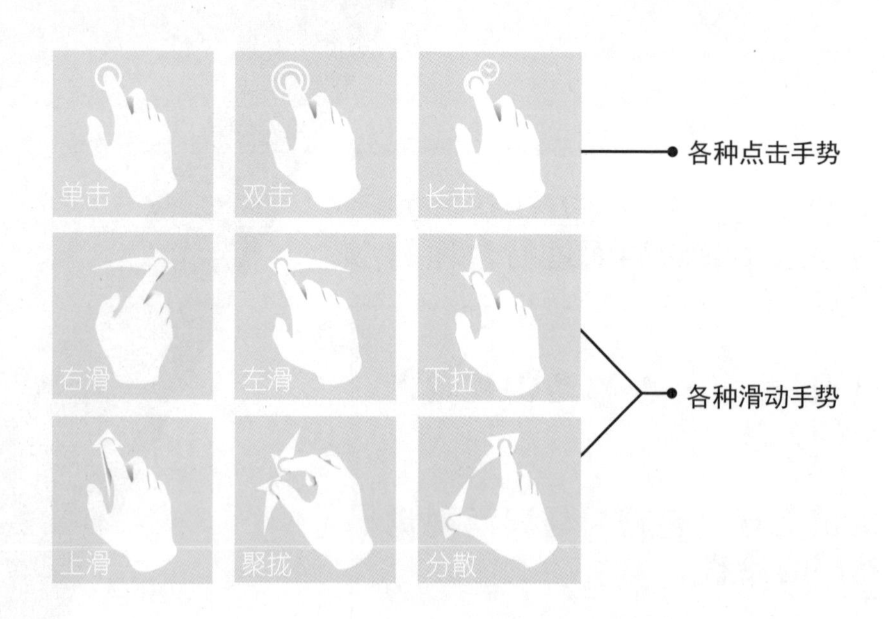

这些手势搭建了人与机器沟通的桥梁，开启了人机之间最为直接的联系大门。

当用户在进行机器的使用时，如何让用户发现这些手势？这便涉及了界面视觉设计，在界面中添加适当的交互元素与说明，能更加方便用户发现并使用手势，从而让手势与操作变得更为轻松，而什么又是交互元素呢？它与手势又有着什么关系呢？

其他交互手势

摇晃

拖拽滑块

旋转屏幕

交互元素简介

交互元素也可以称为交互控件，对于移动设备而言，它是移动互联网产品中的界面视觉小元素，但它却有着可操控性，如按钮、下拉菜单、滑动条等元素。

交互元素在与移动设备结合的同时都离不开“动态”这个词语，用户会通过这些元素形成与界面富有动感的交流和对话。这个过程中便产生了“手势”，而交互元素也有着与之对应的手势操作，如右图所示。

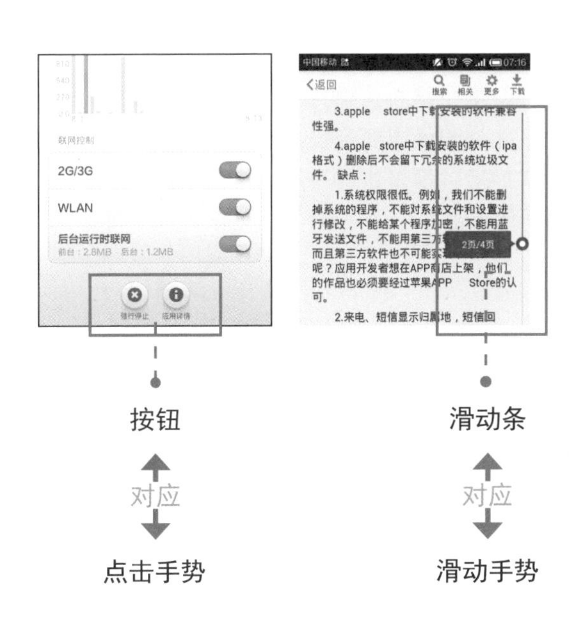

提示框交互组件

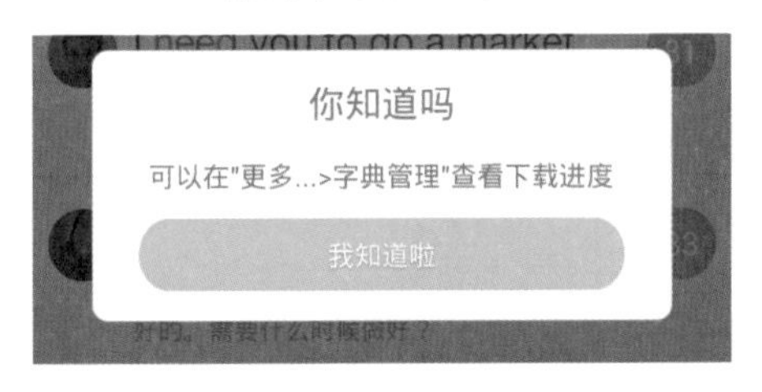

交互元素会构成交互组件，这是需要通过合理的组合与布局方式，然后形成比较通用及好用的控件组合，如左图所示。提示框交互组件整体是存在交互感的，它通常以弹出的方式出现，而组件中的元素也有着交互运动。

提示框交互组件

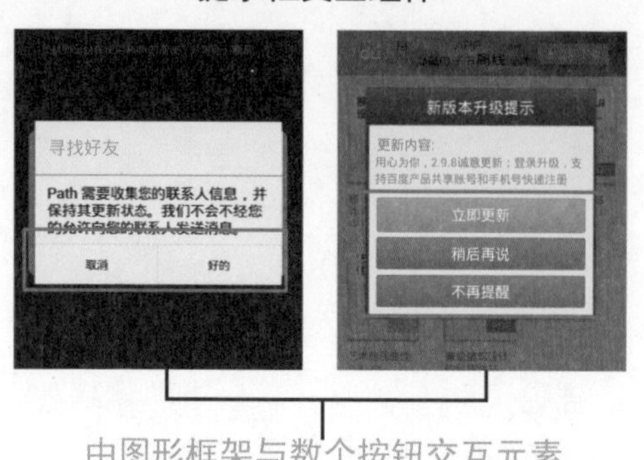

由图形框架与数个按钮交互元素共同组合而成

提示框组件布局：图形框架
提示框组件交互元素：按钮

交互组件的手势遵从于交互元素对应的手势。如该提示框交互组件的交互元素主要为按钮，因此其操作手势变为“点击”。

1 手势设计需符合用户交互认知习惯

通过上文的描述不难发现，交互元素也有着与之对应的手势操作，这样的对应关系其实是建立在用户的习惯与认知经验之上的。

对于用户而言，最终产品的质量与使用体验，离不开规范的组件及交互控件，而符合用户认知习惯的手势设计也是关键。比如在用户的认知习惯中，“按钮”这个视觉与交互元素通常对应的都是点击手势，此时如果在进行交互设计时将其设置为滑动手势，只会给用户带来困惑感。

符合用户交互认知习惯的手势设计

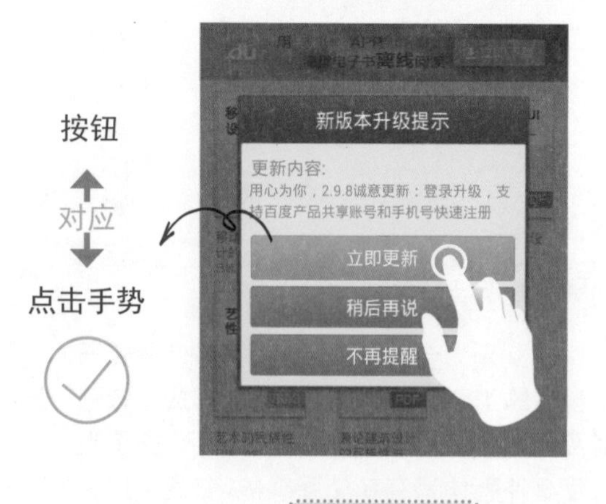

用户使用流畅

不符合用户交互认知习惯的手势设计

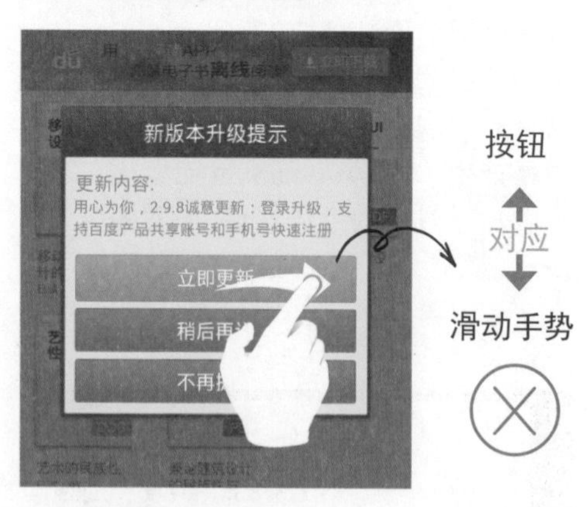

用户使用显得别扭与蹩脚

2 随时随地的交互提醒

除了设计符合用户交互认知习惯的手势以外，配合界面中的交互元素随时随地搭配与添加交互提醒说明也能让用户拥有更为轻松的操作手势，如下图所示。

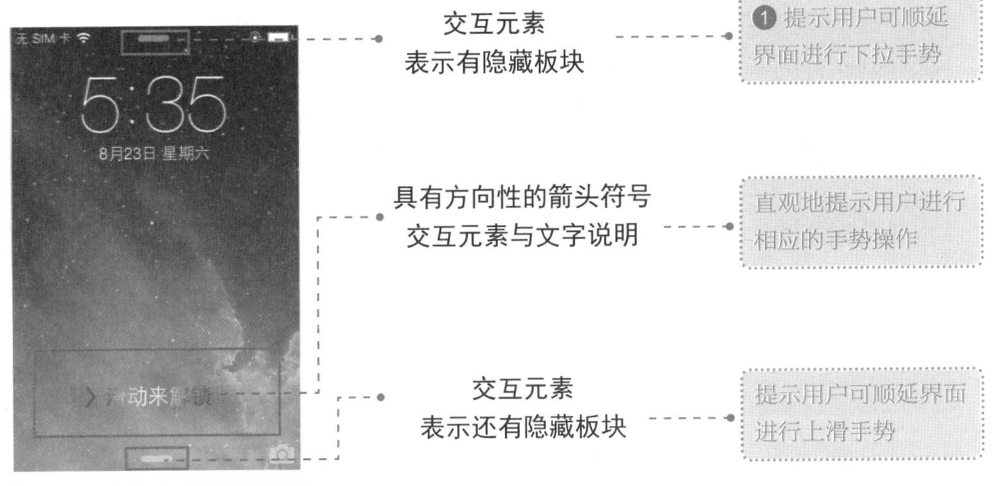

▲IOS 7系统中的锁屏界面

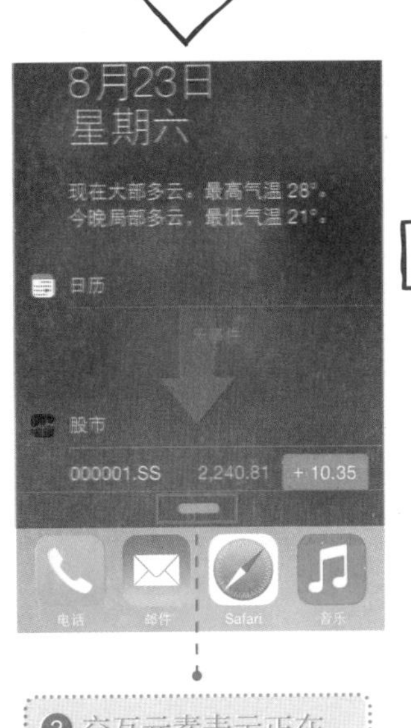

交互提醒的符号造型等可根据界面所需进行相应的调整。

如左图所示，当板块还在进行下拉运动时，交互元素呈现平直状态，下拉完毕时，则呈现具有向上方向性的符号，提示用户可进行向上滑动操作。

随时随地的交互提醒也能让用户更加轻松与明确地进行界面相应的操作，如本页所示的❶～❸这三个不同的界面操作效果，代表了三个操作手势。

3 新手引导建立交互手势认知

在界面中添加新手引导提醒不仅能够让用户更加注意到交互元素的存在，也能让用户建立对这些交互手势的认知，从而让用户能更为轻松地了解与执行操作手势，如下图所示。

▶ 开心消消乐新手指引界面

用户根据具有动态感的新手引导一步步地了解到游戏在操作玩耍时拥有怎样的手势动作

▶ Lets IN APP中的指引界面

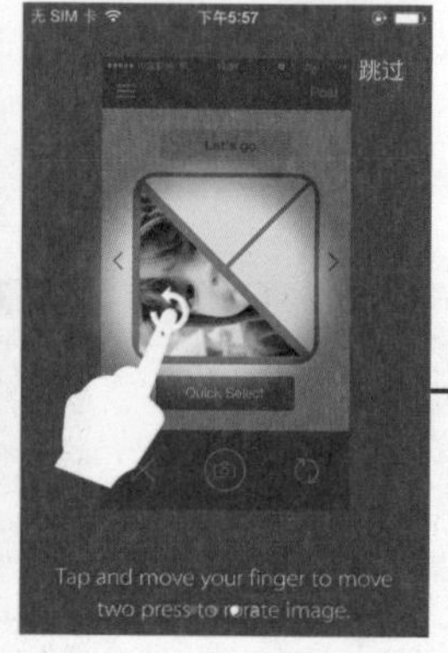

▶ 课程格子APP中的指引界面

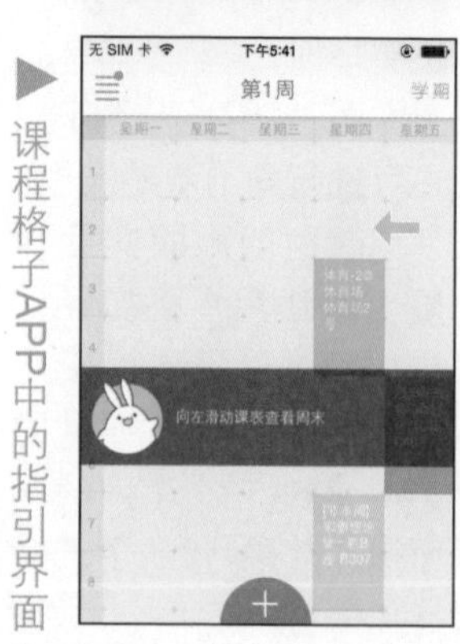

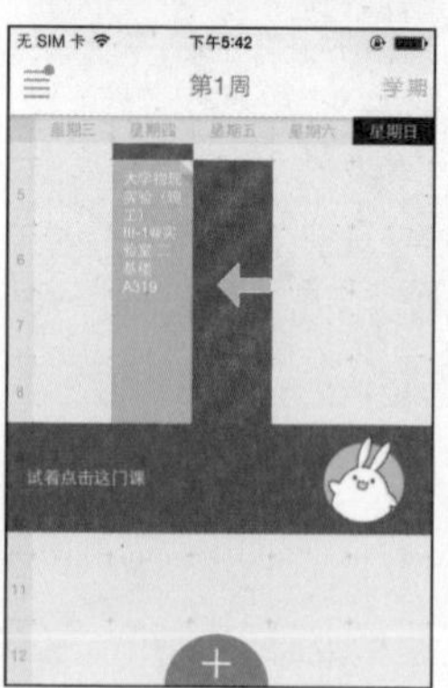

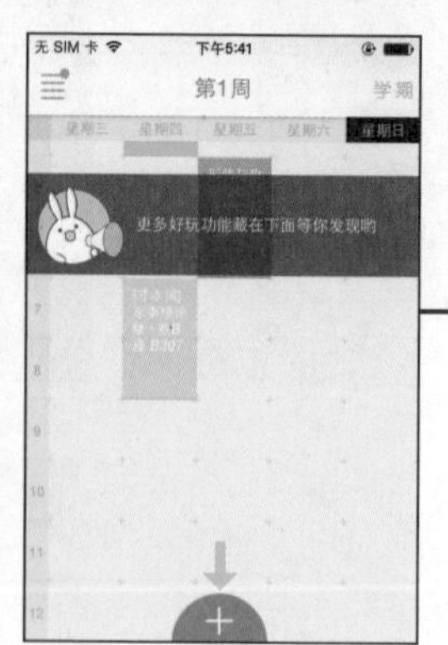

用户根据画面提示，可以了解到APP不同的功能与界面拥有怎样不同的手势操作

界面解析

综上所述，我们可以认识到什么是界面中的交互元素以及有着哪些操控手势。不仅如此我们还可以了解到，三种设置界面交互元素的方法，其目的都在于让用户能够更为清楚地了解到移动产品的操作手势，从而让用户对于移动产品的操作以及对手势的执行变得更加轻松。

法则二 通过元素变化增添触感体验

让交互元素产生操作前后的相应变化能让用户更为直接且清晰地体会到对界面命令执行的操作感与触碰感。交互元素变化的设置方法多种多样，其中最为常见的便为对色彩变化的设置，下面我们便来对这些方法进行相应的了解。

1 色彩变化带来触感体验

▲小米2S手机中浏览器界面导航条

对于收藏网址作为书签的命令而言，收藏与取消收藏按钮的色彩前后变化能更加方便用户对于书签的管理。如左图所示。

相比之下，没有色彩变化只有文字说明变化的按钮其变化力对比感较弱，无法让用户直观地看到对按钮进行操控后所产生的变化。

2 透明度变化带来触感体验

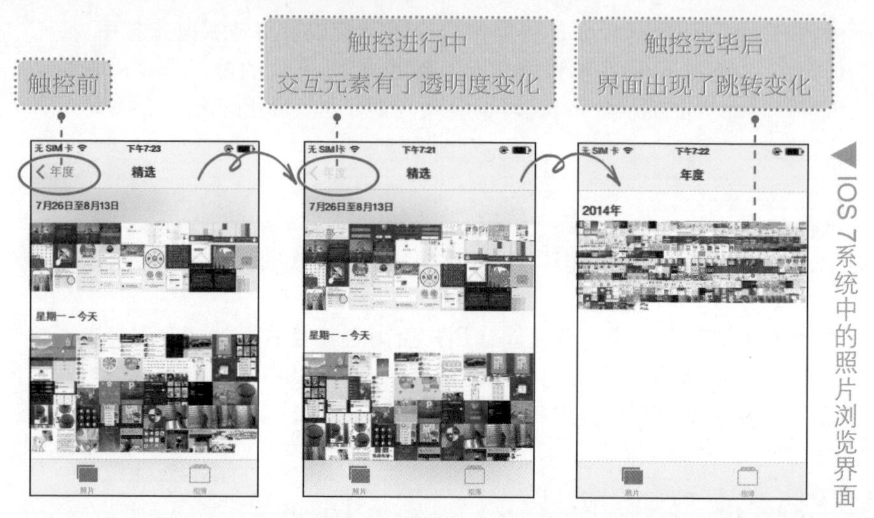

▲IOS 7系统中的照片浏览界面

交互元素进行透明度适当的调整变化也能给用户带去较强的触控感，如上图的界面所示。交互元素“年度”按钮在触控前后呈现透明度逐渐降低的变化，暗示着界面跳转按钮逐渐消失的状态，同时也能让用户感受到对按钮的控制。

3 富有形式感的变化带来触感体验

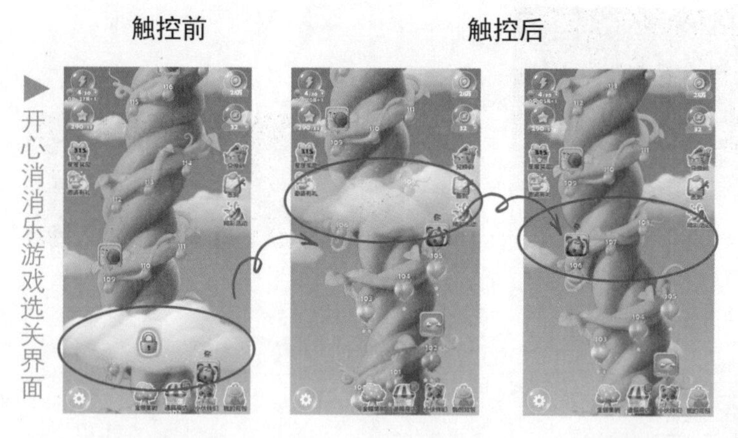

▶开心消消乐游戏选关界面

富有形式感的交互元素尤其体现在游戏APP中，其表现方法多变，可根据游戏的实际情况进行设计。

如左图中的界面所示，将解锁命令设计为锁与云层的造型，点击后锁消失、云层散去，视觉的变化带来了触控体验。

界面解析

通过上文所述我们可以感受到，将触控的变化可视化——给界面中交互元素进行视觉的变化，如色彩、形象等变化，这种从视觉上体现变化的交互设计，能更为直观地给用户带去触控感体验，也让用户更清楚明了自己正在所进行的操作，从而获得更好与更为便利的触控与交互体验。

8.2 注意用户的触控范围

就一定程度而言，移动设备中的触控范围其实是与交互元素的尺寸大小息息相关与对应的，如一个交互按钮，其触控范围大小便不会超过该按钮在界面中的尺寸大小。而由于交互元素的尺寸大小属于移动UI视觉设计，因此我们可以说，触控范围的设计其实也离不开对于视觉的设计。

下面通过两条法则来简单了解下，如何适当地进行视觉上的设计去让用户拥有更为舒适的触控交互范围，从而让用户获取更为良好的交互体验。

法则一 交互按钮能使用户命中目标

关于“交互按钮能使用户命中目标”这个法则，在本书第1章中已略有提到，而又如前文所述：“一个交互按钮，其触控范围大小便不会超过该按钮在界面中的尺寸大小”，这可以说是一个基本的交互设计原则。

如下图所示，交互按钮——图标的尺寸大小，其实也影响着用户的交互体验，也就是用户命中目标的程度。这便要求我们在进行移动UI视觉设计时，注意控制交互按钮的尺寸大小，从而给用户带去视觉与操控的良好体验。

交互按钮尺寸过小

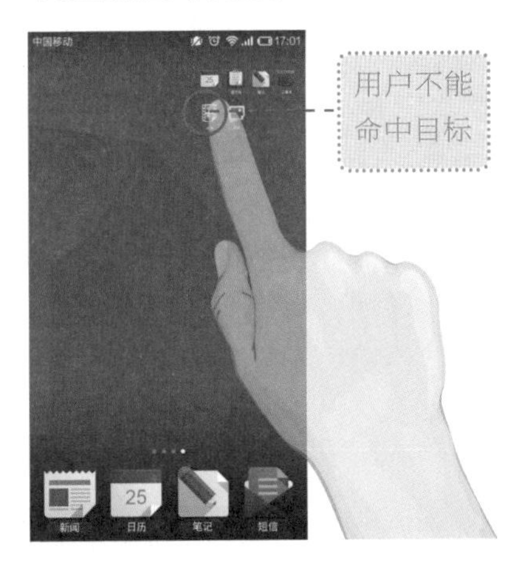

尺寸过小的图标不仅在视觉上影响了用户对于图标的阅读与浏览，并且也容易使用户在点击某个图标时，因其过小的触控范围而产生误点击到其他图标之上的情况。

交互按钮尺寸适中

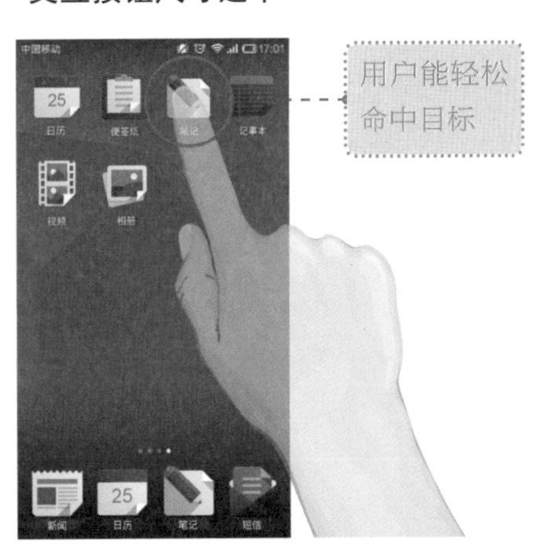

相比之下，适当地调节交互按钮的尺寸等于合理地调整了按钮的触控范围，用户便能轻松地对按钮进行触控与点击，如上图所示。

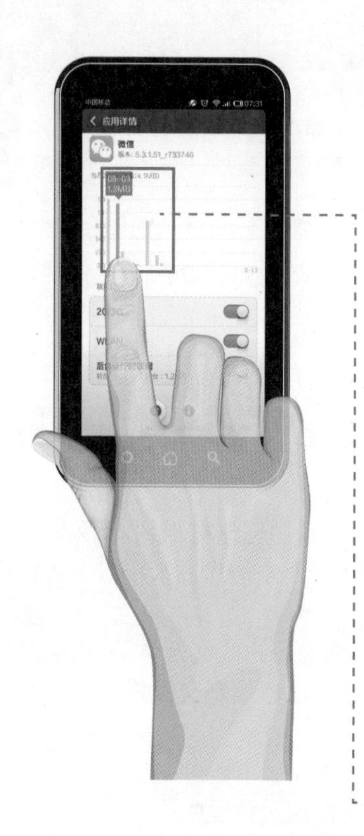

交互按钮尺寸过小使其触控范围较小，而导致用户不方便操作的情况，其实也体现在小米2S手机网络助手系统功能中的应用详情界面之上。

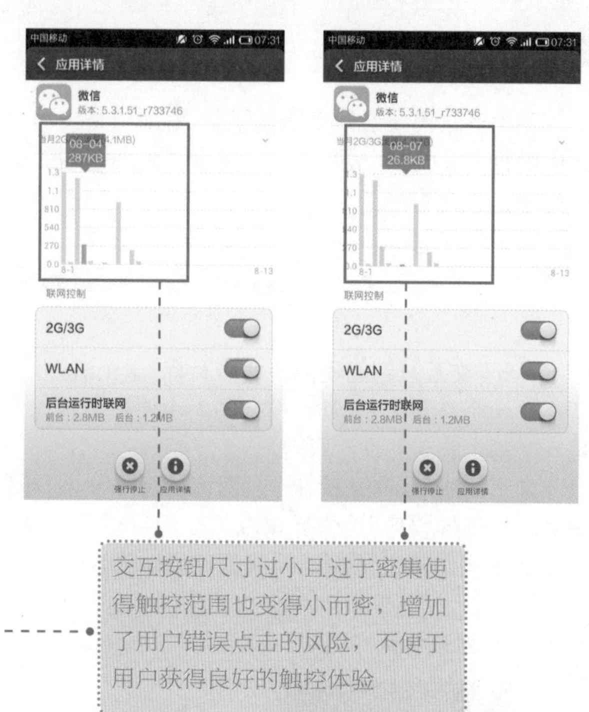

交互按钮尺寸过小且过于密集使得触控范围也变得小而密，增加了用户错误点击的风险，不便于用户获得良好的触控体验

▲ 小米2S手机网络助手应用中微信流量使用情况界面

设计优点

如本书第6章所提到的微信流量使用情况界面，如上图所示，动态图表的设计增添了用户的操控乐趣与界面视觉表达的多样性。

设计缺陷

由于图表中交互按钮的触控范围过小且过于密集，用户很难精准地点击到某个柱状方块以查看流量使用的情况，而这也是该界面需要改进的地方。

界面解析

综上所述，当我们在进行移动UI视觉设计时，其实是需要兼顾视觉与操控体验的。在视觉上达到能够传达界面信息的作用后，思考该板块是否适合进行交互设计，或者如何加入交互动作，是非常有必要的，这样才能设计出能使用户命中目标的交互按钮，从而更加便于用户对于界面的操控与浏览。

法则二 不居中更好用

“不居中更好用”的法则可以从两方面去体现，一方面是从用户持握移动设备的习惯而言，另一方面则是从界面中需要突出的重点信息而言，如下面分析所示。

1 掌握持握方式让不居中的设计更好用

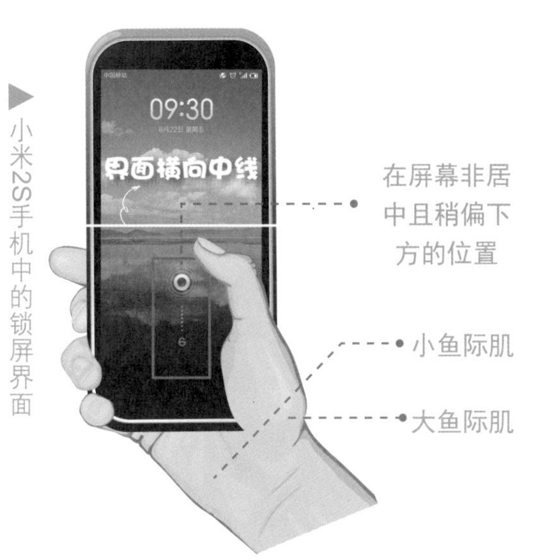

如左图所示，通常用户会习惯性地握住手机靠下方的位置，以让大小鱼际肌支撑住手机，从而保证持握手机的稳固性。

为了配合用户这样的持握方式，在设计锁屏界面时，可以将解锁按钮安排在屏幕非居中而稍偏下方的位置。

这样的设计能让用户更加稳固地握持手机并进行操作，把握住了用户的生理机能与习惯，在一定程度上降低手机掉落的概率，方便了用户的操作。

2 非居中对称突出重点信息

如右图所示，以界面纵向中线对称设计的按钮，虽然有色彩的区别可以突出重点按钮，而相比之下，非居中设计让按钮尺寸有了大小区别，能进一步突出重点按钮，从而引导用户点击此按钮。

界面解析

如上文所述，界面中元素或组件的居中存在两种方式：一种是以横线中线居中，一种是以纵向中线居中。根据界面所需进行合理的安排，有时不居中的设计反而更加方便用户进行相应的操作。

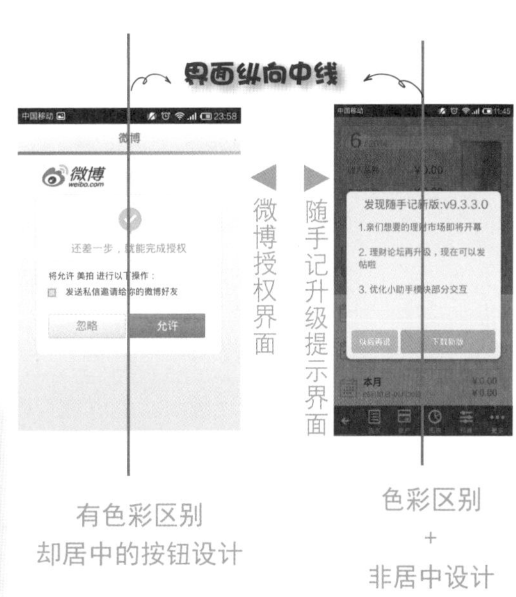

有色彩区别却居中的按钮设计

色彩区别 + 非居中设计

8.3 将次级信息“隐藏”起来

在第7章中，当我们提到界面导航布局形式时，已经提到了“隐藏”这个词语，也提到了与“隐藏”相关的布局结构，而在这里“隐藏”其实指的是一种交互的动作，它相当于对于界面空间的附加利用。

在有限的空间内，再增添与附加一个可以隐藏的板块，这样能让界面的可利用空间变得更大，同时也更赋予了用户交互与操作的趣味感，下面通过对本节的学习，我们来具体了解下具体有着哪些“隐藏”的方式。

法则一 滚动式“隐藏”

如第7章所述，对于页面轮盘式布局与图片轮盘式布局而言，其实它们便是使用了滚动式“隐藏”的交互动作，如下图所示。

什么是滚动式“隐藏”呢？当界面中的信息呈现这样一种情况时，我们将它们称为使用了滚动式“隐藏”的表现方式——前一个信息内容在滚动交互中被下一个信息内容所代替，此时，前一个信息被“隐藏”，而完成这一过程的动作需要呈现滚动状态。

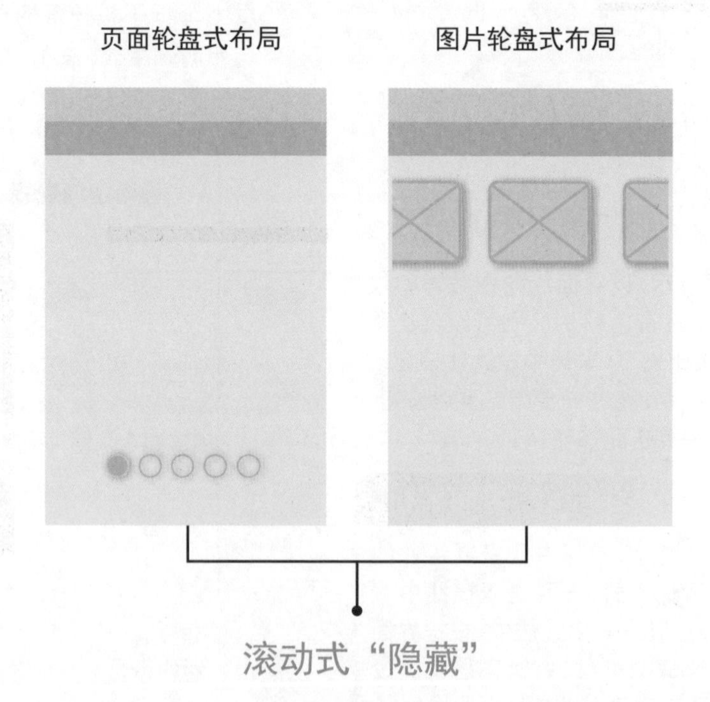

通常滚动式“隐藏”会呈现如下图所示的三个交互画面。

步骤 1:

前一个信息内容

步骤 2:

前后信息以滚动的方式进行交替

步骤 3:

前一个信息内容被“隐藏”，界面展示了第二个信息内容

右上方飞入动作

旋转飞入动作

左下方飞入动作

逐渐放大动作

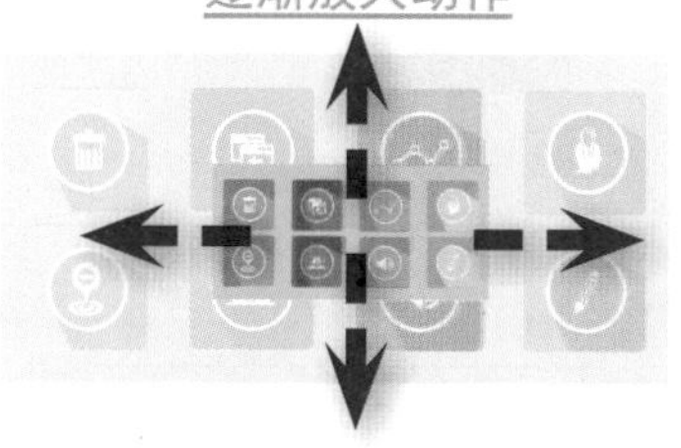

滚动式“隐藏”的重点在于动作需要呈现滚动状态，而左图所示的这些动作都是非滚动形式。

综上所述不难发现，采用了页面轮盘式布局以及图片轮盘式布局形式的界面其实便是使用了滚动式“隐藏”的交互方式，下面通过具体的界面我们可以更直观地感受到布局与交互动作之间的结合。

1 页面轮盘式布局与滚动式“隐藏”

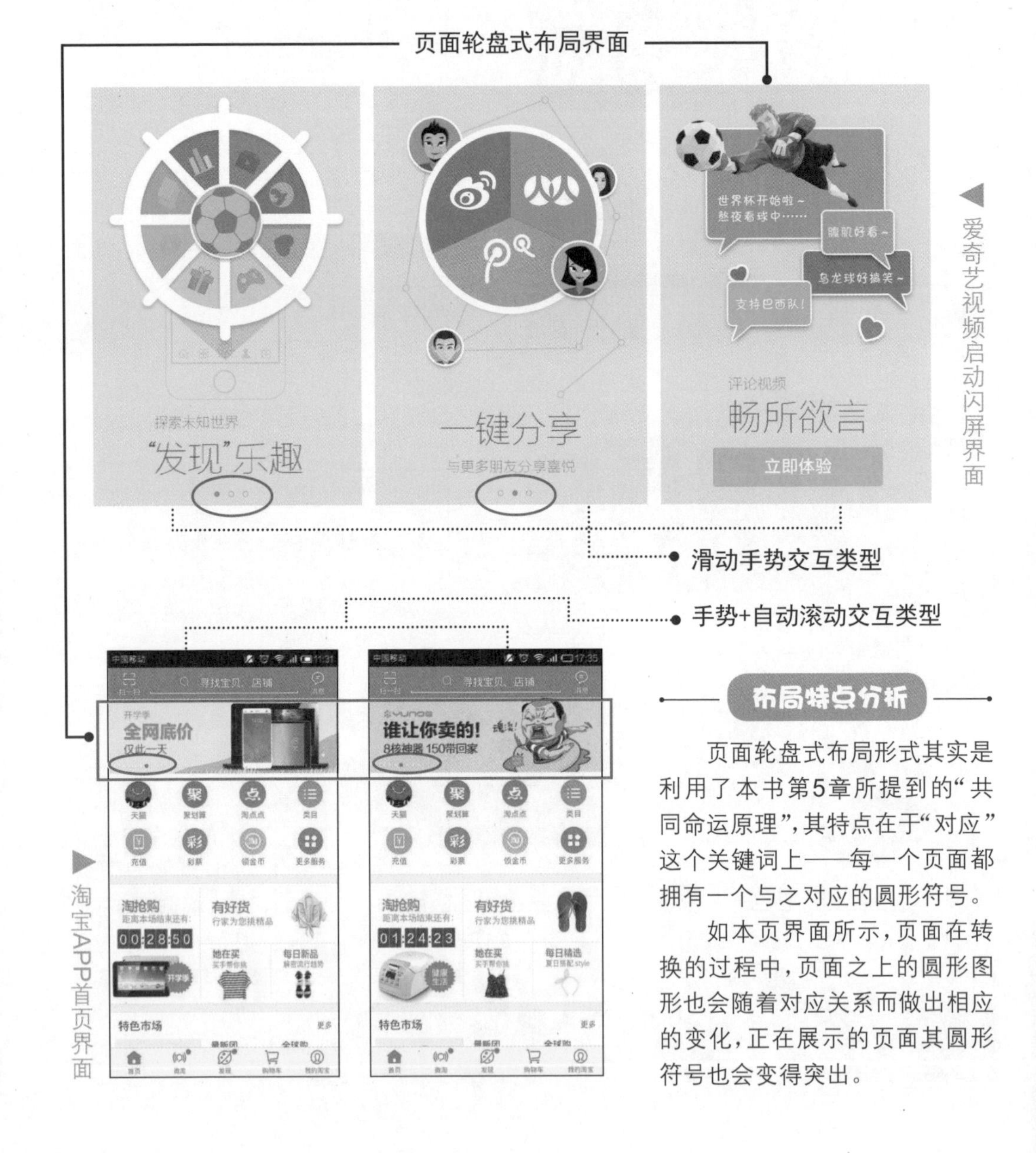

布局特点分析

页面轮盘式布局形式其实是利用了本书第5章所提到的“共同命运原理”，其特点在于“对应”这个关键词上——每一个页面都拥有一个与之对应的圆形符号。

如本页界面所示，页面在转换的过程中，页面之上的圆形图形也会随着对应关系而做出相应的变化，正在展示的页面其圆形符号也会变得突出。

交互方式分析

如前文所示，页面轮盘式布局是一种呈现动态的布局方式，而其交互的动作主要有人为手动、自动以及手自结合三种形式，如下分析所示。

滑动手势交互类型

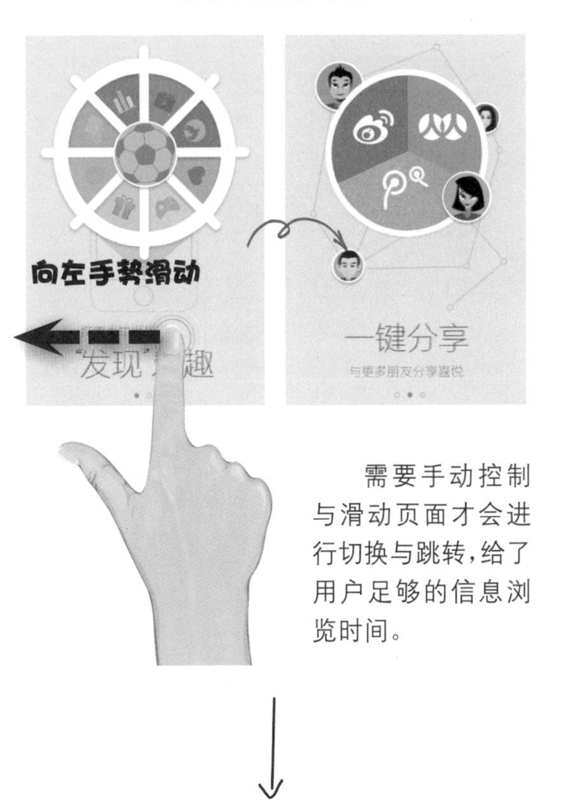

需要手动控制与滑动页面才会进行切换与跳转，给了用户足够的信息浏览时间。

纯滑动手势交互类型页面的优点在于给用户提供了一个可控制的信息浏览时间，提高了页面与页面之间滚动的可操控性。

因此在设计这些页面中内容时可以选择一些较为重要的信息，这样用户便会有足够的时间去停留与记录这些信息，避免了自动滚动跳转因过于灵活而带来的不便利感。

手势+自动滚动交互类型

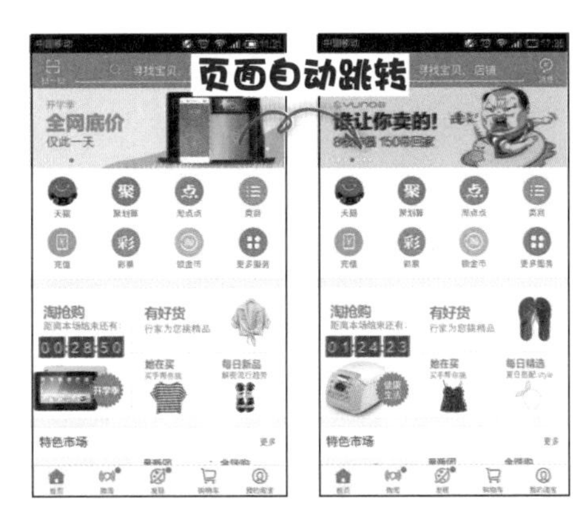

无须手动，页面会自动进行滚动跳转，直接形成视觉与设备的互动。

当用户没有浏览完毕页面中的信息时，又可以利用滑动手势回到上一个页面，形成手势与设备的互动。

手动+自动滚动交互类型的页面多用于界面中流动广告的板块，如上图的界面所示。

其优点在于可以解放用户的双手，在设计时需要注意控制好页面转换的时间间隔调整，否则，过快的滚动，会让用户来不及浏览信息，从而又需要进行手动操作。

注意事项

结合前文所展示的界面以及前文中布局特点的分析，不难发现，在页面轮盘式布局形式中，页面与圆形符号是会产生对应关系变化的，而圆形符号也会因对应而呈现变化。

这形成了页面轮盘式布局与滚动式“隐藏”之间的结合，这样的结合能让用户更加直接明了地了解到界面中一共有几个需要展示的页面，也能对自己所处在第几个页面进行直观的了解，如下图所示。

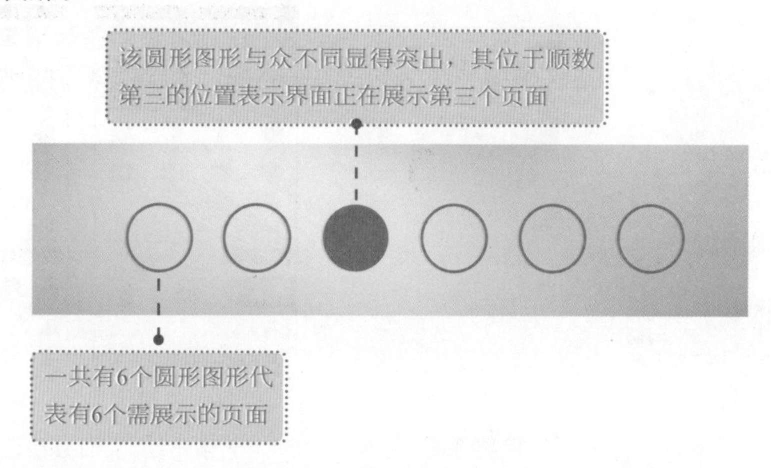

然而我们需要注意的是，这样的布局与交互并不适用于过多的页面展示之中。我们知道一个页面便对应一个圆形符号，过多的页面只会产生过多的圆形符号，这样不仅不便于用户直观与快速地对总展示页面个数进行了解，过多的圆形符号排列在页面中也会影响页面的美观，或是对页面中信息的展示形成阻碍，如下图所示。

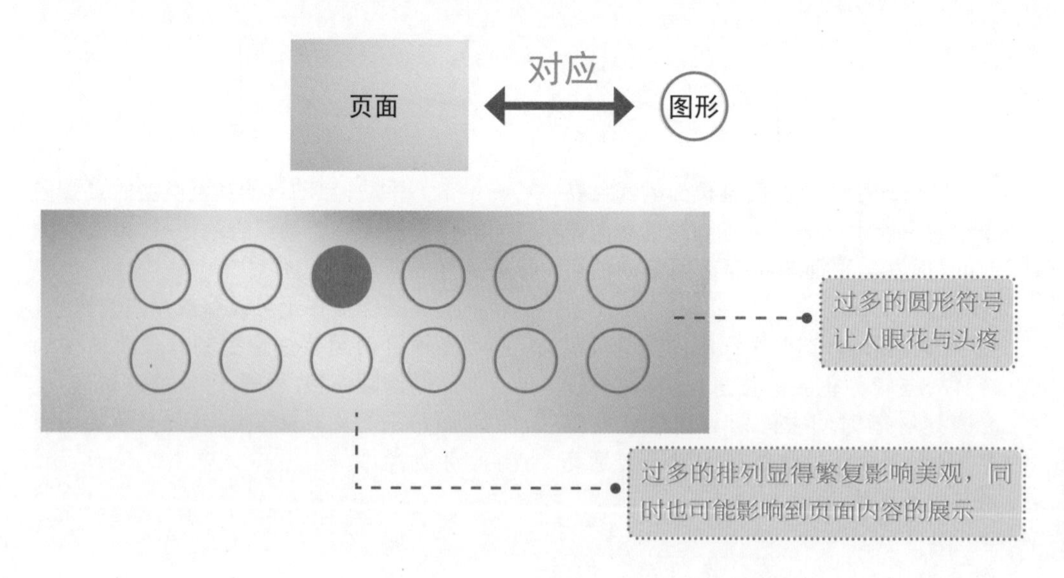

2 图片轮盘式布局与滚动式“隐藏”

图片轮盘式布局与页面轮盘式布局形式相似，并且它们拥有相同的交互动作，只不过图片轮盘式布局主要针对的对象为图片，而这种布局方式其实也就是我们第3章所提到的具有承接关系的浏览布局，如下图所示。

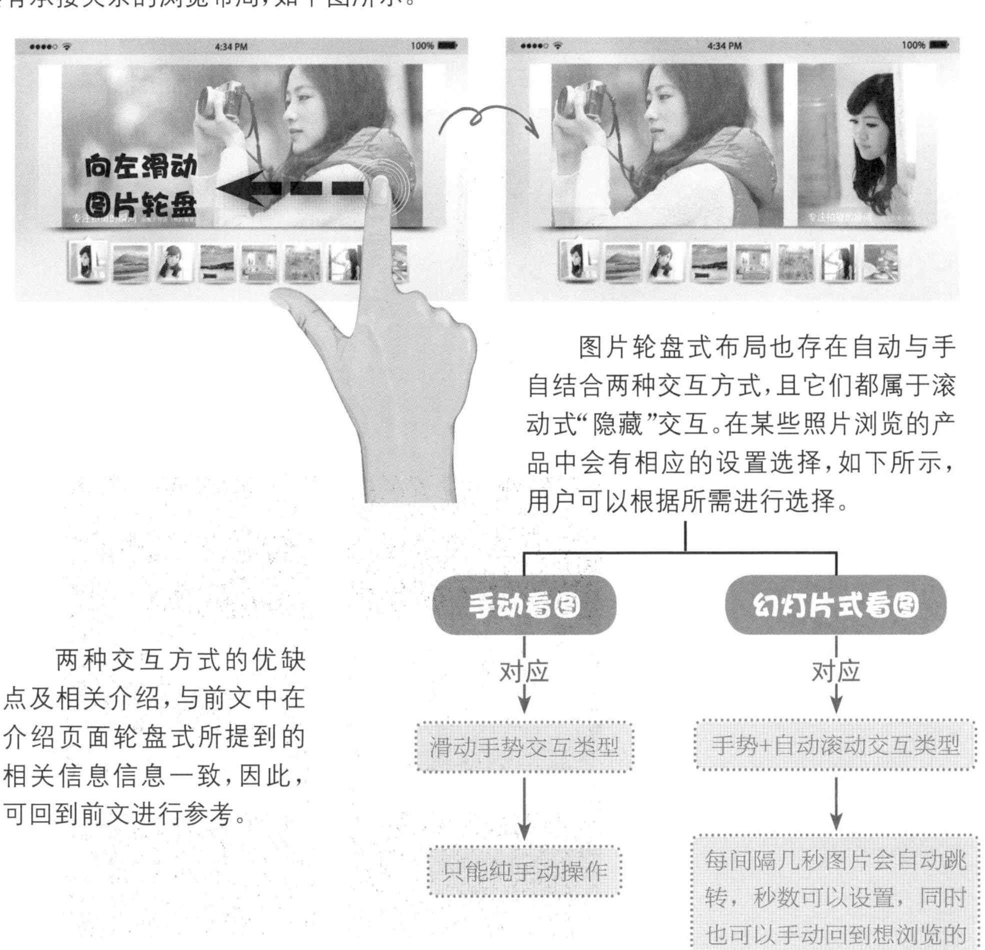

图片轮盘式布局也存在自动与手自结合两种交互方式，且它们都属于滚动式“隐藏”交互。在某些照片浏览的产品中会有相应的设置选择，如下所示，用户可以根据所需进行选择。

两种交互方式的优缺点及相关介绍，与前文中在介绍页面轮盘式所提到的相关信息信息一致，因此，可回到前文进行参考。

图片轮盘式布局能通过图片更为直观地显示悦目的内容，如产品、照片或艺术品等。此时，也可以结合使用箭头、部分图片内容或是页面指示器（也就是前文中页面轮盘式布局中所使用的圆形图形），来对界面进行更为细节的装饰。

这些装饰可以在丰富图片轮盘式布局的表现形式的同时，让界面拥有良好的视觉化功能可见性，以此提醒或告知用户界面中还可以访问的更多内容。下页中的界面便是结合了箭头、部分图片内容与页面指示器所形成图片轮盘式布局。

箭头符号

让用户拥有更多的交互方式，除了滑动界面，还可以点击箭头符号按钮

页面指示器

让用户能够明确总的页面数量以及当前所处的页面位置

部分图片内容

给用户提供了一个预览其他图片简要信息的空间与机会

▶手机相册展示界面

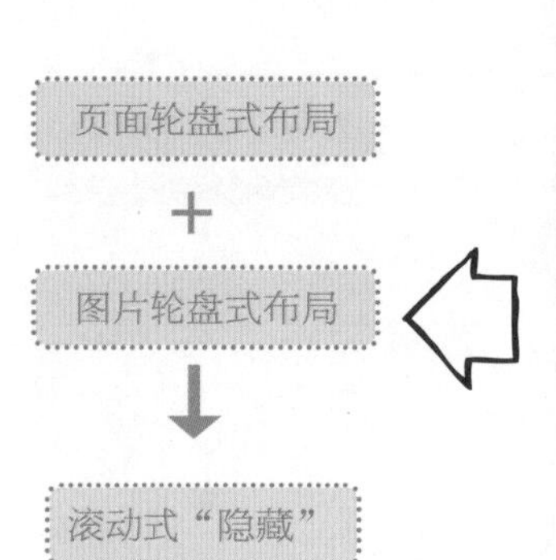

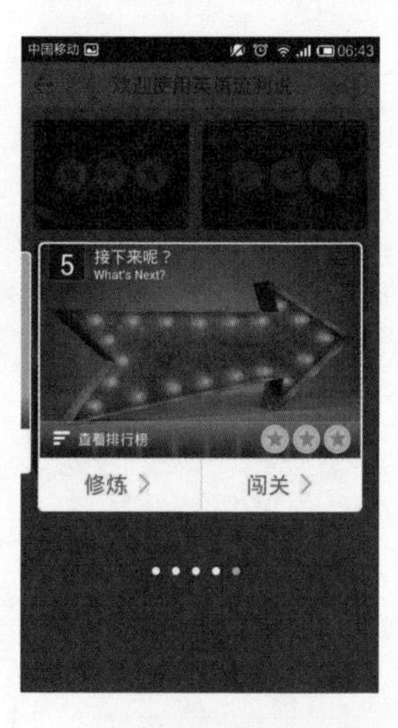

◀英语流利说学习APP的选关界面

界面解析

综上所述，鉴于页面轮盘式布局与图片轮盘式布局都采用了滚动式“隐藏”的交互方式，因此当我们在给界面中的板块进行布局时，可以将两者结合，给用户提供更为明确的浏览指引，如上面的界面所示。需要注意的是，这样的方式不适用于拥有过多页面的界面。

法则二 抽屉式“隐藏”

如果说滚动式“隐藏”的交互方式是通过“滚动”的形式将界面或页面中的次级信息暂时“隐藏”起来的话，那么抽屉式“隐藏”则是通过类似于关拉抽屉的方式将次级信息“隐藏”起来的，如下图所示，而这样的交互方式也对应了抽屉式的界面布局形式。

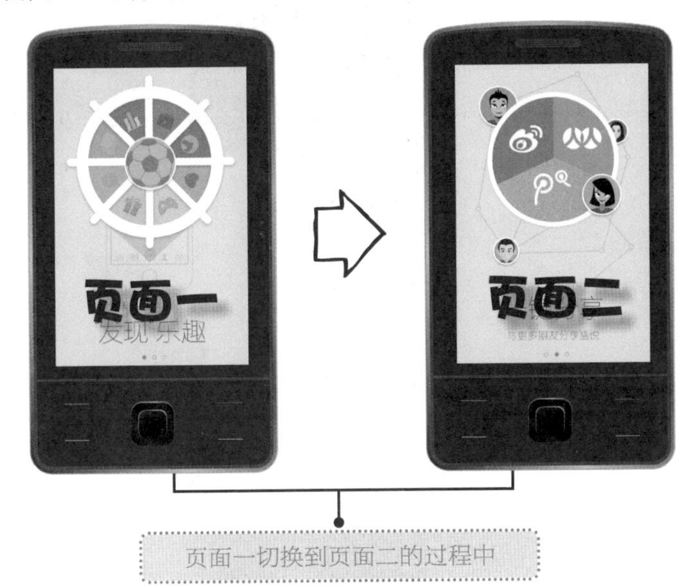

页面一： 变成了浏览过的信息
成为了次级信息
被需要浏览的信息“页面二”所代替

页面二： 此刻暂时成为了主信息

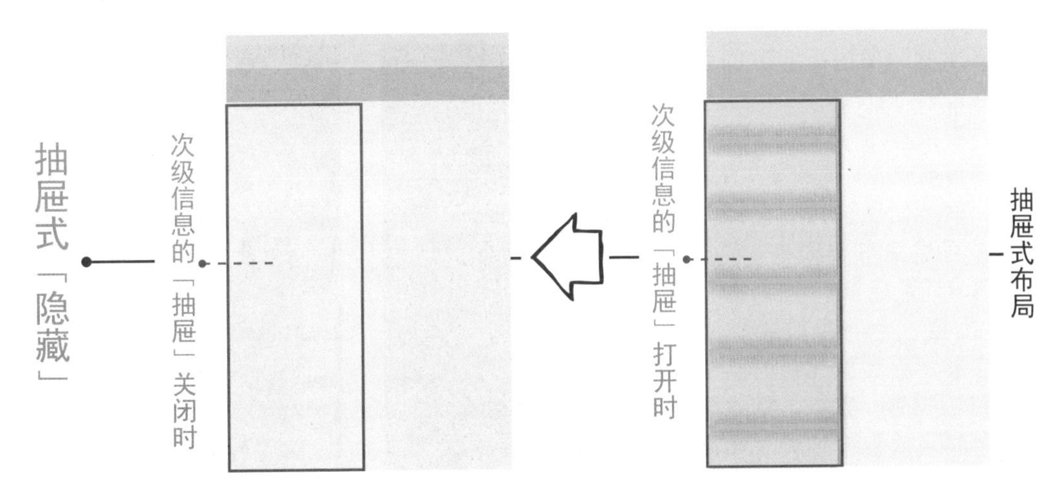

当我们在使用抽屉时，必定会伴随着抽屉的开关，这是抽屉的价值与功能的体现。同理，在界面中采用抽屉式布局时，也一样会采用抽屉式“隐藏”交互方式，如下图所示。

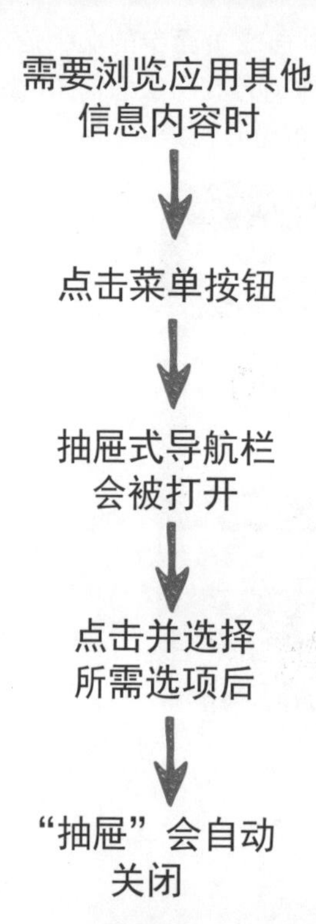

▲网易新闻APP界面与抽屉式布局及交互

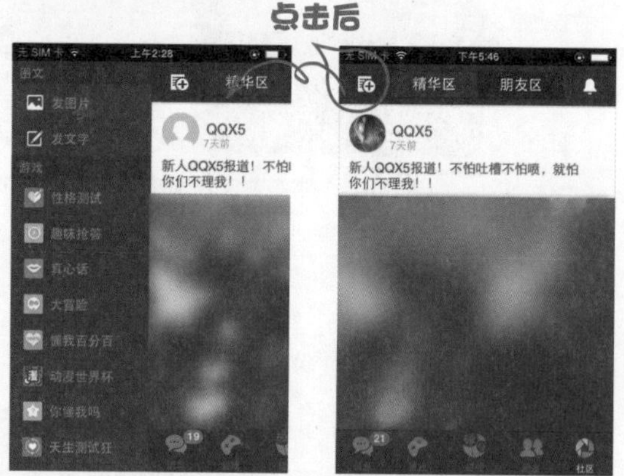

▲碰碰APP界面与抽屉式布局及交互

▲PPTV聚力APP界面与抽屉式布局及交互

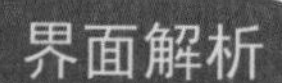

界面解析

如上所述，采用了抽屉式布局的导航栏就如同抽屉一般，会在界面的一侧进行合适的开合交互运动。这样的设计不仅节省了界面空间，而且不影响用户对于界面正文信息的阅读与浏览。

不难发现这样的设计常被用在导航信息布局中，但由于其具有“隐藏”性，因此在设计时，需要注意将导航中核心的内容展示界面放在随时能够看得到的位置，而较次要的导航信息则可放置在抽屉式布局的导航栏中。

法则三 菜单式"隐藏"

扩展列表式布局是指通过下拉列表或点击相关按钮等方式以显示更多的信息，从而扩展主列表这样一种布局方式。而在这一过程中，会出现一个下拉或点击的动作，这些动作便导致了"隐藏"的交互感的产生，如下图所示。

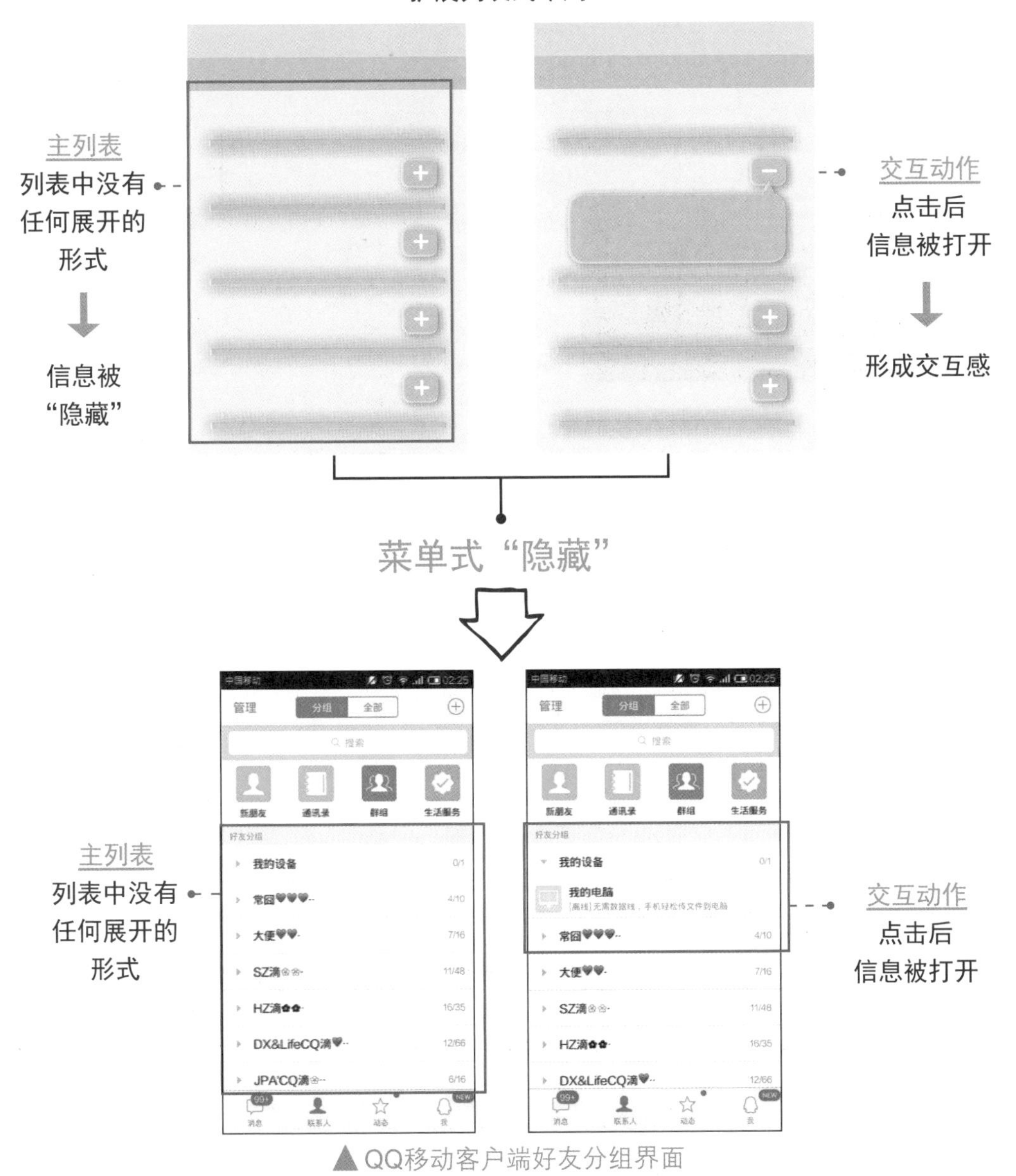

▲QQ移动客户端好友分组界面

如上页的图中所示，QQ移动客户端中的“好友分组”便采用了典型的扩展列表式布局，而对应该布局形式的便是菜单式“隐藏”交互方式。

界面中每个分组名称构成了一个分组项，都可以被点击，然后界面便会像列表菜单一般展开并显示被点开分组项的详细信息或成员名单。

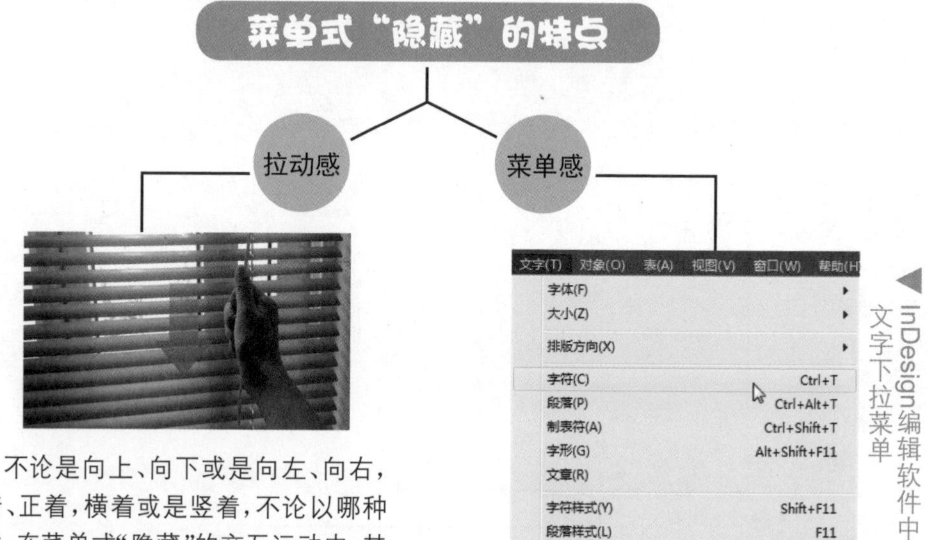

▲InDesign编辑软件中的文字下拉菜单

不论是向上、向下或是向左、向右，斜着、正着，横着或是竖着，不论以哪种方式，在菜单式“隐藏”的交互运动中，其“拉”的关键动作是不变的。

什么是“拉”呢？拉动百叶窗的经验与菜单式“隐藏”中的“拉”的动作较为相似，如上图所示。

“拉”不仅是种动作，也是一种感觉，在设计菜单式“隐藏”时，需要注意能让用户在视觉上形成拉动感。

菜单感是指隐藏的信息板块在被拉开时会被覆盖在一个规整的面板之上。如同我们在使用一些计算机软件时的下拉菜单一般，如上图所示，被打开的信息会呈现在一个面板之中。

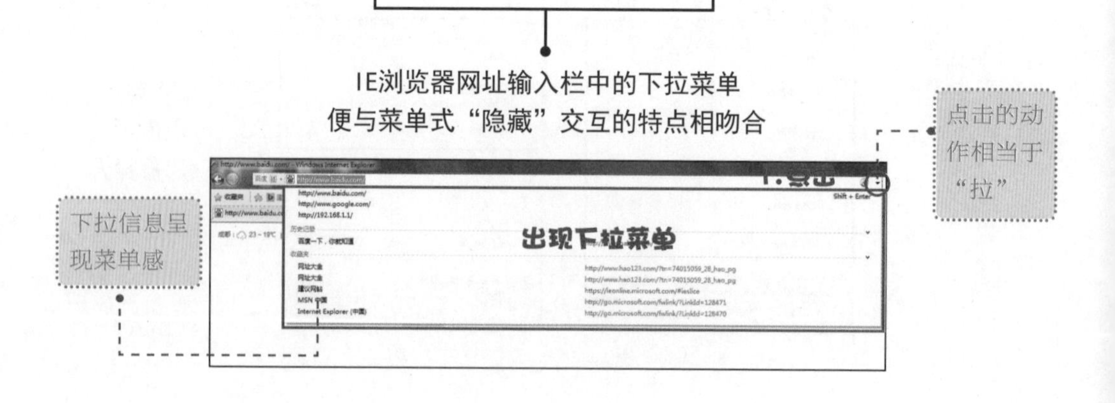

综上所述，通常具有拉动感与菜单感两个特点的交互动作都可以被称为菜单式“隐藏”，扩展列表式布局便具备这两个特点，因此该布局模式下通常会形成菜单式“隐藏”的交互感。

除此之外，菜单式“隐藏”的表现方式还可较为灵活多变，只要符合上述的两个主要特点即可，如本页中的界面所示。

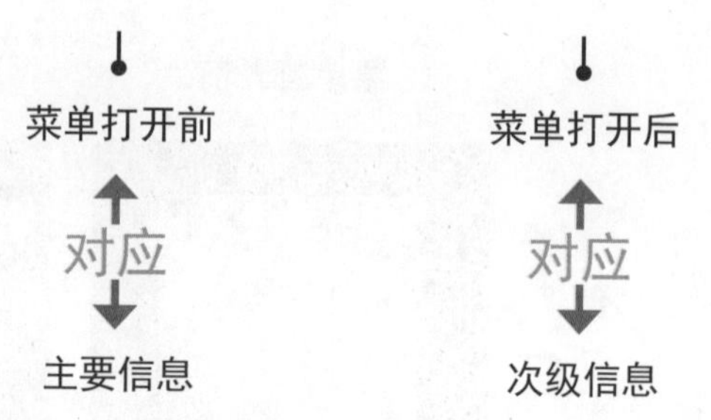

从上面的界面中不难发现，在菜单打开前也就是菜单信息被隐藏时，界面显示的信息其实都为界面的主要显示内容，也就是主要信息。

以第一个案例中的界面为例，第一个案例所展示的为图像编辑处理APP中的滤镜选择界面，而作为一款图像编辑处理APP，其主要信息的应该为图像的编辑，因此：

主要信息界面次级信息被隐藏

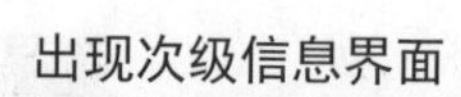

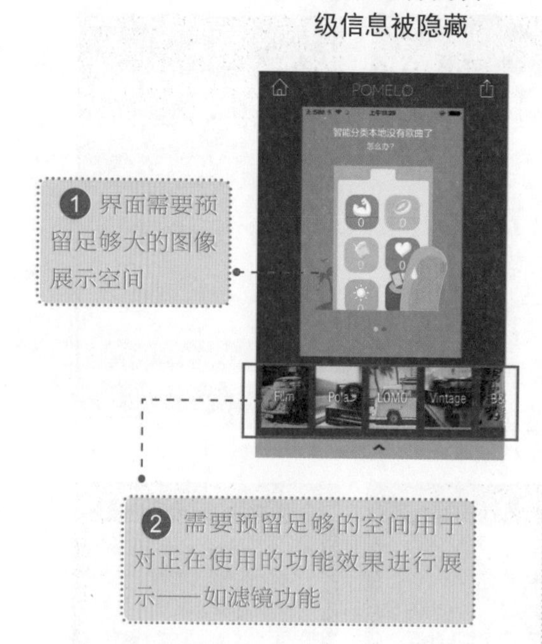

界面解析

综上所述不难发现，菜单式“隐藏”的交互方式同样能给界面带去更多的附加利用空间，同时它能逐步显示界面中某个内容项的更多细节或选项。

这样的方式也让我们需要注意做好对界面信息主次的合理安排以及层级的划分与归纳——正确概括主要与重要的内容作为界面主信息，适当地对它们进行展示，而将与之相关却又与界面联系不大的信息作为次级信息，“隐藏”在主信息之中。

法则四 图标式“隐藏”

采用图标式“隐藏”交互动作较为典型的布局方式为圆盘式布局，因此我们可以通过了解圆盘式布局来了解什么是图标式“隐藏”。

圆盘式布局采用了图标式“隐藏”交互方式，在交互时会以圆盘形状作为轨迹，故称为圆盘式布局；而通常圆盘式布局呈现扇形状态，因此它也被称为扇形布局。

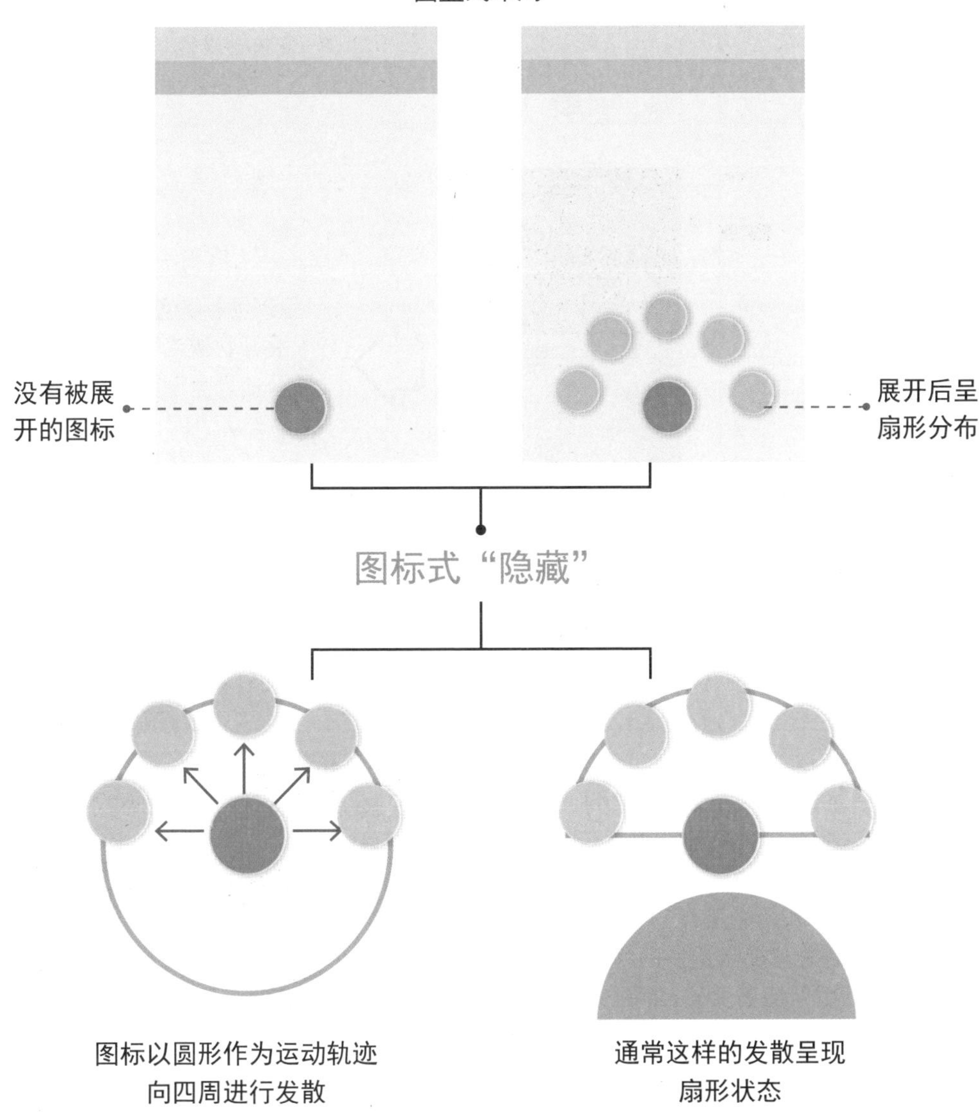

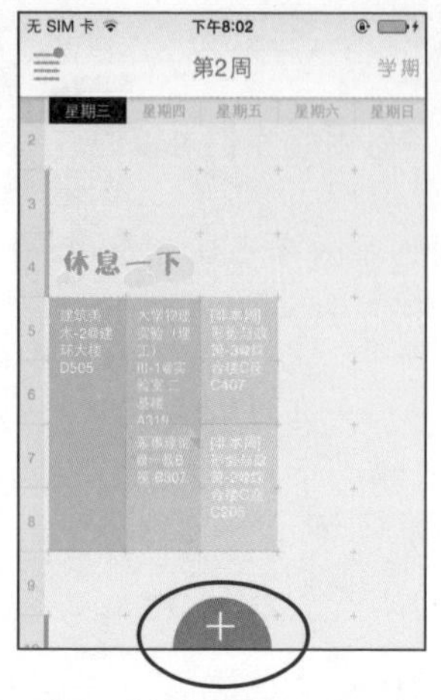

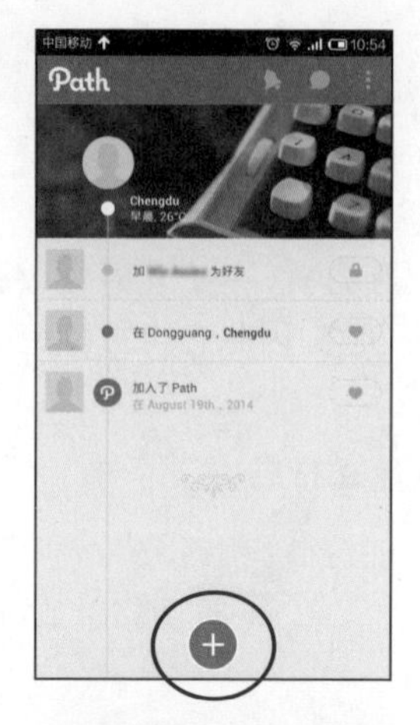

图标式“隐藏”交互动作的特点在于以图标的方式进行变化，详细如下所示。

隐藏方式：

集中在一个“点”上
利用“+”符号图标代表隐藏点
起到了很好的隐喻作用
代表着该图标中隐藏着
更多的图标内容

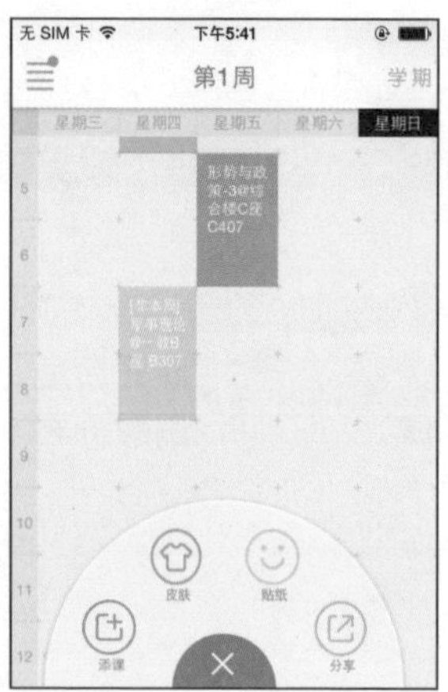

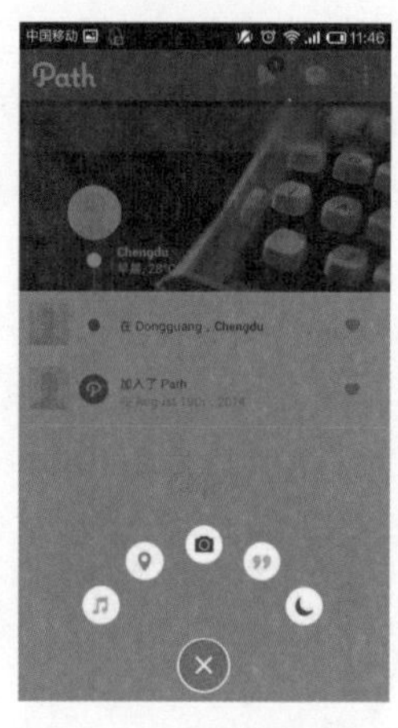

展开方式：

呈现图标圆盘式展开方式
展开轨迹沿着圆盘运动
展开信息呈现图标表现方式
隐藏点从“+”变为了“×”
“×”代表了关闭
隐喻该图标被展开但随时
可关闭的状态

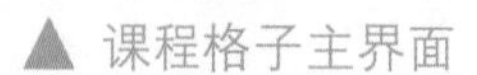
▲ 课程格子主界面

▲ Path社交APP中的个人信息界面

界面解析

图标式“隐藏”其实也选择了隐藏次级信息方式，给用户展现更加广阔的信息浏览空间，这种方式隐藏了按钮功能图标，省去了这些图标的展示空间后，界面显得更加开阔。

如上所述，利用隐藏点符号的细节变化也能在一定程度上起到引导与提示用户的作用。而隐藏点的位置是可以进行变化的，随着变化，隐藏图标的展开方式也可以更为灵活多变，但其圆盘轨迹的展开方式不变，这也是图标式“隐藏”的需要遵循的设计特点，如右图所示。

▲ Path社交APP中的个人信息界面